教/育/部/实/用/型/信/息/技/术/人/才/培/养/系/列/教/材

边用边学

AutoCAD机械制图

史宇宏 张传记 编著 全国信息技术应用培训教育工程工作组 审定

人民邮电出版社
北京

图书在版编目（ＣＩＰ）数据

边用边学AutoCAD机械制图 / 史宇宏，张传记编著
. -- 北京 ： 人民邮电出版社，2013.9
教育部实用型信息技术人才培养系列教材
ISBN 978-7-115-31267-9

Ⅰ．①边… Ⅱ．①史… ②张… Ⅲ．①机械制图－
AutoCAD软件－教材 Ⅳ．①TH126

中国版本图书馆CIP数据核字(2013)第048672号

内 容 提 要

本书以 AutoCAD 2012 为平台，从实际操作和应用的角度出发，通过大量具体工程案例的操作，详细讲述了 AutoCAD 2012 中文版在机械工程设计中的应用方法和操作技能。

全书共 11 章，第 1～第 10 章主要讲解机械设计基础知识、AutoCAD 2012 软件基本操作技能、机械绘图环境及参数的设置、机械零件轮廓图的绘制与编辑、机械设计资源的管理与共享、零件尺寸的精确标注、零件图文字注释、表格和符号的创建技术等；第 11 章则介绍机械设计图纸的后期输出方法等。

书中对 AutoCAD 各种工具的解说细致，所用的操作实例通俗易懂，具有很强的实用性、操作性和代表性，而且专业性、层次性和技巧性等特点也比较突出。通过本书的学习，读者能在熟练掌握 AutoCAD 软件的基础上，了解和掌握机械工程图纸设计的流程、方法和技巧。

本书不仅可以作为高等学校、高职高专院校的教材，还可以作为各类 AutoCAD 培训班的教材，同时也可作为从事 CAD 机械制图工作技术人员的学习参考书。

◆ 编　　著　史宇宏　张传记
　　审　　定　全国信息技术应用培训教育工程工作组
　　责任编辑　李莎
　　责任印制　程彦红　杨林杰

◆ 人民邮电出版社出版发行　　北京市崇文区夕照寺街 14 号
　　邮编　100061　电子邮件　315@ptpress.com.cn
　　网址　http://www.ptpress.com.cn
　　大厂聚鑫印刷有限责任公司印刷

◆ 开本：787×1092　1/16
　　印张：17.75
　　字数：474 千字　　　　　　　　2013 年 9 月第 1 版
　　印数：1 - 2 500 册　　　　　　2013 年 9 月河北第 1 次印刷

定价：38.00 元

读者服务热线：(010)67132692　印装质量热线：(010)67129223
反盗版热线：(010)67171154
广告经营许可证：京崇工商广字第 0021 号

出 版 说 明

信息化是当今世界经济和社会发展的大趋势，也是我国产业优化升级和实现工业化、现代化的关键环节。信息产业作为一个新兴的高科技产业，需要大量高素质复合型技术人才。目前，我国信息技术人才的数量和质量远远不能满足经济建设和信息产业发展的需要，人才的缺乏已经成为制约我国信息产业发展和国民经济建设的重要瓶颈。信息技术培训是解决这一问题的有效途径，如何利用现代化教育手段让更多的人接受到信息技术培训是摆在我们面前的一项重大课题。

教育部非常重视我国信息技术人才的培养工作，通过对现有教育体制和课程进行信息化改造、支持高校创办示范性软件学院、推广信息技术培训和认证考试等方式，促进信息技术人才的培养工作。经过多年的努力，培养了一批又一批合格的实用型信息技术人才。

全国信息技术应用培训教育工程（简称 ITAT 教育工程）是教育部于 2000 年 5 月启动的一项面向全社会进行实用型信息技术人才培养的教育工程。ITAT 教育工程得到了教育部有关领导的肯定，也得到了社会各界人士的关心和支持。通过遍布全国各地的培训基地，ITAT 教育工程建立了覆盖全国的教育培训网络，对我国的信息技术人才培养事业起到了极大的推动作用。

ITAT 教育工程被专家誉为"有教无类"的平民学校，以就业为导向，以大、中专院校学生为主要培训目标，也可以满足职业培训、社区教育的需要。培训课程能够满足广大公众对信息技术应用技能的需求，对普及信息技术应用起到了积极的作用。据不完全统计，在过去 8 年中共有一百五十余万人次参加了 ITAT 教育工程提供的各类信息技术培训，其中有近六十万人次获得了教育部教育管理信息中心颁发的认证证书。工程为普及信息技术、缓解信息化建设中面临的人才短缺问题做出了一定的贡献。

ITAT 教育工程聘请来自清华大学、北京大学、人民大学、中央美术学院、北京电影学院、中国传媒大学等单位的信息技术领域的专家组成专家组，规划教学大纲，制订实施方案，指导工程健康、快速地发展。ITAT 教育工程以实用型信息技术培训为主要内容，课程实用性强，覆盖面广，更新速度快。目前工程已开设培训课程二十余类，共计五十余门，并将根据信息技术的发展，继续开设新的课程。

本套教材由清华大学出版社、人民邮电出版社、机械工业出版社、北京希望电子出版社等出版发行。根据教材出版计划，全套教材共计六十余种，内容将汇集信息技术应用各方面的知识。今后将根据信息技术的发展不断修改、完善、扩充，始终保持追踪信息技术发展的前沿。

ITAT 教育工程的宗旨是：树立民族 IT 培训品牌，努力使之成为全国规模最大、系统性最强、质量最好，而且最经济实用的国家级信息技术培训工程，培养出千千万万个实用型信息技术人才，为实现我国信息产业的跨越式发展做出贡献。

全国信息技术应用培训教育工程负责人　薛玉梅
系列教材执行主编

编 者 的 话

AutoCAD 具有强大的图形设计功能，是目前应用最为广泛的机械工程图形设计软件之一。本书以 AutoCAD2012 中文版为平台，全面介绍了 AutoCAD2012 中文版在机械工程设计中的应用方法和操作技巧，适合 AutoCAD 的初级用户阅读，尤其适合从事 AutoCAD 机械设计的人员或相关专业的学生学习。

写作特点

（1）知识体系完善，专业性强。

本书通过精选实例详细讲解了 AutoCAD 软件的机械制图功能，以及机械设计的流程与方法。从 AutoCAD 软件的基本操作方法、设置机械绘图环境及样式等基础知识，到绘制机械零件轮廓图、零件组视图、零件网格与曲面、零件实体造型、零件装配图，以及标注零件图尺寸与公差，标注零件图文字、符号与明细表，对机械零件图的后期打印等专业技能，全都给予了非常详细的讲解，带领读者全面掌握运用 AutoCAD 进行机械辅助设计工作的方法与技能。

同时，本书是由资深机械设计人员精心编写的，融会了多年的实战经验和设计技巧。可以说，阅读本书相当于在工作一线实习和进行职前训练。

（2）通俗易懂，易于上手

本书每一章基本上是先通过小实例引导读者了解 AutoCAD 软件中各个实用工具的操作步骤，再深入地讲解这些小工具的知识，以使读者更易于理解各种工具在实际工作中的作用及其应用方法，最后通过"上机实训"引领读者通过上机操作及应用实例进一步强化巩固所学知识。不管是初学者还是有一定基础的读者，只要按照书中介绍的方法一步步学习、操作，都能快速领会 AutoCAD 机械设计的要点。

（3）面向工作流程，强调应用

有不少读者常常抱怨学过 AutoCAD 软件却不能够独立完成设计任务。这是因为目前的大部分此类图书只注重理论知识的讲解而忽视了应用能力的培养。

对于初学者而言，不能期待一两天就能成为设计高手，而是应该踏踏实实地打好基础。而模仿他人的做法就是很好的学习方法，因为"作为人行为模式之一，模仿是学习的结果"，所以在学习的过程中通过模仿各种经典的案例，可快速提高自己的设计能力。基于此，本书通过细致剖析各类基础的、经典的 AutoCAD 机械设计小实例，例如绘制压盖零件图、绘制分流器零件二视图、根据零件三视图绘制轴测图、制作机座零件立体模型、制作箱体零件的立体造型、制作壳体零件三维装配图、标注机械零件轴测图投影尺寸、标注涡轮轴技术要求与明细表等，逐步引导读者掌握如何运用 AutoCAD 进行机械辅助设计。

本书体例结构

本书每一章的写作结构为"本章导读+基础知识+上机实训+课后练习"，旨在帮助读者夯实理论基础，锻炼应用能力，并强化巩固所学知识与技能，从而取得温故知新、举一反三的学习效果。

- 本章导读：这部分内容主要是介绍学习目标、学习重点及该章的主要内容，帮助读者做好学前准备，分清主次，以及重点与难点。
- 基础知识：通过小实例讲解 AutoCAD 软件中相关工具的应用方法，以帮助读者深入理解各个知识点。
- 上机实训：通过综合实例引导读者提高灵活运用所学知识的能力，并熟悉机械设计的流程，掌握运用 AutoCAD 进行机械辅助设计方法。
- 课后练习：精心设计习题与上机练习。读者可据此检验自己的掌握程度并强化巩固所学知识，提高实际动手能力，拓展设计思维，自我提高。习题答案及操作思路可参考本书附录。

配套教学资源及其特点

为了使读者更好学习本书的内容，本书提供配套教学资源，其主要内容如下。

- 素材文件：本书所有案例调用的 CAD 素材文件。
- 效果文件：本书所有案例的最终效果文件。
- 样板文件：本书所有案例使用的样板文件。
- 视频文件：本书所有上机实训的视频文件。

上述教学资源的下载地址为：www.ptpedu.com.cn

本书创作团队

本书由史宇宏、张传记执笔完成。此外，参加本书编写的还有史小虎、陈玉蓉、秦真亮、张伟、林永、张伟、赵明富、卢春洁、刘海芹、王莹、白春英、唐美灵、朱仁成、孙爱芳、徐丽、边金良、王海宾、樊明、罗云风等人。在此感谢所有关心和支持我们的同行们。由于编者水平有限，书中难免有不妥之处，恳请广大读者批评指正。

为了更好地服务于读者，我们提供了有关本书的答疑服务，若您在阅读本书过程中遇到问题，可以发邮件至 yuhong69310@163.com，我们会尽心为你解答。若您对图书出版有所建议或者意见，请发邮件至 lisha@ptpress.com.cn。

编　者

2013 年 7 月

目　录

第1章 AutoCAD 机械设计基础知识

📖 **学习目标**

学习有关 AutoCAD 机械设计的基础知识，主要内容包括机械零件与种类、机械零件视图与组成、机械零件的绘图要求、绘图原则和绘图步骤、AutoCAD 操作基础、用户界面、绘图文件的管理、对象的基本选择以及视图的基本控制等，为以后的工作和学习提供便利。

📖 **学习重点**

了解机械设计的相关理论知识，熟悉 AutoCAD 2012 界面组成和视图调控；掌握绘图文档的新建和保存等操作；掌握图形对象的基本选择技能。

📖 **主要内容**

- 机械设计基础
- AutoCAD 2012 启动与退出
- 认识 AutoCAD 用户界面
- 绘图文件的创建与管理
- AutoCAD 初级操作技能

1.1 机械设计基础

这一节首先了解有关零件图的相关知识，具体包括零件图的种类、机械零件的各种常用视图以及零件视图的组成元素、绘制要求、视图选择原则和具体的绘制步骤等基础知识，使没有机械设计知识的读者对此有一个大体的认识，如果读者需要掌握更详细的专业知识，还需要查阅相关的书籍。

1.1.1 机械零件及其种类

什么是零件？所谓零件就是指组成机器的最小单元，我们将其称之为"零件"。零件的种类基本分为"轴套类"零件、"轮盘类"零件、"盖板类"零件、"叉架类"零件以及"箱体类"零件等，如图 1-1 所示。

除此之外，还包括标准件零件，标准件也叫通用件，就是指结构、尺寸、画法、标注等各个方面已经完全标准化，并由专业厂生产，常见的零件有螺纹件、键、销、轴承等，此外还有行业标准件，例如汽车标准件、模具标准件等。

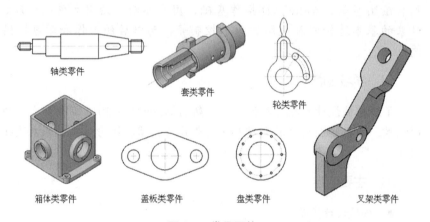

轴类零件　　套类零件　　轮类零件

箱体类零件　　盖板类零件　　盘类零件　　叉架类零件

图 1-1　常见零件

1.1.2 零件三视图

在工程制图中，通常使用正投影原理进行绘制的投影图，我们称为正投影图。此种正投影图能够准确地反映出物体的结构形状及其大小，是工程中的主要设计图样。而机械制图中常使用的正投影图主要为三面正投影图，它是物体的 3 个面在各投影面上的正投影，我们称之为视图，主要有正面投影、俯视（水平）投影、侧面投影 3 种，分别称为正视图（主视图或前视图）、俯视图、左视图，如图 1-2 所示。

这三面投影图总称为三视图，三面图之间还有"三等"关系，具体如下。

- 长对正 —— 正面投影图的长与水平投影图的长相等。

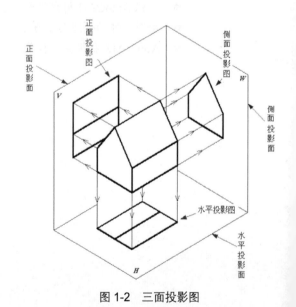

图 1-2　三面投影图

● 高平齐——正面投影图的高与侧面投影
　图的高相等。
● 宽相等——平面投影图的宽与侧面投影
　图的宽相等。

"长对正"、"高平齐"、"宽相等"是绘制和识读物体正投影图必须遵循的投影规律。

1.1.3　零件剖视图

由于三视图只能表明形体外形的可见部分，形体上不可见部分在投影图中用虚线表示，这对于内部构造比较复杂的形体来说，必然形成图中的虚、实线重叠交错，混淆不清，既不易识读，又不便于标注尺寸。此种情况下，则可以使用剖视图或断面图进行表达零件的内部结构特征。

在机械制图中，假想用一个剖切面将形体剖开，移去剖切面与观察者之间的那部分形体，将剩余部分与剖切面平行的投影面做投影，并将剖切面与形体接触的部分画上剖面线或材料图例，这样得到投影图称为剖视图。剖视图的常用类型具体有全剖视图、半剖视图和局部剖视图 3 种。

1. 全剖视图

全剖面图是指用剖切面完全地剖开物体所得到的剖面图。此种类型的剖面图较适用于结构不对称的形体，或者虽然结构对称但外形简单、内部结构比较复杂的物体，如图 1-3 所示。

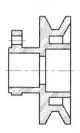
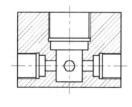

图 1-3　全剖视图

2. 半剖面图

半剖面图是在物体内外形状均匀，为左右对称或前后对称，而外形又比较复杂时，可将其投影的一半画成表示物体外部形状的正投影，另一半画成表示内部结构的剖视图，这种投影图和剖

视图各占一半的图称为半剖视图，如图 1-4 所示。

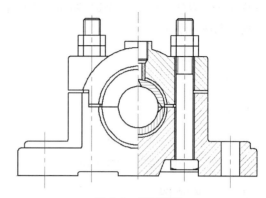

图 1-4　半剖视图

3. 局部剖面图

局部剖面图是指，使用剖切面局部地剖开物体后所得到的视图称为局部剖面图。局部剖面图仅仅是物体整个形状投影图中的一部分，因此不标注剖切形，但是局部剖视图和外形之间要用波浪线分开，且波浪线不得与轮廓线重合，也不能超出轮廓线之外，如图 1-5 所示。

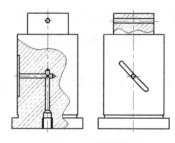

图 1-5　局部剖视图

1.1.4　零件断面图

同剖视图的形成一样，假想用剖切面将形体剖开后，仅将剖切面与形体接触的部分即截断面向剖切面平行的投影面作投影，所得到的图形称为断面图，又称截面图（如图 1-6 所示）。断面图主要用来表示形体某一局部截断面的形状，根据断面图布置位置的不同分为以下两种类型：

1. 移出断面图

绘制在视图以外的断面称为移出断面图，如

图 1-6（右）所示。不过移出断面图一般要绘制在投影图附近，以便于识读。当移出断面图的尺寸较小时，断面可涂黑表示。

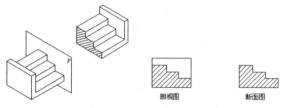

图 1-6　剖视图与断面图

2. 重合断面图

绘制在视图中的断面称为重合断面图。不过此种断面图要使用细实线绘制，并且不加任何标注，以免与视图的轮廓线混淆；视图上与断面图重合的轮廓线不应断开，要完整地画出，如图 1-7 所示。

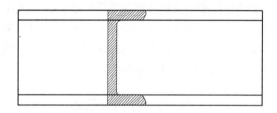

图 1-7　重合断面图

1.1.5　零件视图的组成元素

零件图是表达单个零件的机械图样，它是生产和检验零件的依据。因此，零件图应包括：一组视图、全部尺寸、技术要求以及标题栏。

- 一组视图。一组视图是指，能够完整、清晰的表达零件的结构和形状的所有视图。为了满足生产的需要，零件图的一组视图应视零件的功用以及结构形状的不同而采用不同的视图及表达方法，例如一个简单的轴套零件，使用两个视图即可表达清楚，如图 1-8 所示。

而对于较为复杂的箱体、壳体、泵体、夹具等零件，则需要使用多个主视图和辅助视图进行表达，泵体零件所有视图，如图 1-9 所示。

- 全部尺寸。所谓全部尺寸是指表达零件各部分的大小和各部分之间的相对位置关系。这是零件加工的重要依据，也是零件图必不可少的组成部分，阀体零件视图及尺寸，如图 1-10 所示。

- 技术要求与标题栏。所谓技术要求就是用于表示或者说明零件在加工、检验过程中所需的要求，例如零件粗糙度、尺寸误差等。而标题栏则是用于填写零件名称、材料、比例、图号、单位名称及设计、审核、批准等有关人员的签字等。每一张图纸都应该有标题栏，标题栏的方向一般为看图的方向。齿轮零件图的技术要求和标题栏等，如图 1-11 所示。

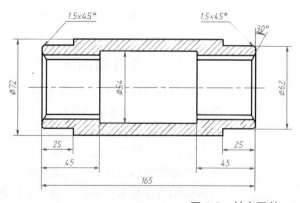

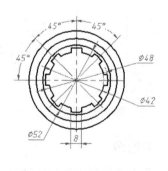

图 1-8　轴套零件

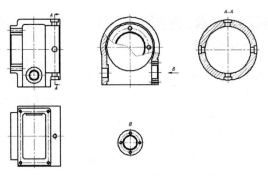

图 1-9　泵体零件

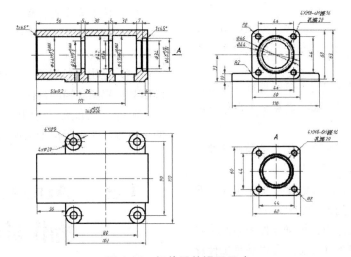

图 1-10　阀体零件视图尺寸

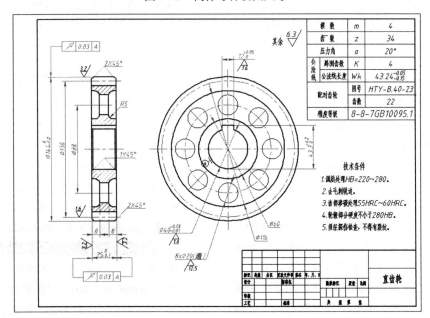

图 1-11　齿轮零件技术要求与标题栏

1.1.6 零件视图的绘制要求、视图选择原则与绘图步骤

这一节继续了解零件视图的绘图要求、视图的选择原则以及绘图步骤等知识。

前面我们讲过，零件图应有一组视图，一组视图就是能够完整、清晰的表达零件的结构和形状的所有视图。一般情况下，一组视图包括：主视图、左视图和俯视图，所有视图要能满足以下要求。

- 完全。零件各部分的结构、形状、相对位置等要表达完全，并且唯一确定，便于零件的加工。
- 正确。零件图各视图之间的投影关系以及表达方法要正确无误，避免加工出错误的零件。
- 清楚。所有视图中所画图形要清晰易懂，便于加工人员识图和加工。

在一组视图中，主视图是最为关键和重要的一个视图，主视图的选择应遵循以下原则。

- 满足形体特征原则：根据零件图的结构特点，要能使零件在加工过程中满足工件旋转和车刀移动。
- 符合工作位置原则：主视图的位置应尽可能与零件在机器或部件中的工作位置相一致。
- 符合加工位置原则：主视图所表达的零件位置要与零件在机床上加工时所处的位置相一致，这样方便加工人员在加工零件时方便看图。

另外，主视图的选择要根据具体情况进行分析，从有利于看图出发，在满足零件形体特征原则的前提下，应充分考虑零件的工作位置和加工位置，便于加工人员能顺利加工出符合要求的零件。除了主视图之外，是否所有零件都需要其他视图呢？非也，对于较简单的零件，有时只需要一个视图即可，而对于复杂的零件，除了主视图之外，还需要左视图、俯视图或局部视图等，这要根据零件的复杂程度进行分析，再确定需要什么视图，需要多少视图。

总之，要在充分表达零件结构形状和特征的前提下，尽可能使零件图的数目最少，还需要使每一个视图都有表达的重点和独立存在的意义。

下面再来了解零件视图的绘制步骤。在画零件视图时首先要熟悉零件的形体，进行形体分析，然后确定正视方向，选定作图比例，最后依据投影规律画三视图。零件视图的绘图步骤如下：

（1）首先确定正视图方向；

（2）接下来布置视图；

（3）先画出能反映物体真实形状的一个视图，一般为"主视图"；

（4）运用"长对正、高平齐、宽相等"原则画出其他视图和辅助视图。

另外，在布置三视图时，俯视图位于主视图的正下方，左视图位于主视图的正右方向。

1.2 AutoCAD 2012 操作基础

这一节学习 AutoCAD2012 的操作基础知识，为以后使用 AutoCAD2012 进行机械设计奠定基础。

1.2.1 启动与退出 AutoCAD 软件

AutoCAD 软件是由美国 Autodesk 公司开发研制的一款高精度图形设计软件，当成功安装 AutoCAD 2012 绘图软件之后，通过以下几种方式可以启动 AutoCAD 2012 软件：

- 双击桌面上的软件图标。
- 单击桌面任务栏【开始】/【程序】/【Autodesk】/【AutoCAD 2012】中的 AutoCAD 2012 - Simplified Chinese 选项。
- 单击"*.dwg"格式的文件。

启动 AutoCAD 2012 绘图软件之后，即可进入如图 1-12 所示的工作界面，同时自动打开一个名为"Drawing1.dwg"的默认绘图文件。

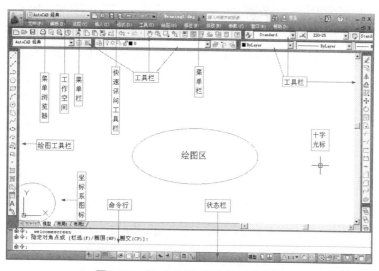

图 1-12　"AutoCAD 经典"工作空间

当退出 AutoCAD 2012 绘图软件时，首先要退出当前的 AutoCAD 文件，如果当前文件已经存盘，那么用户可以使用以下几种方式退出软件。

- 单击 AutoCAD 2012 标题栏控制按钮 x；
- 按 Alt+F4 组合键；
- 执行菜单栏中的【文件】/【退出】命令；
- 在命令行中输入"Quit"或"Exit"后，敲击 Enter 键。
- 展开"应用程序菜单"，单击 退出 AutoCAD 按钮。

在退出 AutoCAD 2012 软件之前，如果没有将当前的绘图文件存盘，那么系统将会弹出如图 1-13 所示的提示对话框，单击 是(Y) 按钮，将弹出【图形另存为】对话框，用于对图形进行命名保存；单击 否(N) 按钮，系统将放弃存盘并退出 AutoCAD 2012 软件；单击 取消 按钮，系统将取消当前执行的退出命令。

图 1-13　AutoCAD 提示框

1.2.2　了解 AutoCAD 工作空间

AutoCAD 2012 绘图软件为用户提供了多种工作空间，为的是人性化地将不同类型的工作命令区分开来，这是一个非常好的功能。图 1-12 所示的界面为"AutoCAD 经典"工作空间，如果用户为 AutoCAD 初始用户，那么启动 AutoCAD 2012 软件后，则进入如图 1-14 所示的"初始设置工作空间"。

除了"AutoCAD 经典"和"初始设置工作空间"两种工作空间外，AutoCAD 2012 软件还为用户提供了"草图与注释"、"三维基础"和"三维建模"3 种工作空间，其中"草图与注释"工作空间如图 1-15 所示，此种空间在二维制图方面比较方便。

"三维建模"工作空间如图 1-16 所示，在此工作空间内可以非常方便地访问新的三维功能，而且新窗口中的绘图区可以显示出渐变背景色、地平面或工作平面（UCS 的 xy 平面）以及新的矩形栅格，这将增强三维效果和三维模型的构造。

由于 AutoCAD 2012 软件为用户提供了多种工作空间，用户可以根据自己的做图习惯和需要选择相应的工作空间，工作空间的相互切换具体有以下几种方法：

（1）单击标题栏 AutoCAD 经典 按钮，在展开的按钮菜单中选择相应的工作空间，如图 1-17 所示。

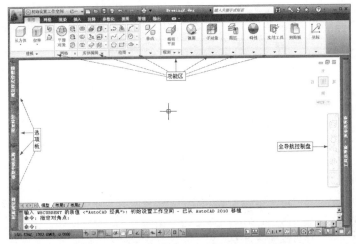

图 1-14　"初始设置工作空间"工作空间

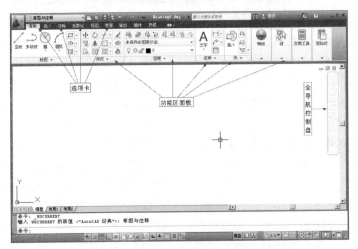

图 1-15　"草图与注释"工作空间

图 1-16　"三维建模"工作空间

（2）执行菜单栏中的【工具】/【工作空间】下一级菜单选项，如图 1-18 所示。

图 1-17　【工作空间】按钮菜单

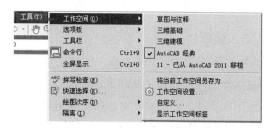

图 1-18　【工作空间】级联菜单

（3）展开【工作空间】工具栏中的【工作空间控制】下拉表列，选用工作空间，如图 1-19 所示。

图 1-19　【工作空间控制】列表

（4）单击状态栏上的【切换工作空间】 按钮，从弹出的按钮菜单中选择所需工作空间，如图 1-20 所示。

图 1-20　按钮菜单

小技巧：无论选择何种工作空间，用户都可以在日后对其进行更改，也可以自定义并保存自己的自定义工作空间。

1.2.3　认识 AutoCAD 用户界面

从图 1-12 和图 1-14 所示的界面中可以看出，AutoCAD 具有良好的用户界面，其界面主要包括标题栏、菜单栏、工具栏、绘图区、命令行、状态栏、功能区面板等，下面将简单讲述各组成部分的功能及其相关界面元素的设置操作。

1. 标题栏

标题栏位于 AutoCAD 2012 工作界面的最顶部，如图 1-21 所示。标题栏的左端为快速访问工具栏，除此之外，在标题栏上还包括程序名称显示区、信息中心和窗口控制按钮等内容。

● 单击标题栏左端的 按钮，可打开如图 1-22 所示的应用程序菜单，通过此快捷菜单，用户可以通过此菜单快速访问一些常用工具、搜索常用命令和浏览最近使用的文档等。

图 1-21　标题栏

● 快速访问工具栏不但可以快速访问某些命令，还可以添加、删除常用命令按钮到工具栏中、控制菜单栏的显示以及各工具栏的开关状态等。在快速访问工具栏的左端是工作空间下拉菜单，单击 按钮，即可展开工作空间下拉菜单，用于在多种工作空间内进行切换等；单击快速访问工具栏右端的 按钮，可展开如图 1-23

所示的下拉列表，用于自定义快速访问工具栏。

● "程序名称显示区"主要用于显示当前正在运行的程序名和当前被激活的图形文件名称。

● "信息中心"可以快速获取所需信息、搜索所需资源等。

● "窗口控制按钮"位于标题栏最右端，主要有"最小化"、"恢复/最大化"、"关闭",分别用于控制 AutoCAD 窗口的大小和关闭。

图 1-22　应用程序菜单

图 1-23　工具栏下拉列表

2. 菜单栏

菜单栏位于标题栏的下侧,如图 1-24 所示,AutoCAD 的常用制图工具和管理编辑等工具都分门别类的排列在这些菜单中,在主菜单项上单击左键,即可展开此主菜单。

图 1-24　菜单栏

AutoCAD 共为用户提供了【文件】、【编辑】、【视图】、【插入】、【格式】、【工具】、【绘图】、【标注】、【修改】、【参数】、【窗口】、【帮助】等 12 个主菜单。各菜单的主要功能如下:

- 【文件】菜单用于对图形文件进行设置、保存、清理、打印以及发布等;
- 【编辑】菜单用于对图形进行一些常规编辑,包括复制、粘贴、链接等;
- 【视图】菜单主要用于调整和管理视图,以方便视图内图形的显示、便于查看和修改图形;
- 【插入】菜单用于向当前文件中引用外部资源,如块、参照、图像、布局以及超链接等;
- 【格式】菜单用于设置与绘图环境有关的参数和样式等,如绘图单位、颜色、线型及文字、尺寸样式等;
- 【工具】菜单为用户设置了一些辅助工具和常规的资源组织管理工具;

- 【绘图】菜单是一个二维和三维图元的绘制菜单,几乎所有的绘图和建模工具都组织在此菜单内;
- 【标注】菜单是一个专用于为图形标注尺寸的菜单,它包含了所有与尺寸标注相关的工具;
- 【修改】菜单主要用于对图形进行修整、编辑、细化和完善;
- 【参数】菜单主要用于为图形添加几何约束和标注约束等;
- 【窗口】菜单主要用于控制 AutoCAD 多文档的排列方式以及 AutoCAD 界面元素的锁定状态;
- 【帮助】菜单主要用于为用户提供一些帮助性的信息。

菜单栏左端的图标就是"菜单浏览器"图标,菜单栏最右边图标按钮是 AutoCAD 文件的窗口控制按钮,如"最小化"、"还原/最大化"、"关闭",用于控制图形文件窗口的显示。

3. 工具栏

工具栏位于绘图窗口的两侧和上侧，将光标移至工具栏按钮上单击左键，即可快速激活该命令。默认设置下，AutoCAD 2012 共为用户提供了 51 种工具栏，如图 1-25 所示。在任一工具栏中单击右键，即可打此菜单；在需要打开的选项上单击左键，即可打开相应的工具栏；将打开的工具栏拖到绘图区任一侧，松开左键可将其固定；相反，也可将固定工具栏拖至绘图区，进行灵活控制工具栏的开关状态。

在工具栏右键菜单上选择【锁定位置】/【固定的工具栏/面板】选项，可以将绘图区四侧的工具栏固定，如图 1-26 所示，工具栏一旦被固定，是不可以被拖动的。另外，用户也可以单击状态栏中的 🔒 按钮，从弹出的按钮菜单中控制工具栏和窗口的固定状态，如图 1-27 所示。

图 1-25　工具栏菜单　　图 1-26　固定工具栏

图 1-27　按钮菜单

4. 功能区

"功能区"主要出现在"二维草图与注释"、"三维建模"、"三维基础"等工作空间内，它代替了 AutoCAD 众多的工具栏，以面板的形式，将各工具按钮分门别类的集合在选项卡内，如图 1-28 所示。

图 1-28　功能区

用户在调用工具时，只需在功能区中展开相立选项卡，然后在所需面板上单击相应按钮即可。由于在使用功能区时，无需再显示 AutoCAD 的工具栏，因此，使得应用程序窗口变得单一、简洁有序。通过这单一简洁的界面，功能区可以将可用的工作区域最大化。

5. 绘图区

绘图区位于工作界面的正中央，即被工具栏和命令行所包围的整个区域，如图 1-29 所示。此区域是用户的工作区域，图形的设计与修改工作就是在此区域内进行操作的，默认状态下绘图区是一个无限大的电子屏幕，无论尺寸多大或多小的图形，都可以在绘图区中绘制和灵活显示。

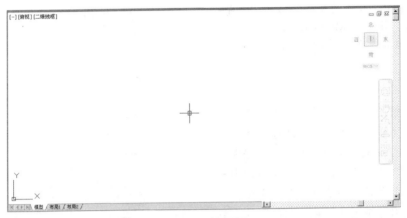

图 1-29　绘图区

默认设置下，绘图区背景色为深灰色，用户可以使用菜单【工具】/【选项】命令进行更改绘图区背景色。下面通过将绘图区背景色更改为白色，学习此种操作技能。

【任务】：更改 AutoCAD 绘图区背景色。

Step 1　首先执行菜单栏中的【工具】/【选项】命令，或使用快捷键 "OP" 激活【选项】命令，打开如图 1-30 所示的【选项】对话框。

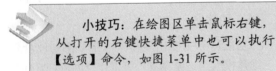

小技巧：在绘图区单击鼠标右键，从打开的右键快捷菜单中也可以执行【选项】命令，如图 1-31 所示。

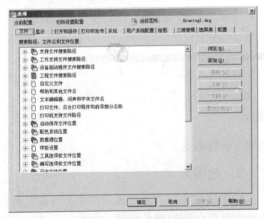

图 1-30　【选项】对话框

图 1-31　右键菜单

Step 2　展开【显示】选项卡，然后在如图 1-32 所示的【窗口元素】选项组中单击 颜色(C)… 按钮，打开【图形窗口颜色】对话框。

Step 3　在【图形窗口颜色】对话框中展开【颜色】下拉列表框，将窗口颜色设置为白色，如图 1-33 所示。

Step 4　单击 应用并关闭(A) 按钮返回【选项】对话框。

Step 5　单击 确定 按钮，结果绘图区的背景色显示为 "白色"，设置结果如图 1-34 所示。

当用户移动鼠标时，绘图区会出现一个随光标移动的十字符号，此符号被称为 "十字光标"，它是由 "拾取点光标" 和 "选择光标" 叠加而成的，其中 "拾取点光标" 是点的坐标拾取器，当执行绘图命令时，显示为拾点光标；"选择光标"

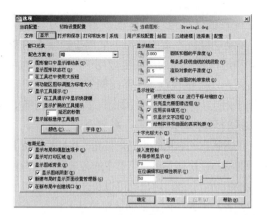

图 1-32　【显示】选项卡

是对象拾取器，当选择对象时，显示为选择光标；当没有任何命令执行的前提下，显示为十字光标，

如图 1-35 所示。

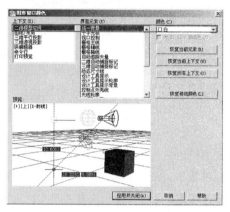

图 1-33　【图形窗口颜色】对话框

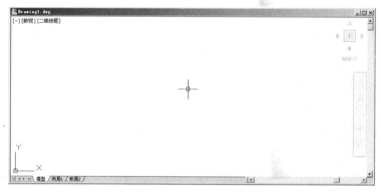

图 1-34　设置结果

十字光标　　拾点光标　　选择光标

图 1-35　光标的三种状态

另外，在绘图区左下部有 3 个标签，即模型、布局 1、布局 2，分别代表了两种绘图空间，即模型空间和布局空间。模型标签代表了当前绘图区窗口是处于模型空间，通常我们在模型空间进

行绘图。布局 1 和布局 2 是默认设置下的布局空间，主要用于图形的打印输出。用户可以通过单击标签，在这两种操作空间中进行切换。

6. 命令行

绘图区的下则是 AutoCAD 独有的窗口组成部分，即"命令行"，它是用户与 AutoCAD 软件进行数据交流的平台，主要功能就是用于提示和显示用户当前的操作步骤，如图 1-36　所示。

图 1-36　命令行

"命令行"分为"命令输入窗口"和"命令历史窗口"两部分，上面两行为"命令历史窗口"，

用于记录执行过的操作信息；下面一行是"命令输入窗口"，用于提示用户输入命令或命令选项。

小技巧： 由于"命令历史窗口"的显示有限，如果需要直观快速地查看更多的历史信息，则可以通过按 F2 功能键，系统则会以"文本窗口"的形式显示历史信息，如图 1-37 所示，再次按 F2 功能键，即可关闭文本窗口。

所处位置的坐标值；坐标读数器右端为辅助功能区，辅助功能区左端的按钮主要用于控制点的精确定位和追踪；中间的按钮主要用于快速查看布局、查看图形、定位视点、注释比例等；右端的按钮主要用于对工具栏、窗口等固定、工作空间切换以及绘图区的全屏显示等，是一些辅助绘图功能。

单击状态栏右侧的小三角按钮，将打开如图 1-39 所示的状态栏快捷菜单，菜单中的各选项与状态栏中的各按钮功能一致，用户也可以通过各菜单项以及菜单中的各功能键控制各辅助按钮的开关状态。

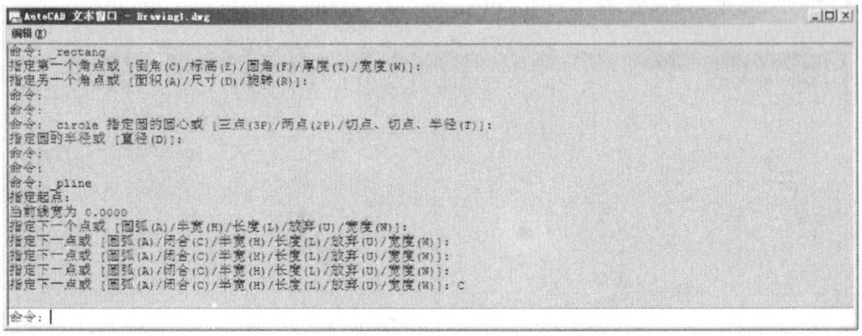

7. 状态栏

状态栏位于 AutoCAD 操作界面的最底部，它由坐标读数器、辅助功能区、状态栏菜单等三部分组成，如图 1-38 所示。

状态栏左端为坐标读数器，用于显示十字光标

图 1-37　文本窗口

图 1-38　状态栏

图 1-39　状态栏菜单

文件、打开存盘文件与清理垃圾文件等。

1.3.1　新建文件

当启动 AutoCAD 2012 软件之后，系统会自动打开一个名为"Drawing1.dwg"的绘图文件，如果用户需要重新创建一个绘图文件，则需要使用【新建】命令。

执行【新建】命令主要有以下几种方法：

● 执行菜单栏中的【文件】/【新建】命令。
● 单击【标准】工具栏或【快速访问】工具栏上的 ▢ 按钮。
● 在命令行输入 New 后按 Enter 键。
● 按组合键 Ctrl+N。

激活【新建】命令后，打开如图 1-40 所示的【选择样板】对话框。在此对话框中，为用户提供

1.3 绘图文件的创建与管理

这一节继续学习 AutoCAD 绘图文件的基本操作功能，具体有新建文件、保存文件、另存为

了多种的基本样板文件，其中"acadISO-Named Plot Styles"和"acadiso"都是公制单位的样板文件，两者的区别就在于前者使用的打印样式为"命名打印样式"，后一个样板文件的打印样式为"颜色相关打印样式"，读者可以根据需求进行取舍。

图 1-40　【选择样板】对话框

选择"acadISO-Named Plot Styles"或"acadiso"样板文件后单击 打开(O) 按钮，即可创建一张新的空白文件，进入 AutoCAD 的默认设置的二维操作界面。

小技巧：AutoCAD 为用户提供了"无样板"方式创建绘图文件的功能，在【选择样板】对话框中单击 打开(O) ▼ 按钮右侧的下三角按钮，打开如图 1-41 所示的按钮菜单，在按钮菜单上选择"无样板打开-公制"选项，即可快速新建一个公制单位的绘图文件。

图 1-41　打开按钮菜单

1.3.2　保存文件

【保存】命令用于将绘制的图形以文件的形式进行存盘，存盘的目的就是为了方便以后查看、使用或修改等。执行【保存】命令主要有以下几种方法：

- 执行菜单栏中的【文件】/【保存】命令。
- 单击【标准】工具栏或【快速访问】工具栏上的 圖 按钮。
- 在命令行输入 Save 后按 Enter 键。

- 按组合键 Ctrl+S。

执行【保存】命令后，可打开如图 1-42 所示的【图形另存为】对话框，在此对话框内，可以进行如下操作：

图 1-42　【图形另存为】对话框

- 设置存盘路径。单击上侧的【保存于】列表，在展开的下拉列表内设置存盘路径。
- 设置文件名。在【文件名】文本框内输入文件的名称，如"我的文档"。
- 设置文件格式。单击对话框底部的【文件类型】下拉列表，在展开的下拉列表框内设置文件的格式类型，如图 1-43 所示。

图 1-43　设置文件格式

- 当设置好路径、文件名以及文件格式后，单击 保存(S) 按钮，即可将当前文件存盘。

小技巧：默认的存储类型为"AutoCAD 2012 图形（*.dwg）"，使用此种格式将文件被存盘后，只能被 AutoCAD 2012 及其以后的版本所打开，如果用户需要在 AutoCAD 早期版本中打开此文件，必须使用为低版本的文件格式进行存盘。

当用户在已存盘的图形的基础上进行了其他的修改工作，又不想将原来的图形覆盖，可以使用【另存为】命令，将修改后的图形以不同的路径或不同的文件名进行存盘。执行【另存为】命令主要有以下几种方法：

- 执行菜单栏中的【文件】/【另存为】命令
- 单击【快速访问】工具栏上的 按钮。
- 在命令行输入 Saveas 后按 Enter 键。
- 按组合键 Ctrl+Shift+S。

1.3.3　打开文件与清理垃圾文件

当用户需要查看、使用或编辑已经存盘的图形时，可以使用【打开】命令，将此图形所在的文件打开。执行【打开】命令主要有以下几种方法：

- 执行菜单栏中的【文件】/【打开】命令。
- 单击【标准】工具栏或【快速访问】工具栏上的 按钮。
- 在命令行输入 Open 后按 Enter 键。
- 按组合键 Ctrl+O。

激活【打开】命令后，系统将打开【选择文件】对话框，在此对话框中选择需要打开的图形文件，如图 1-44 所示。单击 打开(O) 按钮，即可将此文件打开。

图 1-44　【选择文件】对话框

有时为了给图形文件"减肥"，以减小文件的存储空间，可以使用【清理】命令，将文件内部的一些无用的垃圾资源（如图层、样式、图块等）清理掉。

执行【清理】命令主要有以下种方式：

- 执行菜单栏中的【文件】/【图形实用程序】/【清理】命令。
- 在命令行输入 Purge 后按 Enter 键。
- 使用命令简写 PU。

激活【清理】命令，系统可打开如图 1-45 所

示的【清理】对话框，在此对话框中，带有"+"号的选项，表示该选项内含有未使用的垃圾项目，单击该选项将其展开，即可选择需要清理的项目，如果用户需要清理文件中的所有未使用的垃圾项目，可以单击对话框底部的 全部清理(A) 按钮。

图 1-45　【清理】对话框

1.4　AutoCAD 初级操作技能

这一节继续学习 AutoCAD 初级操作技能，具体包括命令的执行、菜单与工具按钮的调用以及快捷和功能键的使用等初级操作知识。

1.4.1　命令的执行特点

在 AutoCAD 制图软件中，同一种命令的启动，有着多种不同的操作方式，巧妙选择命令的启动方式，可以快速启动需要执行的命令，以提高绘图速度，节省绘图时间。

在 AutoCAD 绘图软件中，命令的执行方式一般存在有以下几种：

- 执行菜单栏中的命令；
- 单击工具栏或功能区命令按钮；
- 在命令行输入命令表达式；
- 使用快捷键和功能键。

1. 执行菜单栏中的命令

在默认状态下，AutoCAD 2012 的制图命令被分为 12 种形式的菜单，当鼠标指针指向某个菜单时，该菜单项则会自动凸起，单击左键，即可展开此菜单，然后用户只需在展开的下拉菜单中，选择相关的命令单击，即可激活该命令。

> **小技巧**：为了更方便执行命令或命令选项，AutoCAD 又为用户提供了一种右键菜单，用户只需要单击该菜单中的命令或命令选项即可快速激活相应的功能。

2. 单击工具栏或功能区按钮

单击工具栏或功能区按钮执行命令，是使用频率非常高的一种操作方式。此种操作方式以形象直观的命令按钮形式，代替了那些复杂繁琐的英文命令，使读者不必记住那些复杂的英文命令，只需单击相应按钮就可快速启动命令。

3. 使用命令表达式

在命令行中直接输入命令的英文表达式，然后敲击 Enter 键即可启动命令。此种方式是一种最原始的方式，也是一种很重要的方式。

由于许多命令都不是一步操作就能完成的，存在有下一级命令和选项等，所以在命令行输入命令并执行时，AutoCAD 就会显示出命令执行过程中的步骤提示，用户可以根据命令行的选项提示来输入命令的所需参数。

4. 使用快捷键或功能键

此种方式是最简单最快捷的命令启动方式。所谓"快捷键"，在此指的就是各 AutoCAD 英文命令的简写。不过此种方式需要配合 Enter 键。比如【直线】命令的英文简写为"L"，在启动此命令时只需按下键盘上的 L 字母键后再按下 Enter 键，就能激活画线命令。

另外，表 1-1 给出了一些 AutoCAD 自身设定的一些功能键和最基本的 Windows 系统自身的快捷键，在执行这些命令时只需要按下相应的功能键即可。

表 1-1　AutoCAD 2012 的功能键

功　能　键	功　　能	功　能　键	功　　能
F1	AutoCAD 帮助	Ctrl+N	新建文件
F2	文本窗口打开	Ctrl+O	打开文件
F3	对象捕捉开关	Ctrl+S	保存文件
F4	三维对象捕捉开关	Ctrl+P	打印文件
F5	等轴测平面转换	Ctrl+Z	撤消上一步操作
F6	动态 UCS	Ctrl+Y	重复撤消的操作
F7	栅格开关	Ctrl+X	剪切
F8	正交开关	Ctrl+C	复制
F9	捕捉开关	Ctrl+V	粘贴
F10	极轴开关	Ctrl+K	超级链接
F11	对象跟踪开关	Ctrl+0	全屏
F12	动态输入	Ctrl+1	特性管理器
Delete	删除	Ctrl+2	设计中心
Ctrl+A	全选	Ctrl+3	特性
Ctrl+4	图纸集管理器	Ctrl+5	信息选项板
Ctrl+6	数据库连接	Ctrl+7	标记集管理器
Ctrl+8	快速计算器	Ctrl+9	命令行
Ctrl+W	选择循环	Ctrl+Shift+P	快捷特性
Ctrl+Shift+I	推断约束	Ctrl+Shift+C	带基点复制
Ctrl+Shift+V	粘贴为块	Ctrl+Shift+S	另存为

除了以上快捷键和功能键之外，为了提高绘图效率，AutoCAD 绘图软件为个别键盘操作键赋予了某种重要功能，当在命令行输入令或命令选项时，必须敲击键盘上的 Enter 键才能被计算机接收，从而进行下一步的操作；结束命令时也需要敲击 Enter 键，它起到一种回车确定功能或回车响应的功能。

另外，当执行完某个命令时敲击 Enter 键，则可以重复执行该命令；如果用户需要中止正在执行的命令时，可以敲击 Esc 键，即可中止命令；如果用户需要删除图形时，可以在选择图形后敲击 Delete 键，系统会自动删除图形，此功能等同于【删除】命令。

> **小技巧**：单击【修改】工具栏或面板上的 按钮，或使用快捷键"E"，都可激活【删除】命令，然后选择需要删除的对象按 Enter 键，即可将图形删除。

1.4.2 文件的基本选择技能

"图形的选择"也是 AutoCAD 的重要基本技能之一，它常用于对图形进行修改编辑之前。常用的选择方式有点选、窗口和窗交 3 种，下面继续学习图形文件的基本选择技能。

● 点选。"点选"是最基本、最简单的一种对外选择方式，此种方式一次仅能选择一个对象。在命令行"选择对象:"的提示下，系统自动进入点选模式，此时光标指针切换为矩形选择框状，将选择框放在对象的边沿上单击鼠标左键，即可选择该图形，被选择的图形对象以虚线显示，如图 1-46 所示。

图 1-46 点选示例

● 窗口选择。"窗口选择"也是一种常用的选择方式，使用此方式一次也可以选择多个对象。在命令行"选择对象:"的提示下从左向右拉出一矩形选择框，此选择框即为窗口选择框，选择框以实线显示，内部以浅蓝色填充，如图 1-47 所示。当指定窗口选择框的对角点之后，结果所有完全位于框内的对象都能被选择，如图 1-48 所示。

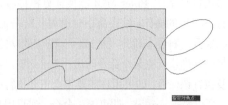

图 1-47 窗口选择框

● 窗交选择。"窗交选择"是使用频率非常高的选择方式，使用此方式一次也可以选择多个对象。在命令行"选择对象:"提示下从右向左拉出一矩形选择框，此选择框即为窗交选择框，选择框以虚线显示，内部绿填充，如图 1-49 所示。当指定选择框的对角点之

后，结果所有与选择框相交和完全位于选择框内的对象才能被选择，如图 1-50 所示。

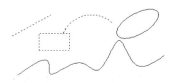

图 1-48 选择结果

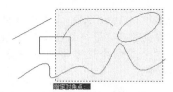

图 1-49 窗交选择框

图 1-50 选择结果

1.4.3 视图的平移与缩放

平移与缩放视图是 AutoCAD 的基本操作技能之一，掌握正确的视图的平移与缩放技能，不仅能使我们的绘图效率大大提高，同时还能使绘制的图形更精确。下面学习视图的平移与缩放调控技能。

平移视图是指随意移动视图，以便观察视图中的图形对象。执行【视图】菜单中的【平移】下一级菜单中的各命令，如图 1-51 所示，可执行各种平移工具。

● 【实时】用于将视图随着光标的移动而平移，也可在【标准】工具栏上单击 ![手形] 按钮，以激活【实时平移】工具。

图 1-51 平移菜单

● 【点】平移是根据指定的基点和目标点平移视图。定点平移时，需要指定两点，第

一点作为基点，第二点作为位移的目标点，平移视图内的图形。

- 【左】、【右】、【上】和【下】命令分别用于在 x 轴和 y 轴方向上移动视图。

> **小技巧**：激活【实时平移】命令后光标变为"🖐"形状，此时可以按住鼠标左键向需要的方向平移视图，在任何时候都可以敲击 Enter 键或 Esc 键来停止平移。

除了平移视图之外，使用视图的缩放工具可以非常方便的查看和编辑视图中的图形对象，AutoCAD 还提供了多种缩放视图的工具和相关菜单，这些功能按钮和菜单位于如图 1-52 所示的【视图】/【缩放】下一级菜单和如图 1-53 所示的【缩放】工具栏中。

图 1-52　缩放菜单　　图 1-53　【缩放】工具栏

- 窗口缩放：【窗口缩放】 功能用于在需要缩放显示的区域内拉出一个矩形框，将位于框内的图形放大显示在视图内。当选择框的宽高比与绘图区的宽高比不同时，AutoCAD 将使用选择框宽与高中相对当前视图放大倍数的较小者，以确保所选区域都能显示在视图中。

- 比例缩放：【比例缩放】 功能用于按照输入的比例参数进行调整视图，视图被比例调整后，中心点保持不变。在输入比例参数时，有 3 种情况：第一种情况就是直接在命令行内输入数字，表示相对于图形界限的倍数；另一种情况就是直接在输入的比例数字后加字母 X，表示相对于当前视图的缩放倍数；第三种情况是在输入的数字后加字母 XP，表示系统将根据图纸空间单位确定缩放比例。

通常情况下，相对于视图的缩放倍数比较直观，较为常用。

- 中心缩放：【圆心缩放】 功能用于根据所确定的中心点进行调整视图。当激活该功能后，用户可直接用鼠标在屏幕上选择一个点作为新的视图中心点，确定中心点后，AutoCAD 要求用户输入放大系数或新视图的高度，具体有两种情况：第一，直接在命令行输入一个数值，系统将以此数值作为新视图的高度，进行调整视图。第二，如果在输入的数值后加一个 X，则系统将其看作视图的缩放倍数。

- 动态缩放：【动态缩放】 功能用于动态地浏览和缩放视图，此功能一般用于观察和缩放比例比较大的图形。当激活该功能后，屏幕将临时切换到虚拟的显示屏状态，此时屏幕上将显示出 3 个视图框，如图 1-54 所示。

图 1-54　动态缩放工具的应用

- 其中，"图形范围或图形界限"视图框是一个蓝色的虚线方框，该框显示图形界限和图形范围中较大的一个。而"当前视图框"是一个绿色的线框，该框中的区域就是在使用这一选项之前的视图区域。以实线显示的矩形框为"选择视图框"，该视图框有两种状态，一种是平移视图框，其大小不能改变，只可任意移动；另一种是缩放视图框，它不能平移，但可调节大小。可用鼠标左键在两种视图框之间切换。

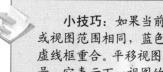

> **小技巧**：如果当前视图与图形界限或视图范围相同，蓝色虚线框便与绿色虚线框重合。平移视图框中有一个"×"号，它表示下一视图的中心点位置。

- 中心缩放：【中心缩放】功能用于根据所确定的中心点进行调整视图。当激活该功能后，用户可直接用鼠标在屏幕上选择一个点作为新的视图中心点，确定中心点后，AutoCAD 要求用户输入放大系数或新视图的高度，具体有两种情况：第一，直接在命令行输入一个数值，系统将以此数值作为新视图的高度，进行调整视图。第二，如果在输入的数值后加一个 X，则系统将其看作视图的缩放倍数。

- 缩放对象与全部缩放：【缩放对象】功能用于最大限度地显示当前视图内选择的图形，使用此功能可以缩放单个对象，也可以缩放多个对象。而【全部缩放】功能用于按照图形界限或图形范围的尺寸，在绘图区域内显示图形。图形界限与图形范围中哪个尺寸大，便由哪个决定图形显示的尺寸。

- 缩放范围与放大和缩小：【范围缩放】功能用于将所有图形全部显示在屏幕上，并最大限度地充满整个屏幕，此种选择方式与图形界限无关。而【放大】功能用于将视图放大一倍显示，【缩小】功能用于将视图缩小一倍显示。连续单击按钮，可以成倍的放大或缩小视图。

- 实时缩放：实时缩放是指随时对视图进行缩放，以方便观察视图上的图形随行。单击【标准】工具栏上的按钮，或执行菜单【视图】/【缩放】/【实时】命令，都可激活【实时缩放】功能，此时屏幕上将出现一个放大镜形状的光标，此时便进入了实时缩放状态，按住鼠标左键向下拖动鼠标，则视图缩小显示；按住鼠标左键向上拖动鼠标，则视图放大显示。

- 视图的恢复：当视图被缩放或平移后，以前视图的显示状态会被 AutoCAD 自动保存起来，使用软件中的【缩放上一个】功能可以恢复上一个视图的显示状态，如果用户连续单击该工具按钮，系统将连续地恢复视图，直至退回到前 10 个视图。

1.5 课后练习

1. 填空题

（1）通过所学的零件三视图，分别指的是（　　　）、（　　　）、（　　　）；三视图的三等关系是（　　　）、（　　　）、（　　　）。

（2）剖视图主要用于表达零件（　　　），常用的剖视图类型主要有（　　　）、（　　　）、（　　　）。

（3）AutoCAD 2012 为初始用户提供了（　　　）、（　　　）、（　　　）和（　　　）工作空间；工作空间的切换主要通过（　　　）、（　　　）、（　　　）、（　　　）来实现。

（4）AutoCAD 命令的启动主要（　　　）、（　　　）、（　　　）和（　　　）等4种方式。

（5）AutoCAD 绘图文件的默认存盘格式是（　　　）。

（6）在修改图形对象时，往往需要事先选择这些图形对象，常用的图形选择方式主要有（　　　）、（　　　）和（　　　）3种。

（7）使用（　　　）命令可以将文件内部的一些无用的垃圾资源，如图层、样式、图块等进行删除。

（8）当执行完某命令时敲击（　　　）键，则可以重复执行该命令；如果需要中止正在执行的命令时，可以敲击（　　　）键，即可中止命令；如果需要删除图形时，可以在选择图形后敲击（　　　）键。

（9）如果将文件中的所有图形最大化显示在屏幕上，则可以使用（　　　）功能；如果将某一个图形最大化显示，则可以使用（　　　）功能。

2. 上机操作

将默认绘图背景修改为白色、将十字光标相对屏幕进行百分之百显示。

第2章

设置机械绘图环境与样式

📖 **学习目标**

学习有关 AutoCAD 机械设计绘图环境和绘图样式的设置知识，主要内容包括绘图单位、图形界限、捕捉模式、追踪模式、坐标点的精确输入图层与特性以及文字样式、标注样式等，为以后绘制机械零件图纸奠定基础。

📖 **学习重点**

掌握绘图单位、图形界限、捕捉模式、追踪模式的设置操作以及坐标点的精确输入、图层的设置管理与控制、文字样式与标注样式的设置等技能。

📖 **主要内容**

● 设置绘图单位与图形界限
● 设置捕捉与追踪模式
● 图层的设置与控制
● 设置机械绘图样式
● 坐标点的精确输入
● 样板文件概念及作用
● 设置机械样板绘图环境与样式

2.1 设置绘图单位与图形界限

在机械设计中，绘图单位是精确绘图的关键，因此，在使用 AutoCAD 进行机械图纸的绘制之前，首先需要设置绘图单位。绘图单位的设置主要包括"长度"和"角度"两大部分，系统默认的长度类型为"小数"，角度类型为"十进制度数"。下面学习绘图单位、精度与图形界限的设置技能。

2.1.1 设置绘图单位与精度

AutoCAD 中图形单位的设置包括"长度"和"角度"两大部分，系统默认的长度类型为"小数"，角度类型为"十进制度数"，在实际绘图时，可以根据具体情况，通过执行【单位】命令来设置绘图单位和精度，执行此命令主要有以下几种方法：

- 执行菜单栏中的【格式】/【单位】命令。
- 在命令行输入 Units 后按 Enter 键。
- 使用快捷键 UN。

【任务1】：设置绘图单位与单位精度。

Step 1 首先执行菜单栏中的【格式】/【单位】命令，打开如图 2-1 所示的【图形单位】对话框。

图 2-1 【图形单位】对话框

Step 2 在【长度】选项组中单击【类型】下拉列表框，进行设置长度的类型，默认

为"小数"。

 小技巧：AutoCAD 提供了"机械"、"小数"、"工程"、"分数"和"科学"等 5 种长度类型。单击该选框中的`按钮可以从中选择我们需要的长度类型。

Step 3 展开【精度】下拉列表，以设置单位的精度，默认为"0.000"，用户可以根据需要设置单位的精度。

Step 4 在【角度】选项组中展开【类型】下拉列表框，设置角度的类型，默认为"十进制度数"；在【精度】下拉列表框内设置角度的精度，默认为"0"，用户可以根据需要进行设置。

 小技巧：【顺时针】单选项是用于设置角度的方向的，如果勾选该选项，那么在绘图过程中就以顺时针为正角度方向，否则以逆时针方向作为正角度方向。

Step 5 在【拖放比例】选项组内用于确定拖放内容的单位，默认为"毫米"。

Step 6 设置角度的基准方向。单击 方向(D)... 按钮，打开如图 2-2 所示的【方向控制】对话框，用来设置角度的起始位置，默认水平向右为 0°。

图 2-2 【方向控制】对话框

2.1.2 设置并检测图形界限

在 AutoCAD 软件中，"图形界限"表示的是"绘图的区域"，它相当于手工绘图时所定制的草纸。由于在平时绘图过程中，需要经常绘制不同尺寸的图形，那么在开始绘图之前，一般都需要

根据图形的总体范围进行设置不同的绘图区域，使绘制后的图形完全位于作图区域内，便于视图的调整及用户的观察编辑等。

【图形界限】命令就是专用于设置绘图区域的工具，此工具还可以进行绘图区域的检测操作，以方便控制图形是否超出作图边界。执行该命令主要有以下几种方法：

- 执行菜单栏中的【格式】/【图形界限】命令。
- 在命令行输入 Limits 后按 Enter 键。

1. 设置图形界限

在默认设置下，每个文件的图形界限为 420×297，即长边为 420、短边为 297。下面通过设置长边为 300、短边为 150 的绘图区域，学习图形界限的具体设置技能。

【任务 2】：设置绘图单位与单位精度。

Step 1 首先新建空白文件。

Step 2 执行菜单栏中的【格式】/【图形界限】命令，或在命令行中输入 Limits 并按 Enter 键，执行【图形界限】命令。

Step 3 执行【图形界限】命令后，根据 AutoCAD 命令行的操作提示，进行设置绘图区域。命令行操作如下。

命令：'_limits

　　重新设置模型空间界限：

　　指定左下角点或 [开 (ON)/关 (OFF)] <0.0000, 0.0000>：　　//Enter，采用默认设置

　　指定右上角点 <420.0000,297.0000>：
　　　　　　　　　　//300,150Enter

> **小技巧**：一般情况下，以坐标系原点作为图形界限的左下角，然后直接输入右上角点的绝对的坐标值，即可重新指定图形界限。

2. 图形界限的检测

如果用户需要将输入的坐标值限制在图形界限区域之内，以防止用户绘制的图形超出图形界限，则可按如下步骤进行操作。

【任务 3】：设置图形界限的检测功能。

Step 1 首先执行【图形界限】命令。

Step 2 在命令行"指定左下角点或[开 (ON)/关 (OFF)] <0.0000,0.0000>："提示下，输入 on 并按击 Enter 键，即可打开图形界的检测功能。

Step 3 如果用户需要关闭图形界限的检测功能，可以激活【关】选项，此时，AutoCAD 允许用户输入图形界限外部的点。

2.2 设置捕捉与追踪模式

在 AutoCAD 机械设计中，捕捉与追踪是精确绘图的关键，下面继续学习设置捕捉与追踪的相关方法和技巧。

2.2.1 设置捕捉模式

在绘图之前，为了便于点的精确定位，一般需要事先设置好点的捕捉模式，如捕捉、栅格以及各种特征点的捕捉等。使用这些捕捉功能，可以快速、准确、高精度绘制图形，从而大大提高绘图的效率性和精确度。

1. 设置捕捉

【捕捉】功能就是用于控制十字光标，使其按照用户定义的间距进行移动，从而精确定位点。利用此功能，可以将鼠标的移动设定一个固定的步长，如 5 或 10，从而使绘图区的光标在 x 轴、y 轴方向的移动量总是步长的整数倍，以提高绘图的精度。

执行【捕捉】功能的主要有以下几种方法：

- 执行菜单栏中的【工具】/【草图设置】命令，在打开的【草图设置】对话框展开【捕捉和栅格】选项卡，勾选【启用捕捉】复选项，如图 2-3 所示。

图 2-3 【草图设置】对话框

- 单击状态栏上██按钮或 捕捉 按钮（或在此按钮上单击右键，选择右键菜单中的【启用】选项。
- 按下功能键 F9 。

下面通过将 x 轴方向上的步长设置为 45、y 方向上的步长设置为 20，学习"步长捕捉"功能的参数设置和启用操作。

【任务4】: 设置 x 轴与 y 轴方向上的捕捉间距。

Step 1 在状态栏 捕捉 按钮上单击右键，选择【设置】选项，打开【草图设置】对话框。

Step 2 在对话框中勾选【启用捕捉】复选项，即可打开捕捉功能。

Step 3 在【捕捉 x 轴间距】文本框内输入数值 45，将 x 轴方向上的捕捉间距设置为 45。

Step 4 取消【x 和 y 间距相等】复选项，然后在【捕捉 y 轴间距】文本框内输入数值 20，将 y 轴方向上的捕捉间距设置为 20。

Step 5 最后单击 ██确定██ ，完成捕捉参数的设置。

📖 **选项解析**

- 【极轴间距】选项组用于设置极轴追踪的距离，此选项需要在【PolarSnap】捕捉类型下使用。
- 【捕捉类型】选项组用于设置捕捉的类型，其中【栅格捕捉】单选项用于将光标沿垂直栅格或水平栅格点进行捕捉点；【PolarSnap】单选项用于将光标沿当前极

轴增量角方向进行追踪点，此选项需要配合【极轴追踪】功能使用。

　　小技巧:【捕捉类型和样式】选项组，用于设置捕捉的类型及样式，建议使用系统默认设置。

2. 设置栅格

所谓"栅格"，指的是由一些虚拟的栅格点或栅格线组成的，以直观地显示出当前文件内的图形界限区域。这些栅格点和栅格线仅起到一种参照显示功能，它不是图形的一部分，也不会被打印输出。

执行【栅格】功能主要有以下几种方法：

- 执行菜单栏中的【工具】/【草图设置】命令，在打开的【草图设置】对话框中展开【捕捉和栅格】选项卡，然后勾选【启用栅格捉】复选项。
- 单击状态栏██按钮或 栅格 按钮（或在此按钮上单击右键，选择右键菜单中的【启用】选项。
- 按功能键 F7 。
- 按组合键 Ctrl+G 。

📖 **选项解析**

- 如上图 2-3 所示的【草图设置】对话框中，【栅格样式】选项组用于设置二维模型空间、块编辑器窗口以及布局空间的栅格显示样式，如果勾选了此选项组中的三个复选项，那么系统将会以栅格点的形式显示图形界限区域，如图 2-4 所示；反之，系统将会以栅格线的形式显示图形界限区域，如图 2-5 所示。

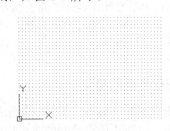

图 2-4　栅格点显示

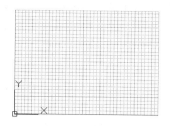

图 2-5 栅格线显示

- 【栅格间距】选项组是用于设置 x 轴方向和 y 轴方向的栅格间距的。两个栅格点之间或两条栅格线之间的默认间距为 10。
- 在【栅格行为】选项组中,【自适应栅格】复选项用于设置栅格点或栅格线的显示密度;【显示超出界限的栅格】复选项用于显示图形界限区域外的栅格点或栅格线;【遵循动态 UCS】复选项用于更改栅格平面,以跟随动态 UCS 的 xy 平面。

小技巧:如果用户开启了【栅格】功能后,绘图区并没有显示出栅格点,这是因为当前图形界限太大或太小,导致栅格点太密或太稀的缘故,需要修改栅格点之间的距离。

3. 设置对象捕捉

【对象捕捉】功能主要用于精确捕捉图形对象上的特征点,如端点、中点、圆心等。AutoCAD 提供了 13 种对象捕捉模式,这些捕捉工具分别以对话框和菜单栏的形式出现,以对话框形式出现的捕捉功能为对象的自动捕捉功能,如图 2-6 所示。在此对话框内一旦设置了某种捕捉模式后,系统将一直保持着这种捕捉模式,直到用户取消为止,所以被称之为自动对象捕捉。

执行自动对象捕捉功能主要有以下几种方法:

- 单击状态栏上的 □ 按钮或 对象捕捉 按钮(或在此按钮上单击右键,选择右键菜单上的【启用】选项。
- 使用功能键 F3 。
- 执行菜单栏中的【工具】/【草图设置】命令,在弹出的对话框中勾选【启用对象捕捉】复选项。

4. 设置临时捕捉

临时捕捉功能位于如图 2-7 所示的菜单上,其工具按钮位于如图 2-8 所示的【对象捕捉】工具栏上。临时捕捉功能是一次性的捕捉功能,即激活一次捕捉模式之后,系统仅允许使用一次,如果用户需要连续使用该捕捉功能,需要重复激活临时捕捉模式。

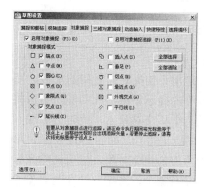

图 2-6 【对象捕捉】选项卡 　　图 2-7 临时捕捉菜单

图 2-8 捕捉工具栏

执行临时捕捉功能主要有以下几种方法:

- 单击【对象捕捉】工具栏上的各捕捉按钮。
- 按 Ctrl 键或 Shift 键单击右键,在弹出的菜单上选择捕捉工具。
- 在命令行输入各种捕捉功能的简写,如 _mid、_int 和 _endp 等。

13 种临时捕捉功能的含义与操作如下:

- 捕捉到端点

此种捕捉功能用来捕捉图形对象的端点。比如线段端点,矩形、多边形的角点等。在命令行出现"指定点"提示下激活此功能,然后将光标放在对象上,系统将自动在距离光标最近位置处显示出端点标记符号,同时在光标右下侧显示工具提示,如图 2-9 所示,此时单击左键即可捕捉到对象的端点。

● 捕捉到中点

此种功能用来捕捉到线段、圆弧等对象的中点。在命令行出现"指定点"的提示下激活此功能，然后将光标放在对象上，系统自动在中点处显示出中点标记符号，同时在光标右下侧显示出工具提示，如图2-10所示。单击左键即可捕捉到对象中点。

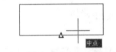

图2-9　端点捕捉标记　　图2-10　中点捕捉标记

● 捕捉到交点

此种捕捉功能用于捕捉对象之间的交点。在命令行"指定点"的提示下激活此功能，然后将光标放在其中的一个相交对象上，此时会出现一个"延伸交点"的标记符号，如图2-11所示，单击左键拾取该对象作为相交对象，然后再将光标放到另外一个相交对象上，系统自动在两对象的交点处显示出交点标记符号，如图2-12所示，单击左键就可以捕捉到该交点。

图2-11　拾取相交对象　　图2-12　捕捉相交点

● 捕捉到外观交点

此种捕捉功能用于捕捉三维空间内，对象在当前坐标系平面内投影的交点，也可用于在二维制图中捕捉各对象的相交点或延伸交点。

● 捕捉到延长线

此种捕捉用来捕捉线段或弧延长线上的点。在命令行"指定点"的提示下激活此功能，将光标放在对象的一端拾取需要延伸的一端，然后沿着延长线方向移动光标，系统会自动在延长线处引出一条追踪虚线，如图2-13所示，此时单击左键，或输入一距离值，即可在对象延长线上精确定位点。

● 捕捉到圆心

此种捕捉功能是用来捕捉圆、弧或圆环的圆心。在命令行"指定点"的提示下激活此功能，然后将光标放在圆或圆弧等对象的边缘上，也可直接放在圆心位置上，系统自动在圆心处显示出圆心标记符号，如图2-14所示，此时单击左键即可捕捉到圆心。

图2-13　捕捉延长线　　图2-14　捕捉到圆心

● 捕捉到象限点

此功能用于捕捉圆、弧的象限点。一个圆四等分后，每一部分称为一个象限，象限在圆的连接部位即是象限点。拾取框总是捕捉离它最近的那个象限点，如图2-15所示。

● 捕捉到切点

此种捕捉功能常用于绘制圆或弧的切线。在命令行"指定点"的提示下激活此功能，将光标放在圆或弧的边缘上，系统会自动在切点处显示出切点标记符号，如图2-16所示，此时单击左键即可捕捉到切点，绘制出对象的切线，结果如图2-17所示。

● 捕捉到垂足

图2-15　捕捉到　　　图2-16　捕捉到切点
象限点

此种捕捉功能常用于绘制对象的垂线。在命令行"指定点"的提示下激活此功能，将光标放在对象边缘上，系统会自动在垂足点处显示出垂足标记符号，如图2-18所示，此时单击左键即可捕捉到垂足点，绘制对象的垂线，结果如图2-19所示。

图 2-17　绘制切线　　　图 2-18　捕捉到垂足点

● 捕捉到节点。

此种捕捉功能可以捕捉使用【点】命令绘制的点对象。使用时需将拾取框放在节点上，系统会显示出节点的标记符号，单击左键即可拾取该点。

● 捕捉到插入点

此种捕捉方式用来捕捉块、文字、属性或属性定义等的插入点，对于文本来说就是其定位点。

● 捕捉到平行线

此种捕捉功能常用于绘制与已知线段平行的线。在命令行"指定下一点："的提示下，激活此功能，然后把光标放在已知线段上，此时会出现一平行的标记符号，如图 2-20 所示，移动光标，系统会自动在平行位置处出现一条向两方无限延伸的追踪虚线，如图 2-21 所示，单击左键即可绘制出与拾取对象相互平行的线。

● 捕捉到最近点

此种捕捉方式用来捕捉光标距离线、弧、圆等对象最近的点，即捕捉对象离光标最近的点。如图 2-22 所示。

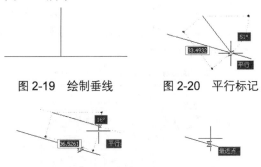

图 2-19　绘制垂线　　　图 2-20　平行标记

图 2-21　引出平行追踪线　　图 2-22　捕捉最近点

2.2.2　设置追踪模式

AutoCAD 所提供的捕捉功能仅能捕捉对象上

的特征点，如果用户需要捕捉特征点之外的点，可以使用 AutoCAD 精确追踪功能。常用的追踪功能有【正交模式】、【极轴追踪】、【对象追踪】、【捕捉自】和【临时追踪点】等。

1. 设置正交模式

【正交模式】功能用于将光标强行的控制在水平或垂直方向上，以追踪并绘制水平和垂直的线段。执行【正交模式】功能主要有以下几种方法：

● 单击状态栏上的　按钮或　正交　按钮（或在此按钮上单击右键，选择右键菜单中的【启用】选项。

● 按功能键 F8。

● 在命令行输入表达式 Ortho 后按 Enter 键。

> **小技巧：**【正交模式】功能可以追踪定位四个方向，向右引导光标，系统则定位 0° 方向（如图 2-23 所示）；向上引导光标，系统则定位 90° 方向（如图 2-24 所示）；向左引导引导光标，系统则定位 180° 方向（如图 2-25 所示）；向下引导光标，系统则定位 270° 方向（如图 2-26 所示）。

图 2-23　0° 方向矢量　　图 2-24　90° 方向矢量

图 2-25　180° 方向矢量　　图 2-26　270° 方向矢量

下面通过绘制如图 2-27 所示的台阶截面轮廓图，学习【正交模式】功能的具体使用方法和操作技巧。

【任务 5】：绘制台阶截面轮廓图。

Step 1　首先新建公制单位空白文件。

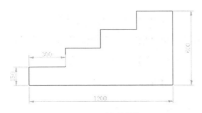

图 2-27　绘制结果

Step 2　按 F8 功能键，打开状态栏上的【正交模式】功能。

Step 3　执行菜单栏中的【绘图】/【直线】命令，配合【正交模式】功能精确绘图。命令行操作如下。

Step 4　命令: _line

指定第一点:

　　　　　　//在绘图区拾取一点作为起点

指定下一点或 [放弃(U)]:

　　　　　　//向上引导光标，输入 150 Enter

指定下一点或 [放弃(U)]:

　　　　　　//向右引导光标，输入 300 Enter

指定下一点或 [闭合(C)/放弃(U)]:

　　　　　　//向上引导光标，输入 150 Enter

指定下一点或 [闭合(C)/放弃(U)]:

　　　　　　//向右引导光标，输入 300 Enter

指定下一点或 [放弃(U)]:

　　　　　　//向上引导光标，输入 150 Enter

指定下一点或 [放弃(U)]:

　　　　　　//向右引导光标，输入 300 Enter

指定下一点或 [闭合(C)/放弃(U)]:

　　　　　　//向上引导光标，输入 150 Enter

指定下一点或 [闭合(C)/放弃(U)]:

　　　　　　//向右引导光标，输入 300 Enter

指定下一点或 [闭合(C)/放弃(U)]:

　　　　　　//向下引导光标，输入 600 Enter

指定下一点或 [闭合(C)/放弃(U)]:

　　　　　　// c Enter，闭合图形

2. 设置极轴追踪

【极轴追踪】功能是按事先设置的增量角及其倍数，引出相应的极轴追踪虚线，如图 2-28 所示。用户可在追踪虚线所定位的方向矢量上进行精确

定位跟踪点。

图 2-28　极轴追踪示例

执行【极轴追踪】功能主要有以下几种方法:

● 单击状态栏上的 ⓒ 按钮或 极轴 按钮（或在此按钮上单击右键，选择右键菜单上的【启用】选项。

● 按下功能键的 F10 键。

● 单击【工具】菜单中的【草图设置】命令，打开【草图设置】对话框，在【极轴追踪】选项卡内勾选 "启用极轴追踪" 复选项，如图 2-29 所示。

> **小技巧:**【正交模式】与【极轴追踪】功能不能同时打开，因为前者是使光标限制在水平或垂直轴上，而后者则可以追踪任意方向矢量。

下面通过绘制长度为 120、角度为 45°的倾斜线段，学习使用【极轴追踪】功能的具体使用方法和操作技巧。

【任务 6】: 绘制长度为 120、角度为 45°的倾斜线段。

Step 1　在状态栏上的 极轴 按钮上单击右键，在弹出的下拉菜单中选择【设置】选项，打开图 2-29 所示的对话框。

图 2-29　【极轴追踪】选项卡

Step 2　勾选对话框中的【启用极轴追踪】复选项，打开【极轴追踪】功能。

Step 3　单击【增量角】列表框，在展开的下拉列表框中选择45，如图2-30所示，将当前的追踪角设置为30°。

图2-30　设置追踪角

小技巧：在【极轴角设置】组合框中的【增量角】下拉列表框内，系统提供了多种增量角，如90°、60°、45°、30°、22.5°、18°、15°、10°、5°等，用户可以从中选择一个角度值作为增量角。

Step 4　单击 确定 按钮关闭对话框，完成角度跟踪设置。

Step 5　执行菜单栏中的【绘图】/【直线】命令，配合【极轴追踪】功能绘制斜线段。命令行操作如下。

Step 6　命令：_line

指定第一点：　　//在绘图区拾取一点作为起点

指定下一点或 [放弃(U)]：　　　　//向右上方

移动光标，在45°方向上引出如图2-31所示的极轴追踪虚线，然后输入 120 Enter

指定下一点或 [放弃(U)]：　// Enter，结束命令，绘制结果如图2-32所示。

小技巧：AutoCAD 不但可以在增量角方向上出现极轴追踪虚线，还可以在增量角的倍数方向上出现极轴追踪虚线。

如果要选择预设值以外的角度增量值，需事

先勾选【附加角】复选项，然后单击 新建(N) 按钮，创建一个附加角，如图2-33所示，系统就会以所设置的附加角进行追踪。另外，如果要删除一个角度值，在选取该角度值后单击 删除 按钮即可。另外，只能删除用户自定义的附加角，而系统预设的增量角不能被删除。

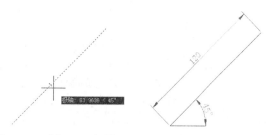

图2-31　引出30°极轴矢量　　图2-32　绘制结果

3. 设置对象追踪

【对象追踪】功能用于以对象上的某些特征点作为追踪点，引出向两端无限延伸的对象追踪虚线，如图2-34所示，在此追踪虚线上拾取点或输入距离值，即可精确定位到目标点。

执行【对象追踪】功能的主要有以下几种方法：

● 单击状态栏上的 ∠ 按钮或 对象追踪 按钮。

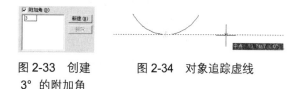

图2-33　创建　　图2-34　对象追踪虚线
3°的附加角

● 按功能键F11键。

● 执行菜单栏中的【工具】/【草图设置】命令，在打开的对话框中展开【对象捕捉】选项卡，然后勾选【启用对象捕捉追踪】复选项。

在默认设置下，系统仅以水平或垂直的方向进行追踪点，如果用户需要按照某一角度进行追踪点，可以在【极轴追踪】选项卡中设置追踪的样式，如图2-35所示。

图 2-35　设置对象追踪样式

　小技巧:【对象追踪】功能只有在【对象捕捉】和【对象追踪】同时打开的情况下才可使用,而且只能追踪对象捕捉类型里设置的自动对象捕捉点。

📖 选项解析

● 在【对象捕捉追踪设置】选项组中,【仅正交模式】单选项与当前极轴角无关,它仅水平或垂直的追踪对象,即在水平或垂直方向上出现向两方无限延伸的对象追踪虚线。

● 【用所有极轴角设置追踪】单选项是根据当前所设置的极轴角及极轴角的倍数出现对象追踪虚线,用户可以根据需要进行取舍。

● 在【极轴角测量】选项组中,【绝对】单选项用于根据当前坐标系确定极轴追踪角度;而【相对上一段】单选项用于根据上一个绘制的线段确定极轴追踪的角度。

4. 捕捉自与临时追踪点

【捕捉自】功能是借助捕捉和相对坐标定义窗口中相对于某一捕捉点的另外一点。使用【捕捉自】功能时需要先捕捉对象特征点作为目标点的偏移基点,然后再输入目标点的坐标值。

执行【捕捉自】功能主要有以下几种方法:

● 单击【对象捕捉】工具栏上的按钮。
● 在命令行输入 _from 后按 Enter 键。
● 按住 Ctrl 或 Shift 键单击右键,选择菜单中的【自】选项。

【临时追踪点】与【对象追踪】功能类似,不同的是前者需要事先精确定位出临时追踪点,然后才能通过此追踪点,引出向两端无限延伸的临时追踪虚线,以进行追踪定位目标点。执行【临时追踪点】功能主要有以下几种方法:

● 单击临时捕捉菜单中的【临时追踪点】选项。
● 单击【对象捕捉】工具栏上的按钮。
● 使用快捷键 _tt。

在执行【临时追踪点】功能时,必需拾取一点作为临时追踪点,然后移动光标,引出所需角度的临时追踪虚线,在临时追踪虚线上定位目标点。如图 2-36 所示的临时追踪虚线就是以圆心作为临时追踪点所引出的临时追踪虚线。

图 2-36　临时追踪点示例

2.3 图层的设置与控制

【图层】命令主要用于规划和组合复杂的图形。通过将不同性质、不同类型的对象(如几何图形、尺寸标注、文本注释等)放置在不同的图层上,可以很方便地通过图层的状态控制功能来显示和管理复制图形,以方便对其观察和编辑。执行【图层】命令主要有以下几种方法:

● 执行菜单栏中的【格式】/【图层】命令。
● 单击【图层】工具栏上的按钮。
● 在命令行输入 Layer 后按 Enter 键。
● 使用快捷键 LA。

2.3.1 设置图层与特性

在默认状态下 AutoCAD 仅为用户提供了"0 图层",如图 2-37 所示,在开始绘图之前一般需要根据图形的表达内容等因素设置不同的类型的图层,本节主要学习图层的具体创建过程和图层特性的设置技能。

图 2-37　【图层特性管理器】对话框

1. 设置新图层

下面通过设置三个新图层，学习图层的具体设置技能。

【任务 7】：设置新图层。

Step 1　执行菜单栏中的【格式】/【图层】命令，打开如图 2-37 所示的【图层特性管理器】对话框。

Step 2 单击【图层特性管理器】对话框中的 ✍ 按钮，新图层将以临时名称"图层 1"显示在列表中，如图 2-38 所示。

Step 3　用户在反白显示的"图层 1"区域输入新图层的名称，如图 2-39 所示，创建第一个新图层。

图 2-38　新建图层

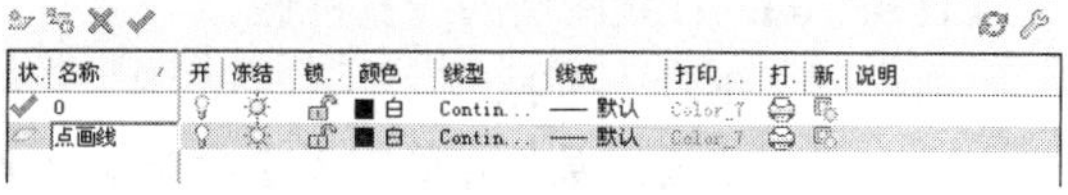

图 2-39　输入图层名

> **小技巧**：图层名最长可达 255 个字符，可以是数字、字母或其他字符；图层名中不允许含有大于号（＞）、小于号（＜）、斜杠（／）、反斜杠（＼）以及标点等符号等；另外，为图层命名时，必须确保图层名的唯一性；

Step 4　按组合键 Alt+N，或再次单击 ✍ 按

钮，创建另外两个图层，结果如图 2-40 所示。

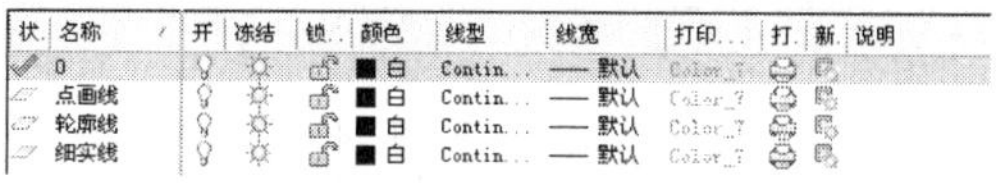

图 2-40　创建新图层

2. 设置图层颜色

当设置了新图层之后，还需要为图层指定不同的图层特性，如颜色特性、线型特性等，下面则学习图层颜色特性的具体设置技能。

【任务 8】：设置图层的颜色特性。

Step 1　继续上节操作。

Step 2　单击名为"点画线"的图层，在如图 2-41 所示的颜色区域上单击左键，打开【选择颜色】对话框，然后选择如图 2-42 所示的颜色。

图 2-41　修改图层颜色

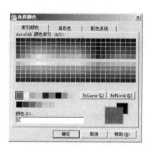

图 2-42　【选择颜色】对话框

Step 3　单击【选择颜色】对话框中的 确定 按钮，即可将图层的颜色设置为红色，结果如图 2-43 所示。

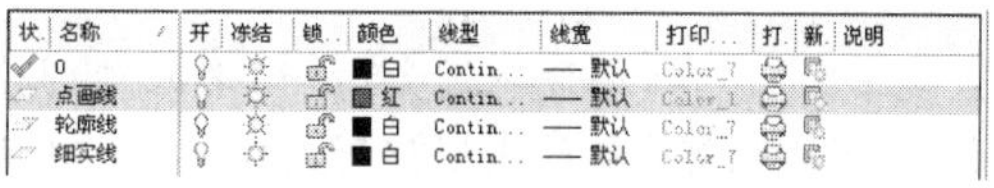

图 2-43　设置颜色后的图层

> **小技巧**：如果在创建新图层时选择了一个现有图层，或为新建图层指定了图层特性，那么以下创建的新图层

将继承先前图层的一切特性（如颜色、线型等）。

Step 4 参照上述操作，将"细实线"图层的颜色设置为 102 号色，结果如图 2-44 所示。

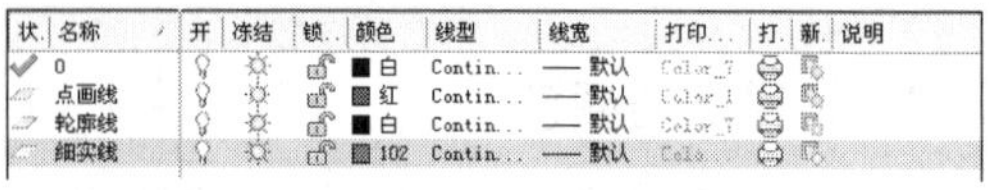

图 2-44 设置结果

3. 设置图层线型

在默认设置时，系统为用户提供一种"Continuous"线型，用户如果需要使用其他的线型，必须进行加载。本节主要学习线型的加载和图层线型特性的具体设置技能。

【任务 9】：设置图层的线型特性。

Step 1 继续上节操作。

Step 2 单击名为"点画线"的图层，在如图 2-45 所示的图层位置上单击左键，打开如图 2-46 所示的【选择线型】对话框。

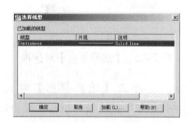

图 2-45 指定单击位置

图 2-46 【选择线型】对话框

Step 3 在【选择线型】对话框单击 加载(L)... 按钮，打开【加载或重载线型】对话框，选择"ACAD ISO04W100"线型，如图 2-47 所示。

Step 4 单击 确定 按钮，选择的线型被加载到【选择线型】对话框内，如图 2-48 所示。

Step 5 选择刚加载的线型单击 确定 按钮，即将此线型附加给当前被选择的图层，结

果如图 2-49 所示。

图 2-47 【加载或重载线型】对话框

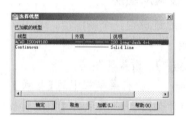

图 2-48 加载线型

图 2-49 设置线型

4. 设置图层线宽

在 AutoCAD 制图中，线宽也是一种非常重要的对象特性，通过为对象设置不同的线宽特性，可以直观清晰的区分对象。下面学习图层线宽特性的具体设置技能。

【任务 10】：设置图层的线宽特性。

Step 1 继续上节操作。

Step 2 在【图层特性管理器】对话框中单击"轮廓线"的图层，使其处于激活状态，此时该图层反白显示。

Step 3 接下来在图 2-50 所示位置单击左键，打开如图 2-51 所示的【线宽】对话框。

图 2-50 修改层的线宽

Step 4 在【线宽】对话框中选择"0.30mm"

线宽，然后单击 确定 按钮返回【图层特性管理器】对话框，结果"轮廓线"图层的线宽被设置为 0.30mm，结果如图 2-52 所示。

图 2-51　【线宽】对话框

图 2-52　设置结果

Step 5 单击 确定 按钮关闭【图层特性管理器】对话框。

2.3.2　管理与控制图层

为了方便对图形进行规划和状态控制，AutoCAD 为用户提供了几种状态控制功能，具体有开关、冻结与解冻、锁定与解锁等，如图 2-53 所示。

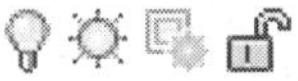

图 2-53　状态控制图标

- 开关控制功能。／按钮用于控制图层的开关状态。默认状态下的图层都为打开的图层，按钮显示为。当按钮显示为时，位于图层上的对象都是可见的，并且可在该层上进行绘图和修改操作；在按钮上单击左键，即可关闭该图层，按钮显示为（按钮变暗）。

> **小技巧**：图层被关闭后，位于图层上的所有图形对象被隐藏，该层上的图形也不能被打印或由绘图仪输出，但重新生成图形时，图层上的实体仍将重新生成。

- 冻结与解冻。／按钮用于在所有视图窗口中冻结或解冻图层。默认状态下图层是被解冻的，按钮显示为；在该按钮上单击左键，按钮显示为，位于该层上的内容不能在屏幕上显示或由绘图仪输出，不能进行重生成、消隐、渲染和打印等操作。

> **小技巧**：关闭与冻结的图层都是不可见和不可以输出的。但被冻结图层不参加运算处理，可以加快视窗缩放、视窗平移和许多其他操作的处理速度，增强对象选择的性能并减少复杂图形的重生成时间。建议冻结长时间不用看到的图层。

- 在视口中冻结。按钮用于冻结或解冻当前视口中的图形对象，不过它在模型空间内是不可用的，只能在图纸空间内使用此功能。
- 锁定与解锁。／按钮用于锁定图层或解锁图层。默认状态下图层是解锁的，按钮显示为，在此按钮上单击，图层被锁定，按钮显示为，用户只能观察该层上的图形，不能对其编辑和修改，但该层上的图形仍可以显示和输出。

> **小技巧**：当前图层不能被冻结，但可以被关闭和锁定。

- 状态控制功能的启用

状态控制功能的启用，主要有以下两种方法：

- 展开【图层控制】列表，然后单击各图层左端的状态控制按钮；
- 在【图层特性管理器】对话框中选择要操作的图层，然后单击相应控制按钮。

2.4　设置机械绘图样式

本节主要学习机械制图中，各种文字样式和

尺寸标注样式的设置技能，具体有【文字样式】和【标注样式】两个命令。

2.4.1 设置文字样式

在标注文字注释之前，首先需要设置文字样式，使其更符合文字标注的要求，文字样式的设置是通过【文字样式】命令来完成的，通过该命令，可以控制文字的外观效果，如字体、字号、倾斜角度、旋转角度以及其他的特殊效果等。相同内容的文字，如果使用不同的文字样式，其外观效果也不相同，如图 2-54 所示。

AutoCAD 培训中心　　AutoCAD 培训中心　　AutoCAD 培训中心

图 2-54　文字示例

执行【文字样式】命令主要有以下几种方法：

● 执行菜单栏中的【格式】/【文字样式】命令。
● 单击【样式】工具栏或【注释】面板上的 A 按钮。
● 在命令行输入 Style 后按 Enter 键。
● 使用快捷键 ST。

下面通过设置名为"仿宋体"的文字样式，学习【文字样式】命令的使用方法和相关参数的具体设置技能。

【任务 11】：设置名为"仿宋体"的文字样式。

Step 1 首先新建绘图文件。

Step 2 单击【样式】工具栏或【注释】面板上的 A 按钮，激活【文字样式】命令，打开【文字样式】对话框，如图 2-55 所示。

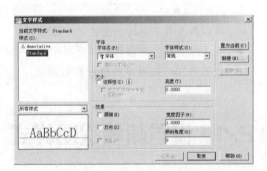

图 2-55　【文字样式】对话框

Step 3 单击 新建(N)... 按钮，在打开的【新建文字样式】对话框中为新样式赋名，如图 2-56 所示。

Step 4 设置字体。在【字体】选项组中展开【字体名】下拉列表框，选择所需的字体，如图 2-57 所示。

图 2-56　【新建文字样式】　　图 2-57　【字体名】下
　　　　对话框　　　　　　　　　拉列表框

> **小技巧**：如果取消【使用大字体】复选项，结果所有（.SHX）和 TrueType 字体都显示在列表框内以供选择；若选择 TrueType 字体，那么在右侧【字体样式】列表框中可以设置当前字体样式，如图 2-58 所示；若选择了编译型（.SHX）字体后，且勾选了【使用大字体】复选项后，则右端的列表框变为如图 2-59 所示的状态，此时用于选择所需的大字体。

图 2-58　选择 True　　　图 2-59　选择编译型
　　Type 字体　　　　　　　（.SHX）字体

Step 5 设置字体高度。在【高度】文本框中设置文字的高度。

> **小技巧**：如果设置了高度后，那么当创建文字时，命令行就不会再提示输入文字的高度。建议在此不设置字体的高度；【注释】复选项用于为文字添加注释特性。

Step 6 设置文字效果。在【颠倒】复选项中可以设置文字为倒置状态；在【反向】复选项中可以设置文字为反向状态；在【垂直】复选项中可以控制文字呈垂直排列状态；在【倾斜角度】文本框用于控制文字的倾斜角度，如图 2-60 所示。

Step 7　设置宽度比例。在【宽度比例】文　本框内设置字体的宽高比。

| 颠倒状态 | 反向状态 | 垂直状态 | 倾斜状态 |

图 2-60　设置字体效果

> **小技巧**：国标规定工程图样中的汉字应采用长仿宋体，宽高比为 0.7，当此比值大于 1 时，文字宽度放大，否则将缩小。

Step 8　单击 预览(P) 按钮，在【预览】选项组中进行直观地预览文字的效果。

Step 9　单击 删除(D) 按钮，可以将多余的文字样式进行删除。

Step 10　单击 应用(A) 按钮，结果设置的文字样式被看作当前样式。

Step 11　单击 关闭(C) 按钮，关闭【文字样式】对话框。

> **小技巧**：默认的 Standard 样式、当前文字样式以及在当前文件中已使过的文字样式，都不能被删除。

2.4.2　设置标注样式

尺寸标注样式的设置是在【标注样式管理器】对话框中完成的，在此对话框中不仅可以设置标注样式，还可以修改、替代和比较标注样式。打开【标注样式管理器】对话框有以下几种方法：

- 执行菜单栏中的【标注】或【格式】/【标注样式】命令。
- 单击【标注】工具栏或【注释】面板上的 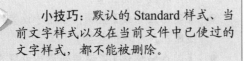 按钮。
- 在命令行输入 Dimstyle 后按 Enter 键。
- 使用快捷键 D。

执行【标注样式】命令后，可打开【标注样式管理器】对话框，如图 2-61 所示，在此对话框中不仅可以新建标注样式，还可以对当前标注样

式进行预览、修改、替代和比较等。

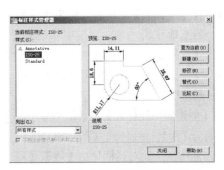

图 2-61　【标注样式管理器】对话框

- 置为当前(U) 按钮用于把选定的标注样式设置为当前标注样式。
- 修改(M)... 按钮用于修改当前选择的标注样式。当用户修改了标注样式后，当前图形中的所有标注都会自动更新为当前样式。
- 替代(O)... 按钮用于设置当前使用的标注样式的临时替代值。
- 比较(C)... 按钮用于比较两种标注样式的特性或浏览一种标注样式的全部特性，并将比较结果输出到 Windows 剪贴板上，然后再粘贴到其他 Windows 应用程序中。
- 新建(N)... 按钮用于设置新的标注样式。

> **小技巧**：当用户创建了替代样式后，当前标注样式将被应用到以后所有尺寸标注中，直到用户删除替代样式为止，而不会改变替代样式之前的标注样式。

单击【标注样式管理器】对话框中的 新建(N)... 按钮，打开【创建新标注样式】对话框，如图 2-62 所示，在此对话框中可以为新样式进行命名、为

新样式添加注释特性等。其中：

图 2-62　【创建新标注样式】对话框

- 【新样式名】文本框用以为新样式命名。
- 【基础样式】下拉列表框用于设置新样式的基础样式。
- 【注释】复选项用为新样式添加注释。
- 【用于】下拉列表框用于设置新样式的适用范围。

在【创建新标注样式】对话框中单击 继续 按钮，打开【新建标注样式：副本 ISO-25】对话框，如图 2-63 所示，此对话框包括【线】、【符号和箭头】、【文字】、【调整】、【主单位】、【换算单位】等选项卡，分别用于设置标注样式线型、符号和箭头、标注文字、标注比例、标注单位以及公差等。

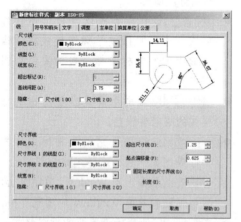

图 2-63　【新建标注样式：副本 ISO-25】对话框

1. 设置尺寸线和尺寸界线

在【新建标注样式：副本 ISO-25】对话框中展开【线】选项卡，该选项卡主要用于设置尺寸线、尺寸界线的格式和特性等变量，如图 2-63 所示。

在【尺寸线】选项组设置尺寸线的颜色、线型、线宽等，具体如下：

- 【颜色】下拉列表框用于设置尺寸线的颜色。
- 【线型】下拉列表用于设置尺寸线的线型。
- 【线宽】下拉列表框用于设置尺寸线的线宽。
- 【超出标记】微调按钮用于设置尺寸线超出尺寸界线的长度。在默认状态下，该选项处于不可用状态，当用户只有在选择机械标记箭头时，此微调按钮才处于可用状态。
- 【基线间距】微调按钮用于设置在基线标注时两条尺寸线之间的距离。

在【尺寸界线】选项组设置尺寸界线的颜色、线型、线宽等，具体如下：

- 【颜色】下拉列表框用于设置尺寸界线的颜色。
- 【线宽】下拉列表框用于设置尺寸界线的线宽。
- 【尺寸界线 1 的线型】下拉列表用于设置尺寸界线 1 的线型。
- 【尺寸界线 2 的线型】下拉列表用于设置尺寸界线 2 的线型。
- 【超出尺寸线】微调按钮用于设置尺寸界线超出尺寸线的长度。
- 【起点偏移量】微调按钮用于设置尺寸界线起点与被标注对象间的距离。
- 勾选【固定长度的尺寸界线】复选项后，可在下侧的【长度】文本框内设置尺寸界线的固定长度。

2. 设置尺寸符号和箭头

在【新建标注样式：副本 ISO-25】对话框中展开【符号和箭头】选项卡，该选项卡主要用于设置尺寸标注的箭头、圆心标记、弧长符号和半径标注等参数，如图 2-64 所示。

在【箭头】选项组设置尺寸标注的箭头符号，其中：

- 【第一个/第二个】下拉列表框用于设置箭头的形状。
- 【引线】下拉列表框用于设置引线箭头的形状。

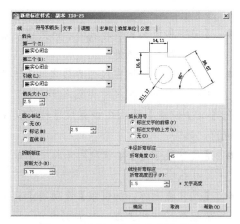

图 2-64 【符号和箭头】选项卡

- 【箭头大小】微调按钮用于设置箭头的大小。

在【圆心标记】选项组设置是否标注圆心标记等，其中：

- 【无】单选项表示不添加圆心标记。
- 【标记】单选项用于为圆添加十字形标记。
- 【直线】单选项用于为圆添加直线型标记。
- 2.5 微调按钮用于设置圆心标记的大小。

在【弧长符号】选项、【半径折弯标注】选项组以及【线性折弯标注】选项设置标注文字是否添加前缀的位置、设置文字位置以及设置折弯角度等，其中：

- 【标注文字的前缀】单选项用于为弧长标注添加前缀。
- 【标注文字的上方】单选项用于设置标注文字的位置。
- 【无】单选项若表示在弧长标注上不出现弧长符号。
- 【半径折弯标注】选项组用于设置半径折弯的角度。
- 【线性折弯标注】选项组用于设置线性折弯的高度因子。

3. 设置标注文字

在【新建标注样式：副本 ISO-25】对话框中展开【文字】选项卡，该选项卡主要用于设置尺寸文字的样式、颜色、位置及对齐方式等变量，如图 2-65 所示。

图 2-65 【文字】选项卡

在【文字外观】选项组设置标注样式的文字外观等，其中：

- 【文字样式】列表框用于设置尺寸文字的样式。单击列表框右端的 按钮，将弹出【文字样式】对话框，用于新建或修改文字样式。
- 【文字颜色】下拉列表框用于设置标注文字的颜色。
- 【填充颜色】下拉列表框用于设置尺寸文本的背景色。
- 【文字高度】微调按钮用于设置标注文字的高度。
- 【分数高度比例】微调按钮用于设置标注分数的高度比例。只有在选择分数标注单位时，此选项才可用。
- 【绘制文字边框】复选框用于设置是否为标注文字加上边框。

在【文字位置】选项组设置尺寸标注文字的位置等，其中：

- 【垂直】列表框用于设置尺寸文字相对于尺寸线垂直方向的放置位置。
- 【水平】列表框用于设置标注文字相对于尺寸线水平方向的放置位置。
- 【观察方向】列表框用于设置尺寸文字的

观察方向。

● 【从尺寸线偏移】微调按钮,用于设置标注文字与尺寸线之间的距离。

在【文字对齐】选项组设置尺寸标注文字的对齐的方式,其中:

● 【水平】单选按钮用于设置标注文字以水平方向放置。

● 【与尺寸线对齐】单选项用于设置标注文字与尺寸线对齐放置。

● 【ISO 标准】单选按钮用于根据 ISO 标准设置标注文字。它是前两者的综合。当标注文字在尺寸界线中时,就会与尺寸线对齐;当标注文字在尺寸界线外时,则采用水平对齐方式。

4. 协调尺寸标注

在【新建标注样式:副本 ISO-25】对话框中展开【调整】选项卡,该选项卡主要用于设置尺寸文字与尺寸线、尺寸界线等之间的位置,如图 2-66 所示。

图 2-66 【调整】选项卡

在【调整选项】选项组设置调整尺寸标注文字的位置等,其中:

● 【文字或箭头,最佳效果】选项用于自动调整文字与箭头的位置,使二者达到最佳效果。

● 【箭头】单选项用于将箭头移到尺寸界线外。

● 【文字】单选项用于将文字移到尺寸界线外。

● 【文字和箭头】单选项用于将文字与箭头都移到尺寸界线外。

● 【文字始终保持在尺寸界线之间】选项用于将文字放置在尺寸界线之间。

在【文字位置】选项组设置尺寸标注文字的放置位置,其中:

● 【尺寸线旁边】单选项用于将文字放置在尺寸线旁边。

● 【尺寸线上方,加引线】选项用于将文字放置在尺寸线上方,并加引线。

● 【尺寸线上方,不加引线】单选项用于将文字放置在尺寸线上方,但不加引线引导。

在【标注注释比例】选项组设置尺寸标注的比例,其中:

● 【注释性】复选项用于设置标注为注释性标注。

● 【使用全局比例】单选项用于设置标注的比例因子。

● 【将标注缩放到布局】单选项用于根据当前模型空间的视口与布局空间的大小来确定比例因子。

在【优化】选项组设置是否手动放置标注文字,其中:

● 【手动放置文字】复选框用于手动放置标注文字。

● 【在尺寸界线之间绘制尺寸线】复选框:勾选该选项,在标注圆弧或圆时,尺寸线始终在尺寸界线之间。

5. 设置标注单位

在【新建标注样式:副本 ISO-25】对话框中展开【主单位】选项卡,该选项卡主要用于设置线性标注和角度标注的单位格式以及精确度等参数变量,如图 2-67 所示。

在【线性标注】选项组设置尺寸标注文字的单位,其中:

● 【单位格式】下拉列表框用于设置线性标注的单位格式,缺省值为小数。

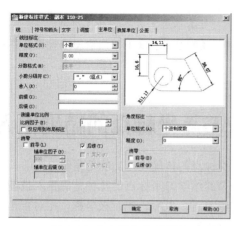

图 2-67 【主单位】选项卡

- 【精度】下拉列表框用于设置尺寸的精度。
- 【分数格式】下拉列表框用于设置分数的格式。只有当【单位格式】为"分数"时，此下位列表框图才能激活。
- 【小数分隔符】下拉列表框用于设置小数的分隔符号。
- 【舍入】微调按钮用于设置除了角度之外的标注测量值的四舍五入规则。
- 【前缀】文本框用于设置尺寸文字的前缀，可以为数字、文字、符号。
- 【后缀】文本框用于设置尺寸文字的后缀，可以为数字、文字、符号。
- 【比例因子】微调按钮用于设置除了角度之外的标注比例因子。
- 【仅应用到布局标注】复选框仅对在布局里创建的标注应用线性比例值。
- 【前导】复选框用于消除小数点前面的零。当尺寸文字小于 1 时，比如为 "0.5"，勾选此复选框后，此 "0.5" 将变为 ".5，前面的零已消除。
- 【后续】复选框用于消除小数点后面的零。
- 【0 英尺】复选框用于消除零英尺前的零。如："0′ -1/2″" 表示为 "-1/2″"。
- 【0 英寸】复选框用于消除英寸后的零。如："2′ -1.400″" 表示为 "2′ -1.4″"。

在【角度标注】选项组设置角度标注的主单位，其中：

- 【单位格式】下拉列表用于设置角度标注的单位格式。
- 【精度】下拉列表用于设置角度的小数位数。
- 【前导消零】复选框消除角度标注前面的零。
- 【后续消零】复选框消除角度标注后面的零。

6. 设置换算单位

在【新建标注样式：副本 ISO-25】对话框中展开【换算单位】选项卡，该选项卡主要用于显示和设置尺寸文字的换算单位、精度等变量，如图 2-68 所示。

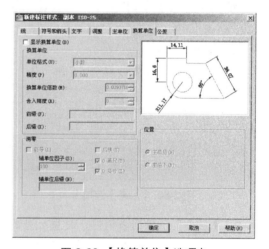

图 2-68 【换算单位】选项卡

只有勾选了【显示换算单位】复选框，才可激活【换算单位】选项卡中所有的选项组。

在【换算单位】选项组设置换算单位格式、精度等，其中：

- 【单位格式】下拉列表用于设置换算单位格式。
- 【精度】下拉列表用于设置换算单位的小数位数。
- 【换算单位倍数】按钮用于设置主单位与换算单位间的换算因子的倍数。
- 【舍入精度】按钮用于设置换算单位的四舍五入规则。

- 【前缀】文本框输入的值将显示在换算单位的前面。
- 【后缀】文本框输入的值将显示在换算单位的后面。
- 【消零】选项组用于设置是否消除换算单位的前导和后继零。

7. 设置尺寸公差

在【新建标注样式：副本 ISO-25】对话框中展开【公差】选项卡，该选项卡主要用于设置尺寸的公差的格式和换算单位，如图 2-69 所示。

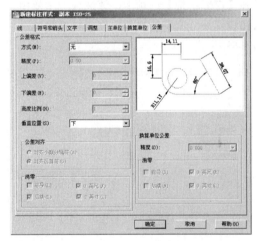

图 2-69 【公差】选项卡

- 【方式】下拉列表框用于设置公差的形式。在此列表框内共有"无、对称、极限偏差、极限尺寸和基本尺寸"五个选项，如图 2-70 所示。

图 2-70 公差格式列表框

- 【精度】下拉列表框，用于设置公差值的小数位数。
- 【上偏差】/【下偏差】微调按钮，用于设置上下偏差值。
- 【高度比例】微调按钮用于设置公差文字

与基本尺寸文字的高度比例。
- 【垂直位置】下拉列表用于设置基本尺寸文字与公差文字的相对位置。

2.5 坐标点的精确输入

坐标点的精确输入功能是精确绘图的关键，这一节继续学习坐标点的几种精确输入技能，具体有绝对直角坐标、绝对极坐标、相对直角坐标和相对极坐标四种。

2.5.1 绝对点的坐标输入

绝对点的坐标输入功能，指的是以坐标系原点（0,0）作为参考点，定位所有的点。此种输入方式又分为绝对直角坐标和绝对极坐标两种。需要注意的是，在使用绝对坐标输入法绘图时，一定要关闭状态栏上的 "动态输入" 功能。

1. 绝对直角坐标

绝对直角坐标是以坐标系原点（0,0）作为参考点，进行定位其它点的。其表达式为（x,y,z），用户可以直接输入该点的 x、y、z 绝对坐标值来表示点。如图 2-71 所示的 A 点、B 点和 D 点。在点 A（4,7）中， 4 表示从 A 点向 X 轴引垂线，垂足与坐标系原点的距离为 4 个单位；7 表示从 A 点向 Y 轴引垂线，垂足与原点的距离为 7 个单位。

下面通过绘制 4 号标准图纸的外框，学习绝对直角坐标的精确输入技能。4 号图纸外框的绘制效果，如图 2-72 所示。

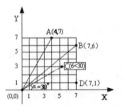

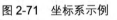

图 2-71 坐标系示例　　图 2-72 4 号图纸外框

【任务 12】：使用绝对直角坐标绘制 4 号图纸

外框。

Step 1　首先新建空白文件。

Step 2　关闭状态栏上的【动态输入】功能。

Step 3　执行菜单栏中的【视图】/【缩放】/【圆心】命令，将视图高度设置为 300 个单位。命令行操作如下。

命令:'_zoom

指定窗口的角点，输入比例因子 (nX 或 nXP)，或者[全部(A)/中心(C)/动态(D)/范围(E)/上一个(P)/比例(S)/窗口(W)/对象(O)] <实时>: _c

指定中心点://在绘图区拾取一点

输入比例或高度 <5841.7939>: //300 Enter

Step 4　执行菜单栏中的栏中的【绘图】/【直线】命令，使用绝对直角坐标输入功能绘制 4 号图纸外框。命令行操作如下。

命令:_line

指定第一点: //0,0 Enter

指定下一点或 [放弃(U)]: //297,0 Enter

指定下一点或 [放弃(U)]: //297, 210 Enter

指定下一点或 [闭合(C)/放弃(U)]: //0,210 Enter

指定下一点或 [闭合(C)/放弃(U)]://c Enter，结束命令，绘制结果如图 2-73 所示。

图 2-73　绘制结果

小技巧：在默认设置下，当前视图为正交视图，用户在输入坐标点时，只需输入点的 X 坐标和 Y 坐标值即可。在输入点的坐标值时，其数字和逗号应在英文 En 方式下进行，坐标中 X 和 Y 之间必须以逗号分割，且标点必须为英文标点。

2. 绝对极坐标

绝对极坐标也是以坐标系原点作为参考点，通过某点相对于原点的极长和角度来定义点的。其表达式为（L<α），L 表示某点和原点之间的极长，即长度；α 表示某点连接原点的边线与 X 轴的夹角。

如上图 2-71 中的 C（6<30）点就是用绝对极坐标表示的，6 表示 C 点和原点连线的长度，30 度表示 C 点和原点连线与 X 轴的正向夹角。

小技巧：在默认设置下，AutoCAD 是以逆时针来测量角度的。水平向右为 0° 方向，90° 垂直向上，180° 水平向左，270° 垂直向下。

下面通过绘制 4 号标准图纸的外框，学习绝对极坐标的精确输入技能。

【任务 13】：使用绝对极坐标绘制 4 号图纸外框。

Step 1　首先新建空白文件。

Step 2　关闭状态栏上的【动态输入】功能。

Step 3　执行菜单栏中的【视图】/【缩放】/【圆心】命令，将视图高度设置为 300 个单位。

Step 4　执行菜单栏中的栏中的【绘图】/【直线】命令，使用绝对极坐标输入功能绘制 4 号图纸外框。命令行操作如下。

命令:_line

指定第一点: //0,0 Enter

指定下一点或 [放弃(U)]: // 297<0 Enter

指定下一点或 [放弃(U)]: // 297,210 Enter

指定下一点或 [闭合(C)/放弃(U)]: //210<90 Enter，

指定下一点或 [闭合(C)/放弃(U)]://c Enter，结束命令，绘制结果如上图 2-73 所示。

2.5.2　相对点的坐标输入

由于绝对坐标点都是以原点作为参考点进行定位的，这就决定了需要输入的点必须与原点有明确的参数关系，否则就不能使用绝对坐标表示点。但是在实际的绘图过程中，并不是所有点都与原点有明确的参数关系，为了弥补绝对坐标点的这一缺陷，AutoCAD 又为用户提供了相对坐标点的输入功能。

相对坐标点是以任意点作为参考点，进行定位其他的点。在实际的绘图过程中，经常使用上一点作为参考点。相对坐标点又分为相对直角坐标和相对极坐标两种。

1. 相对直角坐标

相对直角坐标点指的是某一点相对于参照点的 X 轴、Y 轴和 Z 轴三个方向上的坐标差。其表达式为（@x,y,z）。在输入相对坐标点时，需要在坐标前加符号"@"，表示相对于。

> **小技巧：** 在实际绘图中，用户经常把上一点看作参照点，后续绘图操作都是相对于上一点进行的，这样便于点的定位。

在上图 2-71 所示的坐标系中，如果以 A 点作为参照点，使用相对直角坐标表示 B 点，那么 B 点坐标为"@3,-1"。其中，B 点的 X 轴坐标值相对于 A 点则增加了（7-4=3）个坐标单位，Y 轴坐标值相对于 A 点增加了（6-7=-1）个坐标单位。

下面继续通过绘制 4 号图纸的内框，学习相对直角坐标点的具体输入技能。4 号图纸内框的绘制效果，如图 2-74 所示。

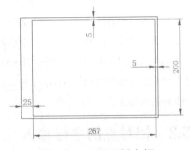

图 2-74　4 号图纸内框

【任务 14】： 使用相对直角坐标绘制 4 号图纸内框。

Step 1　继续上节操作。

Step 2　按下 F12 功能键，打开状态栏上的动态输入功能。

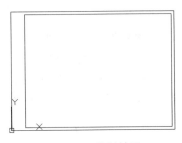

图 2-75　绘制结果

Step 3　执行菜单栏中的栏中的【绘图】／【直线】命令，使用相对直角坐标输入功能绘制 4 号图纸内框。命令行操作如下。

命令: _line

  指定第一点: //25,5 Enter

  指定下一点或 [放弃(U)]: // @267,0 Enter

  指定下一点或 [放弃(U)]: // @0,210 Enter

  指定下一点或 [闭合(C)/放弃(U)]:// @-267,0 Enter

  指定下一点或 [闭合(C)/放弃(U)]://c Enter，绘制结果如图 2-75 所示。

2. 相对极坐标点的输入

相对极坐标就是使用某点相对于参照点的极长距离和偏移角度来表示的，其表达式为（@L<α），其中 L 为极长，表示目标点与参照点之间的距离；α 表示角度，表示目标点与参照点连线与坐标系 X 轴的正向夹角。

如上图 2-71 所示的坐标系中，如果以 D 点作为参照点，使用相对极坐标表示 B 点，那么 B 点坐标为"@6<90"。其中，B 点与 D 点之间的距离为 6 个单位，线段 BD 和 X 轴正向夹角为 90 度。

> **小技巧：** 如果开启状态栏上的【动态输入】功能，对于第二点和后叙输入的点，系统都自动以相对坐标点标示，即在坐标值前自动加入一个@符号。如果用户使用绝对坐标点的输入功能定位点，需要将【动态输入】功能关闭。控制此功能的快捷键为 F12。

下面继续通过绘制边长为 100，角度为 60°的正三角形图形的实例，学习相对极坐标点的输入功能。

【任务 15】： 使用相对极坐标绘制正三角形。

Step 1 首先新建公制单位空白文件。

Step 2 执行菜单栏中的【视图】/【缩放】/【圆心】命令，将视图高度设置为 120 个单位。

Step 3 执行菜单栏中的栏中的【绘图】/【直线】命令，使用相对极坐标输入功能正三角形。命令行操作如下。

命令: _line

指定第一点: //在绘图区拾取一点作为起点

指定下一点或 [放弃(U)]: //输入@100<0 Enter

指定下一点或 [放弃(U)]: //输入@100<120 Enter

指定下一点或 [闭合(C)/放弃(U)]:// cEnter，完成正三角形的绘制，结果如图 2-76 所示

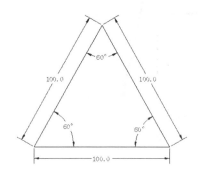

图 2-76 正三角形图形

通过以上操作可以看出，相同尺寸的图形，可以采用不同的坐标输入法进行绘制，因此，在实际工程图的绘制过程中，要根据具体情况，选择合适的坐标输入法进行绘制。

2.6 样板文件概念及作用

"样板文件"也称"绘图样板"，此类文件指的是包含一定的绘图环境、参数变量、绘图样式、页面设置等内容，但并未绘制图形的空白文件，将此空白文件保存为".dwt"格式后，就成为了样板文件。一旦定制了绘图样板文件，此样板文件则会自动被保存在 AutoCAD 安装目录下的"Template"文件夹下。

用户在样板文件的基础上绘图，可以避免许多参数的重复性设置，大大节省绘图时间，不但提高绘图效率，还可以使绘制的图形更符合规范、更标准，保证图面、质量的完整统一。当制作了样板文件之后，用户可以执行【新建】命令，在打开的【选择样板】对话框中选择并打开事先定制的样板文件，在该样板文件中进行图形的设计制作，如图 2-77 所示。

图 2-77 【选择样板】对话框

2.7 课后练习

1. 填空题

（1）为了精确定位图形点，AutoCAD 为用户提供了点的坐标输入功能，具体有（　　）、（　　）、（　　）以及（　　）等四种。

（2）根据图形特征点的不同，AutoCAD 又为用户提供了十三种对象捕捉功能，这些捕捉功能分为（　　）和（　　）两种情况，用户可以通过对话框或菜单进行快速启用这些捕捉功能。

（3）除点的坐标输入和对象捕捉等功能之外，AutoCAD 还提供了点的追踪功能，以方便追踪定位特征点之外的目标点，常用的追踪功能有（　　）、（　　）、（　　）三种。

（4）使用（　　）命令可以设置绘图的区域；使用（　　）命令可以设置绘图单位以及单位的精度。

（5）相同内容的文字，如果使用不同的字体、字高等进行创建，那么文字的外观效果也不一样，

文字的这些外观效果可以使用（　　　　）命令进行控制。

（6）【图层】是一个组织和规划复杂图形的高级制图工具，其中，图层的状态控制功能具体有（　　　　）、（　　　　）、（　　　　）等三种。

（7）图层被（　　　　）后，只能观察该层上的图形，不能对其编辑和修改，但该层上的图形仍可以显示和输出。

（8）图层被（　　　　）后，可以加快视窗缩放、视窗平移和许多其他操作的处理速度，增强对象选择的性能并减少复杂图形的重生成时间。

2. 实训操作题

综合所学知识，绘制如图 2-78 所示的图形。

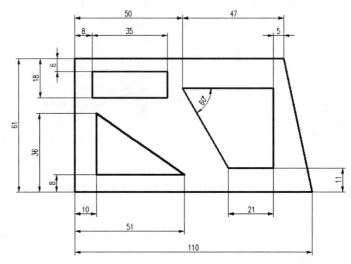

图 2-78　实训操作题

第 **3** 章

绘制机械零件轮廓图

📖 **学习目标**

本章通过绘制零件的平面轮廓图，学习 AutoCAD 机械设计中基本图形的绘制、复合图形的绘制以及图形的基本编辑技能，主要内容包括绘制点、绘制线、绘制圆与圆弧以及复制图形、镜像图形、偏移图形、修剪与延伸、倒角与拉伸、旋转与分解、打断与合并等，为后叙章节的学习奠定基础。

📖 **学习重点**

掌握各类线、圆与圆弧的具体绘制技能，掌握图元的复制，镜像和偏移技能以及图形的延伸、修剪、倒角、拉伸、打断、旋转和分解等编辑技能。

📖 **主要内容**

● 绘制点、线等基本图元
● 绘制直线、多线、多段线等基本图元
● 复制、镜像和偏移图形
● 修剪、延伸、倒角和拉伸图线
● 旋转、分解、打断与合并图形
● 绘制压盖零件图

3.1 绘制基本图形

无论是简单的标准件或常用件，还是复杂的零件工程图纸，都是在基本图形元素，如点、线、圆、弧等的基础上，根据设计要求，通过修改和完善而最终成图的。所以要想绘制一幅完整的机械工程图纸，就必须了解和掌握基本图形的绘制技能，这一节就来学习这些基本图形的绘制技能。

3.1.1 绘制点图元

在 AutoCAD 中，点是一个基本图元对象，常用于在图线上添加等分标记，下面学习绘制点图元的方法。

1. 设置点样式

系统默认下，点是一个小点来显示的，在绘制点图元时，首先需要根据绘图需要设置点样式，AutoCAD 提供了多种点样式供用户选择，当用户选择了某个点样式后，绘制的点图元就会以当前的点样式显示。

【任务1】：设置点样式

Step 1 执行菜单栏中的【格式】/【点样式】命令，打开【点样式】对话框，如图 3-1 所示。

Step 2 从对话框中可以看出，AutoCAD 共为用户提供了二十种点样式。

Step 3 在所需样式上单击左键，例如单击 "⊗" 点样式，将该点样式设置为当前点样式。

Step 4 在【点大小】文本框内输入点的大小尺寸。

Step 5 【相对于屏幕设置尺寸】选项表示按照屏幕尺寸的百分比进行显示点。

Step 6 【用绝对单位设置尺寸】选项表示按照点的实际尺寸来显示点。

Step 7 设置完成之后，单击 确定 按钮关闭该对话框，那么绘制的点就会以当前选择的

点样式进行显示，如图 3-2 所示。

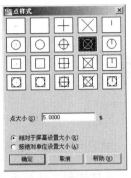

图 3-1　设置点参数　　　图 3-2　绘制单点

2. 绘制单点

【单点】命令用于绘制单个点对象。执行此命令后，单击左键或输入点的坐标，即可绘制单个点，然后系统会自动结束命令。执行【单点】命令主要有以下几种方法：

● 执行菜单栏中的栏【绘图】/【点】/【单点】命令。

● 在命令行输入 Point 后输入 Enter 键。

● 使用快捷键 PO。

执行【单点】命令后，在绘图区单击鼠标左键，即可绘制单点，点就会以当前选择的点样式进行显示，如上图 3-2 所示，需要说明的是，执行【单点】命令后，只能绘制一个点图元，如果要绘制多个点图元，则需要多次执行该命令，或使用【多点】命令进行绘制。

3. 绘制多点

【多点】命令可以连续地绘制多个点对象，直至按下 Esc 为止。执行【多点】命令主要有以下几种方法：

● 执行菜单栏中的【绘图】/【点】/【多点】命令。

● 单击【绘图】工具栏或面板上的 · 按钮。

执行此命令后，在绘图区连续单击鼠标左键，即可绘制多个点图元，绘制的点就会以当前选择的点样式进行显示，如上图 3-2 所示，如果要结束多点的绘制，可以按键盘上的 Esc 键结束。

4. 定数等分

【定数等分】命令用于将图形按照指定的等分数目进行等分，并在等分点处放置点标记符号。执行【定数等分】命令主要有以下几种方法：

- 执行菜单栏中的【绘图】/【点】/【定数等分】命令。
- 单击【常用】选项卡/【绘图】面板上的 按钮。
- 在命令行输入 Divide 后输入 Enter 键。
- 使用快捷键 DIV。

下面通过将长度为 100 的水平线段等分为 5 份的实例，学习【定数等分】命令的使用方法和操作技能。

【任务2】：定数等分图线。

Step 1 新建空白文件。

Step 2 执行菜单栏中的【格式】/【点样式】命令，打开【点样式】对话框，将当前点样式设置为"⊗"。

Step 3 使用快捷键 L 激活【直线】命令，配合相对直角坐标的输入功能绘制长度为 100 的水平线段，命令行操作如下。

命令: _line

    指定第一个点: //在绘图区拾取一点

    指定下一点或 [放弃(U)]:   // @100,0 Enter

    指定下一点或 [放弃(U)]:   // Enter

Step 4 执行菜单栏中的【绘图】/【点】/【定数等分】命令，对绘制的水平线段进行等分。命令行操作如下。

命令: _divide

    选择要定数等分的对象: //单击刚绘制的线段

    输入线段数目或 [块(B)]:   //5 Enter，等分结果如图3-3所示。

图3-3 等分结果

小技巧：对象被等分以后，并没有在等分点处断开，而是在等分点处放置了点的标记符号。另外，使用命令中的【块】选项功能，可以在对象等分点处放置事先定制好的内部图块。

5. 点定距等分

【定距等分】命令用于将图形按照指定的等分间距进行等分，并在等分点处放置点标记符号。执行【定距等分】命令主要有以下几种方法：

- 执行菜单栏中的【绘图】/【点】/【定距等分】命令。
- 单击【常用】选项卡/【绘图】面板上的 按钮。
- 在命令行输入 Measure 后输入 Enter 键。
- 使用快捷键 ME。

下面通过将长度为100的线段定距等分为4段的实例，学习【定距等分】命令的使用方法和操作技能。

【任务3】：定距等分图线。

Step 1 新建空白文件。

Step 2 执行菜单栏中的【格式】/【点样式】命令，打开【点样式】对话框，将当前点样式设置为"⊗"。

Step 3 使用快捷键 L 激活【直线】命令，配合相对极坐标的输入功能绘制长度为 100 的水平线段，命令行操作如下。

命令: _line

    指定第一个点: //在绘图区拾取一点

    指定下一点或 [放弃(U)]:   // @100<0 Enter

    指定下一点或 [放弃(U)]:   // Enter

Step 4 执行菜单栏中的【绘图】/【点】/【定距等分】命令，将该水平线定距等分。命令行操作如下。

命令: _measure

    选择要定距等分的对象: //在绘制的线段左侧单击左键

    指定线段长度或 [块(B)]:   //25 Enter，等分结果如图3-4所示。

图 3-4　等分结果

小技巧：在选择定距等分对象时，鼠标单击的位置即是对象等分的起始位置，单击的位置不同，等分结果也不同。

3.1.2　绘制线图元

线图元是组成图形的基本单元，本节主要学习【直线】、【多线】、【多线样式】和【多段线】四个命令，以绘制直线、多线和多段线等线图元。

1. 绘制直线

【直线】命令是最简单、最常用的一个绘图工具，常用于绘制闭合或非闭合图线。执行此命令主要有以下几种方法：

● 执行菜单栏中的【绘图】/【直线】命令。
● 单击【绘图】工具栏或【面板】上的 ✐ 按钮。
● 在命令行输入 Line 后输入 Enter 键。
● 使用快捷键 L。

执行【直线】命令后，命令行操作如下。

命令:_line
　　指定第一点:　　　　　　　　 //拾取一点或输入点的起点坐标
　　指定下一点或 [放弃(U)]:　　 //输入下一点坐标 Enter
　　指定下一点或 [放弃(U)]:　　 //输入下一点坐标 Enter
　　指定下一点或 [闭合(C)/放弃(U)]:　//Enter，结束直线的绘制。

小技巧：如果要绘制闭合的图形对象，在命令行"指定下一点或 [闭合(C)/放弃(U)]:"提示下输入 C 按 Enter 激活【闭合】选项，即可绘制首尾相连的闭合图线。

2. 绘制多线

【多线】命令用于绘制两条或两条以上的平行

元素构成的复合线对象。执行【多线】命令主要有以下几种方法：

● 执行菜单栏中的【绘图】/【多线】命令。
● 在命令行输入 Mline 后输入 Enter 键。
● 使用快捷键 ML。

下面通过绘制简易的矩形垫片轮廓图，学习【多线】命令的具体使用方法和相关的操作技能。矩形垫片的绘制效果，如图 3-5 所示。

【任务 4】：绘制图 3-5 所示的矩形垫片。

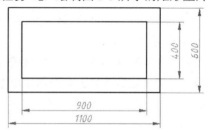

图 3-5　矩形垫片

Step 1　新建空白文件。

Step 2　使用视图缩放功能，将视图高度设置为 1000 个单位。

Step 3　执行菜单栏中的【绘图】/【多线】命令，配合相对坐标的输入功能绘制矩形垫片。命令行操作如下。

命令:_mline
　　当前设置: 对正 = 上，比例 = 20.00，样式 = STANDARD
　　指定起点或 [对正(J)/比例(.S)/样式(ST)]:
　　　//s Enter，激活【比例】选项
　　输入多线比例 <20.00>:
　　　//100 Enter，设置多线比例
　　当前设置: 对正 = 上，比例 = 100.00，样式 = STANDARD
　　指定起点或 [对正(J)/比例(S)/样式(ST)]:
　　　//J Enter，激活【对正】选项
　　输入对正类型 [上(T)/无(Z)/下(B)] <上>:
　　　//Z Enter，设置多线对正方式
　　当前设置: 对正 = 无，比例 = 100.00，样式 = STANDARD
　　指定起点或 [对正(J)/比例(S)/样式(ST)]:

//在绘图区拾取一点

指定下一点:

　//@1000,0 Enter

指定下一点或 [放弃(U)]:

　//@0,500 Enter

指定下一点或 [闭合(C)/放弃(U)]:

　//@-1000,0 Enter

指定下一点或 [闭合(C)/放弃(U)]:

　//C Enter，结束命令。

📖 选项解析

- 【比例】选项用于设置多线的比例，即多线宽度。另外，如果用户输入的比例值为负值，这多条平行线的顺序会产生反转。
- 【对正】选项用于设置多线的对正方式，AutoCAD 共提供了三种对正方式，即上对正、下对正和中心对正，如图 3-6 所示。

3. 设置多线样式

默认多线样式只能绘制由两条平行元素构成的多线，如果需要绘制其他样式的多线时，可以使用【多线样式】命令进行设置。下面通过设置如图 3-7 所示的多线样式，学习使用【多线样式】命令。

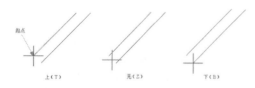

图 3-6　多线的对正方式

图 3-7　多线样式

【任务 5】：设置图 3-7 所示的多线样式。

Step 1　执行菜单栏中的【格式】/【多线样式】命令，或使用命令表达式 Mlstyle 激活【多线样式】命令，打开如图 3-8 所示的【多线样式】对话框。

Step 2　单击【多线样式】对话框中的

新建(N)... 按钮，在打开的【创建新的多线样式】对话框中为新样式名称，如图 3-9 所示。

图 3-8　【多线样式】对话框

图 3-9　【创建新的多线样式】对话框

Step 3　在【创建新的多线样式】对话框中单击 继续 按钮，打开图 3-10 所示的【创建新的多线样式】对话框。

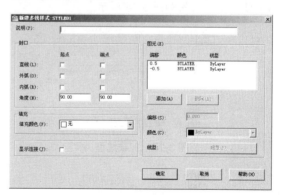

图 3-10　【创建新的多线样式】对话框

Step 4　在【创建新的多线样式】对话框中单击 添加(A) 按钮，添加一个 0 号元素，并设置元素颜色为红色，如图 3-11 所示。

Step 5　单击 线型(Y)... 按钮，在打开的【选择线型】对话框中单击 加载(L)... 按钮，在打开的【加载或重载线型】对话框中选择如图 3-12

所示的线型。

图 3-11　添加多线元素

图 3-12　选择线型

Step 6　在【加载或重载线型】对话框中单击 确定 按钮，结果线型被加载到【选择线型】对话框内，如图 3-13 所示。

Step 7　在【选择线型】对话框中选择加载的线型，单击 确定 按钮，将此线型赋给刚添加的多线元素，结果如图 3-14 所示。

图 3-13　加载线型

图 3-14　设置元素线型

Step 8　在左侧【封口】选项组中，设置多

线两端的封口形式，如图 3-15 所示。

Step 9　单击 确定 按钮返回【多线样式】对话框，结果新线样式出现在预览框中，如图 3-16 所示。

Step 10　在【多线样式】对话框中选择设置的多线样式，单击 置为当前(U) 按钮，将其设置为当前样式。

> **小技巧**：在【多线样式】对话框中单击保存（A）按钮，打开【保存多线样式】对话框，可以将样新式以"*mln"的格式进行保存，如图 3-17 所示，以方便在其他文件中进行使用。

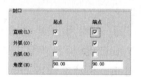

图 3-15　设置多线封口

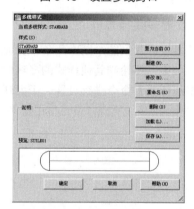

图 3-16　新样式效果

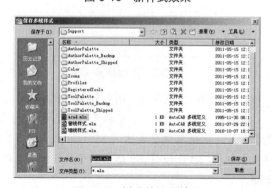

图 3-17　样式的设置效果

Step 11 单击 [确定] 按钮，关闭【多线样式】对话框，完成新样式的设置操作。

4. 绘制多段线

【多段线】命令用于绘制由直线段或弧线段组成的图形，所绘制的多段线可以具有宽度、可以闭合或不闭合，可以为直线段，也可以为弧线段，如图 3-18 所示。

执行【多段线】命令主要有以下几种方法：

- 执行菜单栏中的【绘图】/【多段线】命令。
- 单击【绘图】工具栏或【面板】上的 按钮。
- 在命令行输入 Pline 后输入 Enter 键。
- 使用快捷键 PL。

使用【多段线】命令绘制的图线中，无论包含有多少条直线段或弧线段，系统都将其作为一个独立对象。下面通过绘制如图 3-19 所示的图形，学习使用【多段线】命令。

图 3-18   多段线示例

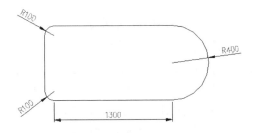

图 3-19   多段线示例

【任务 6】：绘制图 3-19 所示的闭合多段线。

Step 1 新建绘图文件。

Step 2 执行菜单栏中的【视图】/【缩放】/【中心】命令，将视图高度调整为 1500 个单位。命令行操作如下。

命令：'_zoom

指定窗口的角点，输入比例因子 (nX 或 nXP)，或

者[全部(A)/中心(C)/动态(D)/范围(E)/上一个
(P)/比例(S)/窗口(W)/对象(O)] <实
时>: _c

指定中心点: //在绘图区拾取一点

输入比例或高度 <2114.7616>:   //1500 Enter

Step 3 单击【绘图】工具栏中的 按钮，激活【多段线】命令，配合坐标输入功能绘制闭合多段线。命令行操作如下。

命令：_pline

指定起点: //在绘图区拾取一点作为起点

当前线宽为 0.0000

指定下一个点或 [圆弧(A)/半宽(H)/长度(L)/放弃(U)/宽度(W)]:   //@1300,0 Enter

指定下一点或 [圆弧(A)/闭合(C)/半宽(H)/长度(L)/放弃(U)/宽度(W)]:   //a Enter

指定圆弧的端点或[角度(A)/圆心(CE)/闭合(CL)/方向(D)/半宽(H)/直线(L)/半径(R)/第二个点(S)/放弃(U)/宽度(W)]://@800<90 Enter

指定圆弧的端点或[角度(A)/圆心(CE)/闭合(CL)/方向(D)/半宽(H)/直线(L)/半径(R)/第二个点(S)/放弃(U)/宽度(W)]://l Enter

指定下一点或 [圆弧(A)/闭合(C)/半宽(H)/长度(L)/放弃(U)/宽度(W)]:   //@1300<180 Enter

指定下一点或 [圆弧(A)/闭合(C)/半宽(H)/长度(L)/放弃(U)/宽度(W)]:   //a Enter

指定圆弧的端点或[角度(A)/圆心(CE)/闭合(CL)/方向(D)/半宽(H)/直线(L)/半径(R)/第二个点(S)/放弃(U)/宽度(W)]://@-100,-100 Enter

指定圆弧的端点或[角度(A)/圆心(CE)/闭合(CL)/方向(D)/半宽(H)/直线(L)/半径(R)/第二个点(S)/放弃(U)/宽度(W)]://l Enter

指定下一点或 [圆弧(A)/闭合(C)/半宽(H)/长度(L)/放弃(U)/宽度(W)]:   //@0,-600 Enter

指定下一点或 [圆弧(A)/闭合(C)/半宽(H)/长度(L)/放弃(U)/宽度(W)]:   //a Enter

指定圆弧的端点或[角度(A)/圆心(CE)/闭合(CL)/方向(D)/半宽(H)/直线(L)/半径(R)/第二个点(S)/放弃(U)/宽度(W)]://cl Enter，结束命令。

📖 【圆弧】选项

【圆弧】选项用于将当前多段线模式切换为画弧模式，以绘制由弧线组合而成的多段线。在命令行提示下输入"A"，或绘图区单击右键，在右键菜单中选择【圆弧】选项，都可激活此选项，系统自动切换到画弧状态，且命令行提示如下：

"指定圆弧的端点或 [角度（A）/圆心（CE）/闭合（CL）/方向（D）/半宽（H）/直线（L）/半径（R）/第二个点（S）/放弃（U）/宽度（W）]:"

各次级选项功能如下：

- 【角度】选项用于指定要绘制的圆弧的圆心角。
- 【圆心】选项用于指定圆弧的圆心。
- 【闭合】选项用于弧线封闭多段线。
- 【方向】选项用于取消直线与圆弧的相切关系，改变圆弧的起始方向。
- 【半宽】选项用于指定圆弧的半宽值。激活此选项功能后，AutoCAD 将提示用户输入多段线的起点半宽值和终点半宽值。
- 【直线】选项用于切换直线模式。
- 【半径】选项用于指定圆弧的半径。
- 【第二个点】选项用于选择三点画弧方式中的第二个点。
- 【宽度】选项用于设置弧线的宽度值。

📖 其他选项

- 【闭合】选项。激活此选项后，AutoCAD 将使用直线段封闭多段线，并结束多段线命令。

> **小技巧**：当用户需要绘制一条闭合的多段线时，最后一定要使用此选项功能，才能保证绘制的多段线是完全封闭的。

- 【长度】选项。此选项用于定义下一段

多段线的长度，AutoCAD 按照上一线段的方向绘制这一段多段线。若上一段是圆弧，AutoCAD 绘制的直线段与圆弧相切。

- 【半宽】/【宽度】选项。【半宽】选项用于设置多段线的半宽，【宽度】选项用于设置多段线的起始宽度值，起始点的宽度值可以相同也可以不同。

> **小技巧**：在绘制宽度的多段线时，变量 Fillmode 控制着多段线是否被填充，当变量值为 1 时，绘制的宽度多段线将被填充，如图 3-20 所示；变量为 0 时，宽度多段线将不会填充，如图 3-21 所示。

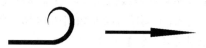

图 3-20　填充多段线

图 3-21　非填充多段线

3.1.3　绘制圆与圆弧

在 AutoCAD 机械设计中，圆与圆弧是使用频率非常高的两种基本图元，0 闭合图形主要有矩形、圆、椭圆、多边形以及边界等，这些闭合图元也是 AutoCAD 建筑设计中不可缺少的基本图元，这一节继续学习闭合图形的绘制方法和技巧。

1. 绘制圆

AutoCAD 为用户提供了六种画圆命令，这些命令都放置在菜单栏【绘图】/【圆】联机菜单下，如图 3-22 所示。

执行【圆】命令主要有以下几种方法：

- 执行菜单栏中的【绘图】/【圆】级联菜单中的各种命令。
- 单击【绘图】工具栏或【面板】上的 ⊙ 按钮。

- 在命令行输入 Circle 后输入 Enter 键。
- 使用快捷键 C。

执行相关命令后，即可绘制圆图形，各种画圆方式如下：

- "圆心、半径"画圆方式为系统默认方式，当用户指定圆心后，直接输入圆的半径，即可精确画圆。
- "圆心、直径"画圆方式用于输入圆的直径进行精确画圆。
- "两点"画圆方式。此方式用于指定圆直径的两个端点，进行精确画圆。
- "三点"画圆方式用于指定圆周上的任意三个点，进行精确画圆。
- "相切、相切、半径"画圆方式用于通过拾取两个相切对象，然后输入圆的半径，即可绘制出与两个对象都相切的圆图形，如图 3-23 所示。
- "相切、相切、相切"画圆方式用于绘制与已知的三个对象都相切的圆，如图 3-24 所示。

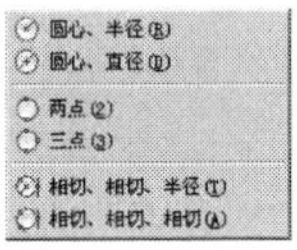

图 3-22　六种画圆命令

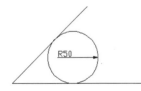

图 3-23　"相切、相切、半径"画圆

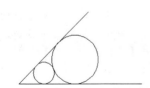

图 3-24　"相切、相切、相切"画圆

2. 绘制圆弧

【圆弧】命令是用于绘制弧形曲线的工具，

AutoCAD 共提供了十一种画弧功能，在【绘图】/【圆弧】级联菜单中有画弧的相关命令，如图 3-25 所示。

图 3-25　十一种画弧

执行【圆弧】命令主要有以下几种方法：

- 执行菜单栏中的【绘图】/【圆弧】级联菜单中的各命令。
- 单击【绘图】工具栏或【面板】上的 按钮。
- 在命令行输入 Arc 后输入 Enter 键。
- 使用快捷键 A。

默认设置下的画弧方式为"三点画弧"，用户只需指定三个点，即可绘制圆弧。除此之外，其他十种画弧方式可以归纳为以下四类，具体内容如下：

- "起点、圆心"画弧方式分为"起点、圆心、端点"、"起点、圆心、角度"和"起点、圆心、长度"三种，如图 3-26 所示。当用户指定了弧的起点和圆心后，只需定位弧端点、或角度、长度等，即可精确画弧。
- "起点、端点"画弧方式分为"起点、端点、角度"、"起点、端点、方向"和"起点、端点、半径"三种，如图 3-27 所示。当用户指定了圆弧的起点和端点后，只需定位出弧的角度、切向或半径，即可精确画弧。

图 3-26　"起点、圆心"方式画弧

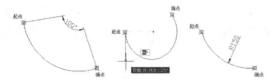

图 3-27 "起点、端点"方式画弧

- "圆心、起点"画弧方式分为"圆心、起点、端点"、"圆心、起点、角度"和"圆心、起点、长度"三种，如图 3-28 所示。当指定了弧的圆心和起点后，只需定位出弧的端点、角度或长度，即可精确画弧。
- 连续画弧。当结束【圆弧】命令后，执行菜单栏中的【绘图】/【圆弧】/【继续】命令，即可进入"连续画弧"状态，绘制的圆弧与前一个圆弧的终点连接并与之相切，如图 3-29 所示。

图 3-28 "圆心、起点"方式画弧

图 3-29 连续画弧方式

3.1.4 绘制矩形

【矩形】命令用于创建四条直线围成的闭合图形，默认设置下画矩形的方式为"对角点"方式，用户只需定位出矩形的两个对角点，即可精确绘制矩形。执行【矩形】命令主要有以下几种方法：

- 执行菜单栏中的【绘图】/【矩形】命令。
- 单击【绘图】工具栏或【面板】上的 □ 按钮。
- 在命令行输入 Rectang 后输入 Enter 键。
- 使用快捷键 REC。

1. 绘制标准矩形

所谓"标准矩形"，指的是四个角都为直径的矩形，如图 3-30 所示。常用的绘制方式为"对角

点"方式，使用此方式，只需要定位矩形的两个对角点，即可精确绘制矩形。

【任务 7】：绘制长度为 58、宽度为 14 的标准矩形。

Step 1 新建绘图文件。

Step 2 单击【绘图】工具栏或【面板】上的 □ 按钮，激活【矩形】命令，配合坐标输入功能绘制矩形。命令行操作如下。

命令: _rectang

指定第一个角点或 [倒角(C)/标高(E)/圆角(F)/厚度(T)/宽度(W)]:

//在绘图区拾取一点作为角点

指定另一个角点或 [面积(A)/尺寸(D)/旋转(R)]:

//@58,14 Enter，定位对角点

Step 3 结果如图 3-30 所示。

小技巧：【面积】选项用于根据已知的面积和矩形一条边的尺寸，进行精确绘制矩形；而【旋转】选项则用于绘制具有一定倾斜角度的矩形，如图 3-31 所示。

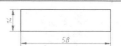

图 3-30 "对角点"方式绘制矩形

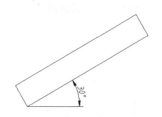

图 3-31 【旋转】选项示例

小技巧：由于矩形被看作是一条多段线，当用户编辑某一条边，需要事先使用【分解】命令将其分解。

2. 绘制倒角矩形

使用【矩形】命令中的【倒角】选项，可以绘制具有一定倒角的特征矩形，如图 3-32 所示。下面学习倒角矩形的绘制方法。

【任务 8】：绘制倒角矩形。

Step 1　新建绘图文件。

Step 2　单击【绘图】工具栏或【面板】上的□按钮，激活【矩形】命令，使用"尺寸"方式绘制倒角矩形，命令行操作如下。

命令: _rectang

　　指定第一个角点或 [倒角(C)/标高(E)/圆角(F)/厚度(T)/宽度(W)]: 　　//c Enter，激活【倒角】选项

　　指定矩形的第一个倒角距离 <0.0000>: 　　　　　　　　//40 Enter，设置第一倒角距离

　　指定矩形的第二个倒角距离 <25.0000>: 　　　　　　　　//20 Enter，设置第二倒角距离

　　指定第一个角点或 [倒角(C)/标高(E)/圆角(F)/厚度(T)/宽度(W)]: 　　//在适当位置拾取一点

　　指定另一个角点或 [面积(A)/尺寸(D)/旋转(R)]: 　　　　　　//d Enter，激活【尺寸】选项

　　指定矩形的长度 <10.0000>: 　　　　　　　　//300 Enter

　　指定矩形的宽度 <10.0000>: 　　　　　　　　//200 Enter

　　指定另一个角点或 [面积(A)/尺寸(D)/旋转(R)]: //在绘图区拾取一点

Step 3　倒角矩形的绘制效果如图 3-32 所示。

图 3-32　倒角矩形示例

小技巧：【标高】选项用于设置矩形在三维空间内的基面高度，即距离当前坐标系的 XOY 坐标平面的高度。

3. 绘制圆角矩形

使用【矩形】命令中的【圆角】选项，可以绘制具有一定圆角的特征矩形，如图 3-33 所示。下面学习圆角矩形的绘制方法。

【任务 9】：绘制圆角矩形。

Step 1　新建空白文件。

Step 2　单击【绘图】工具栏或【面板】上的□按钮，激活【矩形】命令。

Step 3　根据 AutoCAD 命令行的提示，使用"面积"方式绘制圆角矩形，命令行操作如下。

命令: _rectang

　　指定第一个角点或 [倒角(C)/标高(E)/圆角(F)/厚度(T)/宽度(W)]: 　　//f Enter，激活【圆角】选项

　　指定矩形的圆角半径 <0.0000>: 　　　　　　　　//25 Enter，设置圆角半径

　　指定第一个角点或 [倒角(C)/标高(E)/圆角(F)/厚度(T)/宽度(W)]: 　　//拾取一点作为起点

　　指定另一个角点或 [面积(A)/尺寸(D)/旋转(R)]: 　　　　　　//a Enter，激活【面积】选项

　　输入以当前单位计算的矩形面积 <100.0000>: 　　　　　　//20000 Enter，指定矩形面积

　　计算矩形标注时依据 [长度(L)/宽度(W)] <长度>: 　　　　　　//L Enter，激活【长度】选项

　　输入矩形长度 <10.0000>: 　　　　　　//200 Enter，结束命令。

Step 4　圆角矩形的绘制效果如图 3-33 所示。

4. 绘制其他矩形

使用【矩形】命令中的【宽度】选项，可以绘制具有一定宽度的矩形，如图 3-34 所示。下面学习宽度矩形的绘制方法。

【任务 10】：绘制宽度矩形。

Step 1　新建空白文件。

Step 2　单击【绘图】工具栏或【面板】上的□按钮，激活【矩形】命令。

Step 3　根据 AutoCAD 命令行的提示，使用"对角点"方式绘制宽度矩形，命令行操作如下。

命令: _rectang

　　指定第一个角点或 [倒角(C)/标高(E)/圆角(F)/厚度(T)/宽度(W)]: 　　//w Enter，激活【宽度】选项

　　指定矩形的线宽 <0.0000>: 　　　　　　　　//10 Enter

　　指定第一个角点或 [倒角(C)/标高(E)/圆角(F)/厚度(T)/宽度(W)]: 　　//@125,60 Enter

指定另一个角点或 [面积(A)/尺寸(D)/旋转(R)]:
//Enter，结束命令

Step 4 宽度矩形的绘制效果如图 3-34 所示。

> **小技巧**：使用【矩形】命令中的【厚度】选项，可以绘制具有一定厚度的矩形，如图 3-35 所示。矩形的厚度指的是 Z 轴方向的高度。矩形的厚度和宽度也可以由【特性】命令进行修改和设置。

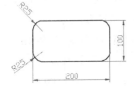

图 3-33 圆角矩形　　图 3-34 宽度矩形

图 3-35 厚度矩形

3.2 创建复合图形

所谓复合图形，其实是通过相关命令快速将多个图形组合成为一组图形，本节主要学习复合图形的具体创建功能，具体有【复制】、【镜像】和【偏移】命令。

3.2.1 复制图形

【复制】命令用于将图形对象从一个位置复制到其他位置，从而生成多个形状、尺寸都相同的对象。执行【复制】命令主要有以下几种方法：
- 执行菜单栏中的【修改】/【复制】命令。
- 单击【修改】工具栏或【面板】上的按钮。
- 在命令行输入 Copy 后输入 Enter 键。
- 使用快捷键 Co。

下面通过将一个圆进行复制的实例，学习复制图形的方法和技巧。

【任务 11】：将圆图形进行复制

Step 1 新建空白文件。

Step 2 使用【圆】命令绘制半径为 100 和半径为 20 的同心圆，如图 3-36 所示。

Step 3 设置【圆心】捕捉和【象限点】捕捉模式。

Step 4 单击【修改】工具栏或【面板】上的 按钮，激活【复制】命令，对半径为 20 的圆进行复制，其命令行操作如下。

命令: _copy
选择对象: //选择半径为 20 的圆
选择对象: //Enter，结束选择
当前设置: 复制模式 = 多个
指定基点或 [位移(D)/模式(O)] <位移>:
//捕捉圆心作为基点
指定第二个点或 [阵列(A)] <使用第一个点作为位移>:
//捕捉半径为 100 的圆上象限点
指定第二个点或 [阵列(A)/退出(E)/放弃(U)] <退出>:
//捕捉半径为 100 的圆下象限点
指定第二个点或 [阵列(A)/退出(E)/放弃(U)] <退出>:
//捕捉半径为 100 的圆左象限点
指定第二个点或 [阵列(A)/退出(E)/放弃(U)] <退出>:
//捕捉半径为 100 的圆右象限点
指定第二个点或 [阵列(A)/退出(E)/放弃(U)] <退出>:
//Enter，复制结果如图 3-37 所示。

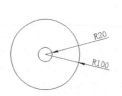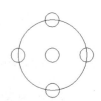

图 3-36 绘制同心圆　　图 3-37 复制圆

3.2.2 镜像图形

【镜像】命令用于将图形沿着指定的两点进行对称复制，通常使用【镜像】命令创建一些结构对称的图形，镜像对象时，源对象可以保留，也可以删除。

执行【镜像】命令主要有以下几种方法：

- 执行菜单栏中的【修改】/【镜像】命令。
- 单击【修改】工具栏或【面板】上的▲按钮。
- 在命令行输入 Mirror 后输入 Enter 键。
- 使用快捷键 MI。

【任务 12】：通过镜像创建复合图形。

Step 1 新建空白文件。

Step 2 使用【多边形】命令绘制外切圆半径为 50 的 6 边形图形，如图 3-38 所示。

Step 3 单击【修改】工具栏或【面板】上的▲按钮，激活【镜像】命令，对多边形进行镜像，其命令行操作如下。

命令：_mirror

选择对象：	//选择多边形图形
选择对象：	//Enter，结束选择
指定镜像线的第一点：	//捕捉多边形右端点
指定镜像线的第二点：	//@0,1 Enter

要删除源对象吗？[是(Y)/否(N)] <N>：

//Enter，镜像结果如图 3-39 所示。

图 3-38 绘制多边形　　图 3-39 镜像结果

3.2.3 偏移图形

【偏移】命令用于将选择的图线按照一定的距离或指定的通过点，进行偏移复制，以创建同尺寸或同形状的复合对象。执行【偏移】命令主要有以下几种方法：

- 执行菜单栏中的【修改】/【偏移】命令。
- 单击【修改】工具栏或【面板】上的▲按钮。
- 在命令行输入 Offset 后输入 Enter 键。
- 使用快捷键 O。

偏移对象时有定点偏移和距离偏移两种方式，下面对这两种方式进行讲解。

1. 距离偏移

所谓距离偏移是指通过输入偏移距离偏移对象，这是系统默认的一种偏移方式，下面通过简单操作，学习距离偏移对象的方法和技巧。

【任务 13】：将圆和直线偏移 20 个绘图单位。

Step 1 新建空白文件。

Step 2 综合使用【圆】命令和【直线】命令绘制半径为 30 的圆和长度为 60 的水平线，如图 3-40 所示。

Step 3 单击【修改】工具栏或【面板】上的▲按钮，执行【偏移】命令，对绘制的圆和直线进行距离偏移，命令行操作如下。

命令：_offset

当前设置：删除源=否 图层=源 OFFSETGAPTYPE=0

指定偏移距离或 [通过(T)/删除(E)/图层(L)] <10.0000>：　　//20 Enter，设置偏移距离

选择要偏移的对象，或 [退出(E)/放弃(U)] <退出>：

//单击圆形作为偏移对象

指定要偏移的那一侧上的点，或 [退出(E)/多个(M)/放弃(U)] <退出>：//在圆的外侧拾取一点

选择要偏移的对象，或 [退出(E)/放弃(U)] <退出>：

//单击直线作为偏移对象

指定要偏移的那一侧上的点，或 [退出(E)/多个(M)/放弃(U)] <退出>：//在直线上侧拾取一点

选择要偏移的对象，或 [退出(E)/放弃(U)] <退出>：

//Enter，结果如图 3-41 所示

图 3-40 绘制的圆和直线　　图 3-41 偏移结果

小技巧：使用【偏移】命令中的【删除】选项，可以在偏移对象的过程中将源偏移对象删除；而【图层】选项用于设置偏移后的对象所在图层。

2. 定点偏移

使用命令中的【通过】选项，可以指定偏移后目标对象的通过点，进行偏移源对象，即定点偏移。下面学习此种功能。

【任务 14】：通过象限点和圆心偏移直线对象。

Step 1　新建绘图文件。

Step 2　激活【对象捕捉】功能并设置捕捉模式为象限点捕捉和圆心捕捉。

Step 3　综合使用【直线】和【圆】命令，随意绘制如图 3-42 所示的圆和水平直线。

Step 4　单击【修改】工具栏或【面板】上的🖱按钮，执行【偏移】命令，通过圆的象限点和圆心，对下方的水平线进行偏移，命令行操作如下。

命令: _offset

当前设置: 删除源=否 图层=源 OFFSETGAPTYPE=0

指定偏移距离或 [通过(T)/删除(E)/图层(L)] <通过>:

//t Enter

选择要偏移的对象，或 [退出(E)/放弃(U)] <退出>:

//选择水平线

指定通过点或 [退出(E)/多个(M)/放弃(U)] <退出>:

//捕捉圆的下象限点

指定通过点或 [退出(E)/多个(M)/放弃(U)] <退出>:

//捕捉圆的圆心

指定通过点或 [退出(E)/多个(M)/放弃(U)] <退出>:

//捕捉圆的上象限点

选择要偏移的对象，或 [退出(E)/放弃(U)] <退出>:

//Enter，偏移结果如图 3-43 所示。

图 3-42　绘制圆和直线　　图 3-43　定点偏移结果

> **小技巧**：使用【偏移】命令中的【多个】选项，可以将选择的对象通过多个目标点；使用命令中的【图层】选项，可以将偏移出的对象放到当前图层上。

3.3 图形的常规编辑

本节主要学习机械设计中各类基本几何图形的常规编辑技能和图形的修饰完善技能，使用这些编辑工具，可以将基本几何图形编辑为符合设计要求的图样。

3.3.1 修剪与延伸图形

这一节首先学习【修剪】与【延伸】两个命令。

1. 修剪图形

【修剪】命令用于沿着指定的修剪边界，修剪掉图形上指定的部分，执行【修剪】命令主要有以下几种方法：

● 执行菜单栏中的【修改】/【修剪】命令。

● 单击【修改】工具栏或【面板】上的┼按钮。

● 在命令行输入 Trim 后输入 Enter 键。

● 使用快捷键 TR。

在修剪对象时，边界必须要与修剪对象相交，或其延长线相交，才能成功修剪对象，下面通过一个简单操作，学习修剪图线的方法和技巧。

【任务 15】：修剪图形。

Step 1　新建空白文件。

Step 2　使用【直线】命令绘制如图 3-44 所示的两组图形对象。

Step 3　单击【修改】工具栏或面板上┼按钮，激活【修剪】命令，对左边的相交图线进行修剪。命令行操作如下。

图 3-44　绘制图形对象

命令: _trim

当前设置:投影=UCS，边=无

选择剪切边...

选择对象或 <全部选择>:　//选择左边水平直线作为修剪边界

选择对象:　　　　　//Enter,结束选择

选择要修剪的对象,或按住 Shift 键选择要延伸的对象,或[栏选(F)/窗交(C)/投影式(P)/边(E)/

删除(R)/放弃(U)]:

//在左边垂直直线的下方单击

选择要修剪的对象,或按住 Shift 键选择要延伸的对象,或[栏选(F)/窗交(C)/投影(P)/边(E)/删

除(R)/放弃(U)]:

//Enter,结束命令。

> **小技巧:**【边】选项用于确定修剪边的隐含延伸模式,其中【延伸】选项表示剪切边界可以无限延长,边界与被剪实体不必相交;【不延伸】选项指剪切边界只有与被剪实体相交时才有效。

Step 4　按 Enter 重复执行【修剪】命令,对右边的水平线段进行修剪。命令行操作如下。

命令: _trim

　　当前设置:投影=UCS,边=无

　　选择剪切边...

　　选择对象或 <全部选择>:　//选择右边的垂直线作为修剪边界

　　选择对象:　　　　　//Enter,结束选择

　　选择要修剪的对象,或按住 Shift 键选择要延伸的对象,或[栏选(F)/窗交(C)/投影式(P)/边(E)/删除(R)/放弃(U)]:

　　//在右边水平线的左端单击

　　选择要修剪的对象,或按住 Shift 键选择要延伸的对象,或[栏选(F)/窗交(C)/投影(P)/边(E)/删除(R)/放弃(U)]:

　　//Enter,结束命令,结果如图 3-45 所示。

图 3-45　修剪结果

> **小技巧:**当修剪多个对象时,可以使用【栏选】和【窗交】两种选项功能,而"栏选"方式需要绘制一条或多条栅栏线,所有与栅栏线相交的对象都会被修剪掉。

📖　【投影】选项

【投影】选项用于设置三维空间剪切实体的不同投影方法,选择该选项后,AutoCAD 出现"输入投影选项[无(N)/UCS(U)/视图(V)]<无>:"的操作提示,其中:

● 【无】选项表示不考虑投影方式,按实际三维空间的相互关系修剪;

● 【UCS】选项指在当前 UCS 的 XOY 平面上修剪;

● 【视图】选项表示在当前视图平面上修剪。

> **小技巧:**当系统提示"选择剪切边"时,直接敲击 Enter 键即可选择待修剪的对象,系统在修剪对象时将使用最靠近的候选对象作为剪切边。

2.　延伸图形

【延伸】命令用于将图线延长至事先指定的边界上。用于延伸的对象有直线、圆弧、椭圆弧、非闭合的二维多段线和三维多段线以及射线等。执行【延伸】命令主要有以下几种方法:

● 执行菜单栏中的【修改】/【延伸】命令。

● 单击【修改】工具栏或【面板】上的 ⊣ 按钮。

● 在命令行输入 Extend 后输入 Enter 键。

● 使用快捷键 EX。

【任务 16】:常规模式下延伸对象。

所谓"常规模式下的延伸",指的就是图形被延伸后,与事先指定的延伸边界相交于一点,如图 3-46 所示。

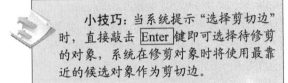

图 3-46　延伸结果

Step 1　新建空白文件。

Step 2　使用【直线】命令绘制图 3-46(左)所示的两条图线。

Step 3　单击【修改】工具栏或面板上的 ⊣ 按钮,激活【延伸】命令,以水平直线作为边界,

对垂直直线进行延伸。命令行操作如下。

命令：_extend

当前设置:投影=UCS，边=无

选择边界的边...

选择对象或 <全部选择>：//选择水平直线作为边界

选择对象：//Enter，结束边界的选择

选择要延伸的对象，或按住 Shift 键选择要修剪的对象，或[栏选(F)/窗交(C)/投影(P)/边(E)/放弃(U)]：//在垂直直线的下端单击左键

选择要延伸的对象，或按住 Shift 键选择要修剪的对象，或[栏选(F)/窗交(C)/投影(P)/边(E)/放弃(U)]：//Enter，结束命令。

Step 4 结果垂直直线的下端被延伸，与边界相交点一点，如图 3-46 右）所示。

小技巧：在选择延伸对象时，要在靠近延伸边界的一端选择需要延伸的对象，否则对象将不被延伸。

【任务 17】："隐含交点"下的延伸对象。

所谓"隐含交点"，指的是边界与对象延长线没有实际的交点，而是边界被延长后，与对象延长线存在一个隐含交点，如图 3-47 所示。

延伸后

图 3-47 两种隐含模式

Step 1 新建空白文件。

Step 2 使用【直线】命令绘制图 3-47（左）所示的两条图线。

Step 3 单击【修改】工具栏或面板上的按钮，激活【延伸】命令，，将垂直图线的下端延长，使之与水平图线的延长线相交。命令行操作如下。

命令：_extend

当前设置:投影=UCS，边=无

选择边界的边...

选择对象：//选择水平的图线作为延伸边界

选择对象：//Enter，结束边界的选择

选择要延伸的对象，或按住 Shift 键选择要修剪的对象，或[栏选(F)/窗交(C)/投影(P)/边(E)/放弃(U)]：//e Enter，激活【边】选项

输入隐含边延伸模式 [延伸(E)/不延伸(N)] <不延伸>：//E Enter，设置延伸模式

选择要延伸的对象，或按住 Shift 键选择要修剪的对象，或[栏选(F)/窗交(C)/投影(P)/边(E)/放弃(U)]：//在垂直图线的下端单击左键。

选择要延伸的对象，或按住 Shift 键选择要修剪的对象，或[栏选(F)/窗交(C)/投影(P)/边(E)/放弃(U)]：//Enter，结束命令。

Step 4 结果垂直图线被延伸，如图 3-47（右）所示。

小技巧：【边】选项用来确定延伸边的方式。【延伸】选项将使用隐含的延伸边界来延伸对象；【不延伸】选项确定边界不延伸，而只有边界与延伸对象真正相交后才能完成延伸操作。

3.3.2 倒角与拉伸图形

本节主要学习【倒角】和【拉伸】两个命令，以方便对图线进行倒角和拉伸。

1. 倒角图形

【倒角】命令主要是使用一条线段连接两个非平行的图线。用于倒角的图线一般有直线、多段线、矩形、多边形等，不能倒角的图线有圆、圆弧、椭圆和椭圆弧等。执行【倒角】命令主要有以下几种方法：

- 执行菜单栏中的【修改】/【倒角】命令。
- 单击【修改】工具栏或【面板】上的 按钮。
- 在命令行输入 Chamfer 后输入 Enter 键。
- 使用快捷键 CHA。

【任务 18】：为图形进行距离倒角。

"距离倒角"指的就是直接输入两条图线上的第一倒角距离和第二倒角距离，对图线进行倒角，

如图 3-48 所示。

图 3-48　距离倒角

Step 1　新建空白文件。

Step 2　使用【直线】命令绘制图 3-48（左）所示的两条图线。

Step 3　单击【修改】工具栏或面板上的 ⌐ 按钮，激活【倒角】命令，对两条图线进行距离倒角。命令行操作如下。

命令: _chamfer

（"修剪"模式）当前倒角距离 1 = 0.0000，距离 2 = 0.0000

选择第一条直线或 [放弃(U)/多段线(P)/距离(D)/角度(A)/修剪(T)/方式(E)/多个(M)]:

　　　　　　// d Enter，激活【距离】选项

指定第一个倒角距离 <0.0000>:

　　　　　　//150 Enter，设置第一倒角长度

指定第二个倒角距离 <25.0000>:

　　　　　　//100 Enter，设置第二倒角长度

选择第一条直线或 [放弃(U)/多段线(P)/距离(D)/角度(A)/修剪(T)/方式(E)/多个(M)]: //选择水平线段

选择第二条直线，或按住 Shift 键选择直线以应用角点或 [距离(D)/角度(A)/方法(M)]://选择倾

　　　　　　斜线段并结束命令

Step 4　距离倒角的结果如图 3-48（右）所示。

> **小技巧**：用于倒角的两个倒角距离值不能为负值，如果将两个倒角距离设置为零，那么倒角的结果就是两条图线被修剪或延长，直至相交于一点。

【任务 19】：为图形进行角度倒角。

"角度倒角"指的是通过设置一条图线的倒角长度和倒角角度，进行为图线倒角，如图 3-49 所示。使用此种方式为图线倒角时，首先需要设置对象的长度尺寸和角度尺寸。

图 3-49　角度倒角

Step 1　新建空白文件。

Step 2　使用快捷键"L"激活【直线】命令，配合极轴追踪功能绘制图 3-49（左）所示的两条图线。

Step 3　单击【修改】工具栏或面板上的 ⌐ 按钮，激活【倒角】命令，对两条图形进行角度倒角。命令行操作如下。

命令: _chamfer

（"修剪"模式）当前倒角距离 1 = 25.0000，距离 2 = 15.0000

选择第一条直线或 [放弃(U)/多段线(P)/距离(D)/角度(A)/修剪(T)/方式(E)/多个(M)]:　　//a Enter，

　　　　　　激活【角度】选项

指定第一条直线的倒角长度 <0.0000>:

　　　　　　//100 Enter，设置倒角长度

指定第一条直线的倒角角度 <0>:

　　　　　　//30 Enter，设置倒角角度

选择第一条直线或 [放弃(U)/多段线(P)/距离(D)/角度(A)/修剪(T)/方式(E)/多个(M)]://选择水平的线段

选择第二条直线，或按住 Shift 键选择直线以应用角点或 [距离(D)/角度(A)/方法(M)]://选择倾

　　　　　　斜线段并结束命令

Step 4　角度倒角的结果如图 3-49（右）所示。

> **技巧提示**：【方式】选项用于确定倒角的方式，要求选择"距离倒角"或"角度倒角"。另外，系统变量"Chammode"控制着倒角的方式：当"Chammode=0"，系统支持"距离倒角"；当"Chammode=1"，系统支持"角度倒角"模式。

📖 **选项解析**

● 【角度】选项用于指定倒角长度和倒角角度，对两图线倒角。

● 【多段线】选项是用于为整条多段线的所有相邻元素边同时进行倒角操作，如图

3-50 所示。在为多段线进行倒角操作时，可以使用相同的倒角距离值，也可以使用不同的倒角距离值。

- 【方式】选项用于确定倒角的方式。变量"Chammode"控制着倒角的方式，当变量值为 0 时，则为距离倒角；当变量值为 1 时，则为角度倒角。

- 【修剪】选项用于设置倒角的修剪模式，如"修剪"和"不修剪"。当将倒角模式为"修剪"时，被倒角的图线将被修剪，如图 3-51 所示；当倒角模式为"不修剪"时，那么用于倒角的图线将不被修剪，如图 3-52 所示。

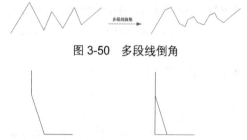

图 3-50　多段线倒角

图 3-51　倒角图线　图 3-52　非修剪模式下的倒角

2. 拉伸图形

【拉伸】命令用于通过窗交选择或多边形框选的方式选择拉伸对象，进行不等比缩放，进而改变对象的尺寸或形状。另外，圆、椭圆、图块、参照等对象不能被拉伸。

执行【拉伸】命令主要有以下几种方法：

- 执行菜单栏中的【修改】/【拉伸】命令。
- 单击【修改】工具栏或【面板】上的按钮。
- 在命令行输入 Stretch 后输入 Enter 键。
- 使用快捷键 S。

在选择拉伸图形时，需要使用窗交选择方式，而在窗交选择时，需要拉长的图形必须与选择框相交。下面通过简单的实例，学习使用【拉伸】命令。

【任务 20】：拉伸矩形。

Step 1　新建绘图文件。

Step 2　执行【矩形】命令，绘制长度为 200、宽度为 100 的矩形，如图 3-53 所示。

Step 3　激活状态栏上的【对象捕捉】功能，并设置捕捉模式为端点捕捉和中点捕捉。

Step 4　单击【修改】工具栏或面板上的按钮，激活【拉伸】命令，对绘制的矩形进行拉伸。命令行操作如下。

命令: _stretch

以交叉窗口或交叉多边形选择要拉伸的对象...

选择对象: //拉出如图 3-54 所示的窗交选择框

选择对象: // Enter

指定基点或 [位移(D)] <位移>:　　　　　 // 捕捉如图 3-55 所示的端点

指定第二个点或 <使用第一个点作为位移>: // 捕捉如图 3-56 所示的中点，拉伸结果如图 3-57 所示。

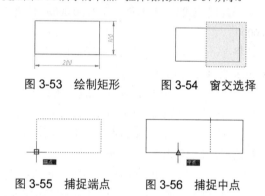

图 3-53　绘制矩形　　　图 3-54　窗交选择

图 3-55　捕捉端点　　　图 3-56　捕捉中点

图 3-57　拉伸结果

小技巧：如果图形完全处于选择框内时，拉伸的结果只能是图形对象相对于原位置上的平移。

3.3.3　旋转与分解图形

本小节主要学习【旋转】和【分解】两个命令。

1. 旋转图形

【旋转】命令用于将图形围绕指定的基点进行旋转。执行【旋转】命令主要有以下几种方法：

- 执行菜单栏中的【修改】/【旋转】命令。
- 单击【修改】工具栏或面板上的◌按钮。
- 在命令行输入 Rotate 后输入 Enter 键。
- 使用快捷键 RO。

【任务 21】：旋转矩形。

Step 1 新建绘图文件。

Step 2 执行【矩形】命令，绘制长度为 300、宽度为 40 的矩形，如图 3-58（左）所示。

Step 3 激活状态栏上的【对象捕捉】功能，并设置捕捉模式为端点捕捉。

Step 4 单击【修改】工具栏或面板上的◌按钮，激活【旋转】命令，将绘制的矩形旋转 30°。命令行操作如下。

命令:_rotate

　　UCS 当前的正角方向 :ANGDIR= 逆时针 ANGBASE=0

　　选择对象:　　//选择矩形

　　选择对象:　　// Enter，结束选择

　　指定基点:　　//捕捉矩形左下角点作为基点

　　指定旋转角度，或 [复制(C)/参照(R)] <0>:

　　　　//30 Enter，

　　　　旋转结果如图 3-58（中）所示。

图 3-58　旋转图形示例

> **小技巧**：输入的角度为正值，将按逆时针方向旋转；输入的角度为负值，按顺时针方向旋转。另外如果激活【复制】选项，则可以对图形进行旋转复制，其结果如图 3-58（右）所示。

2. 分解图形

【分解】命令主要用于将组合对象分解成各自独立的对象，以方便对各对象进行编辑。执行【分解】命令主要有以下几种方法：

- 执行菜单栏中的【修改】/【分解】命令。
- 单击【修改】工具栏或面板上的◌按钮。

- 在命令行输入 Explode 后输入 Enter 键。
- 使用快捷键 X。

在激活【分解】命令后，只需要选择组合图形，然后按回车键即可将组合对象分解。 如果用户是对具有一定宽度的多段线分解，系统将忽略其宽度并沿多段线的中心放置分解多段线；如果分解一个圆环，那么结果圆环变为由两条宽度为零的半圆弧如图 3-59 所示。

图 3-59　分解示例

> **小技巧**：AutoCAD 一次只能删除一个编组级，如果一个块包含一个多段线或嵌套块，那么系统首先分解出该多段线或嵌套块，然后再分别分解该块中的各个对象。

3.3.4　打断与合并图形

本小节主要学习【打断】和【合并】两个命令。

1. 打断图线

【打断】命令用于打断并删除图形上的一部分，或将图形打断为相连的两部分。执行【打断】命令主要有以下几种方法：

- 执行菜单栏中的【修改】/【打断】命令。
- 单击【修改】工具栏或面板上的◌按钮。
- 在命令行输入 Break 后输入 Enter 键。
- 使用快捷键 BR。

【任务 22】：打断直线。

Step 1 新建绘图文件。

Step 2 使用【直线】命令绘制长度为 200 的图线，如图 3-60（上）所示。

Step 3 单击【修改】工具栏或面板上的◌按钮，配合点的捕捉和输入功能，将在水平图线上删除 40 个单位的距离。命令行操作如下。

命令:_break

　　选择对象:　　　　　　　//选择刚绘制的线段

　　指定第二个打断点 或 [第一点(F)]: //f Enter，

激活【第一点】选项

指定第一个打断点: //捕捉线段
的中点作为第一断点

指定第二个打断点: //@50,0
Enter，定位第二断点

> **小技巧**：【第一点】选项用于重新确定第一断点。由于在选择对象时不可能拾取到准确的第一点，所以需要激活该选项，以重新定位第一断点。

Step 4 打断结果如图 3-60（下）所示。

> **小技巧**：要将一个对象拆分为二而不删除其中的任何部分，可以在指定第二断点时输入相对坐标符号@，也可以直接单击【修改】工具栏中的按钮。

2. 合并图线

【合并】命令用于将同角度的两条或多条线段合并为一条线段，还可以将圆弧或椭圆弧合并为一个整圆和椭圆。执行此命令主要有以下几种方法：

- 执行菜单栏中的【修改】/【合并】命令。
- 单击【修改】工具栏或面板上的 按钮。
- 在命令行输入 Join 后输入 Enter 键。
- 使用快捷键 J。

下面通过将两线段合并为一条线段、将圆弧合并为一个整圆，学习使用【合并】命令的使用方法和操作技巧。

【任务 23】：合并直线与圆弧。

Step 1 新建绘图文件。

Step 2 使用画线命令绘制图 3-61（上）所示的两条线段。

Step 3 执行菜单栏中的【修改】/【合并】命令，将两条线段合并为一条线段。命令行操作如下。

命令: _join

选择源对象或要一次合并的多个对象：

//选择左侧的线段作为源对象

选择要合并的对象: //选择右侧线段

选择要合并的对象: // Enter，合并结

果如图 3-61（下）所示。

2．条直线已合并为 1 条直线

Step 4 使用【圆弧】命令绘制图 3-62（上）所示的圆弧。

Step 5 执行菜单栏中的【修改】/【合并】命令，将圆弧合并为一个圆，命令行操作如下。

命令:

JOIN 选择源对象或要一次合并的多个对象: // 选择圆弧作为源对象

选择要合并的对象: // Enter

选择圆弧，以合并到源或进行 [闭合(L)]://L Enter，激活【闭合】选项，合并结果如图 3-62（下）所示。

已将圆弧转换为圆。

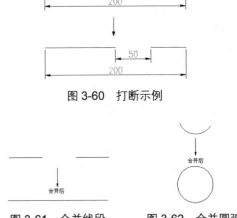

图 3-60 打断示例

图 3-61 合并线段　　图 3-62 合并圆弧

3.4 上机实训——绘制压盖零件图

1. 实训目的

本实训要求绘制压盖零件的平面轮廓图，通过本例的操作熟练掌握样板文件的调用、对象特征点的精确捕捉、同心圆与相切圆的绘制编辑以及视图中心线的绘制和完善技能，具体实训目的如下。

- 掌握绘图样板文件的调用持能。

- 掌握对象特征点的精确捕捉技能。
- 掌握同心圆与相切圆的绘制编辑技能。
- 掌握中心线的绘制、偏移和修剪完善技能。
- 掌握相同零件结构的快速绘制技能。

2. 实训要求

首先调用绘图样板文件并简单设置绘图环境，然后使用【直线】命令绘制视图中心线，使用【圆】、【修剪】等命令绘制零件内外结构。在具体的绘制过程中，用户可以巧妙配合【偏移】、【复制】等命令快速绘制一些复合图形结构。本例最终效果如图 3-63 所示。

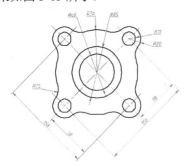

图 3-63　实例效果

具体要求如下。

（1）启动 AutoCAD 程序，并调用"机械样板.dwt"样板文件。

（2）设置视图高度、捕捉模式与追踪模式，使其满足绘图要求。

（3）根据图形相关尺寸要求，使用【直线】和【偏移】命令绘制零件中心线。

（4）根据图形相关尺寸要求，使用【圆】和【复制】命令绘制零件内外轮廓圆结构。

（5）使用【复制】、【修剪】命令对压盖零件图进行快速编辑和完善。

（6）最后使用【偏移】、【修剪】和【删除】命令编辑和完善零件中心线。

3. 完成实训

样板文件：	样板文件\机械样板.dwt
效果文件：	效果文件\第 3 章\绘制压盖零件图.dwg
视频文件：	视频文件\第 3\"绘制压盖零件图.avi

Step 1　单击快速工具栏上的栏 □ 按钮，激活【新建】命令，以 "\样板文件\机械样板.dwt" 作为基础样板，新建绘图文件，如图3-64 所示。

Step 2　执行菜单栏中的【工具】/【草图设置】命令，在打开的【草图设置】对话框中展开【对象捕捉】选项卡，然后启用并设置捕捉模式如图 3-65 所示。

图 3-64　选择样板

图 3-65　设置捕捉模式

小技巧：在调用"机械样板.dwt"样板文件时，可以事先将该样板文件拷贝至 AutoCAD 2012 安装目录下的 "Template" 文件夹下。

Step 3　执行菜单栏中的【视图】/【缩放】/【圆心】命令，将视图高度调整为 240 个单位。命令行操作如下。

命令:'_zoom

指定窗口的角点，输入比例因子 (nX 或 nXP)，或者

[全部(A)/中心(C)/动态(D)/范围(E)/上一个(P)/
　　　　比例(S)/窗口(W)/对象(O)] <实时>: _c
　指定中心点:　　　　　　　//在绘图区拾取一点
　输入比例或高度 <1040.6382>://240 Enter

Step 4　执行菜单栏中的【格式】/【线型】命令，在打开的【线型管理器】对话框中设置线型比例，如图 3-66 所示。

图 3-66　设置线型比例

Step 5　展开【图层】工具栏上的【图层控制】下拉列表，将"中心线"设置为当前图层，如图 3-67 所示。

Step 6　使用快捷键"L"激活【直线】命令，绘制相互垂直的两条直线，作为中心线，如图 3-68 所示。

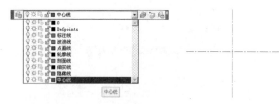

图 3-67　设置当前图层　　图 3-68　绘制结果

Step 7　单击【修改】工具栏或【面板】上的按钮，激活【偏移】命令，对两条中心线进行距离偏移，命令行操作如下。

命令: _offset
　当前设置: 删除源=否　图层=源　OFFSETGAPTYPE=0
　指定偏移距离或 [通过(T)/删除(E)/图层(L)]
<10.0000>:　　　　　　　//78 Enter，设置偏移距离
　选择要偏移的对象，或 [退出(E)/放弃(U)] <退出>:
　　　　　　　　　　　　　//选择水平的中心线
　指定要偏移的那一侧上的点，或 [退出(E)/多个(M)/

放弃(U)] <退出>:
　　　　　　　　//在水平中心线上侧单击，指定偏移位置
　选择要偏移的对象，或 [退出(E)/放弃(U)] <退出>:
　　　　　　　　　　　　　//选择水平的中心线
　指定要偏移的那一侧上的点，或 [退出(E)/多个(M)/
放弃(U)] <退出>:
　　　　　　　　//在水平中心线下侧单击，指定偏移位置
　选择要偏移的对象，或 [退出(E)/放弃(U)] <退出>:
　　　　　　　　　　　　　//选择垂直的中心线
　指定要偏移的那一侧上的点，或 [退出(E)/多个(M)/
放弃(U)] <退出>://在垂直中心线左侧单击
　选择要偏移的对象，或 [退出(E)/放弃(U)] <退出>:
　　　　　　　　　　　　　//选择垂直的中心线
　指定要偏移的那一侧上的点，或 [退出(E)/多个(M)/
放弃(U)] <退出>://在垂直中心线右侧单击
　选择要偏移的对象，或 [退出(E)/放弃(U)] <退出>://
Enter，结束命令，偏移结果如图 3-69 所示

Step 8　展开【图层】工具栏上的【图层控制】下拉列表，将"轮廓线"设置为当前图层。

Step 9 打开状态栏上的【线宽显示】功能，然后使用快捷键"C"激活【圆】命令，配合交点捕捉和圆心捕捉功能，绘制两个同心圆。命令行操作如下。

命令: c// Enter
CIRCLE
　指定圆的圆心或 [三点(3P)/两点(2P)/切点、切点、半径(T)]:　　　　　　　　//捕捉如图 3-70 所示的交点
　指定圆的半径或 [直径(D)]: //d Enter
　指定圆的直径: //60 Enter
　命令: // Enter
　CIRCLE 指定圆的圆心或 [三点(3P)/两点(2P)/切点、切点、半径(T)]://捕捉刚绘制的圆的圆心
　指定圆的半径或 [直径(D)] <30.0>: d Enter
　指定圆的直径 <60.0>:　　　　//85 Enter，结果如图 3-71 所示

Step 10　重复执行【圆】命令，配合交点捕捉和圆心捕捉功能，绘制半径为 11 和 20 的两个同心圆，结果如图 3-72 所示。

图 3-69　偏移结果

图 3-70　捕捉交点

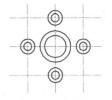

图 3-75　复制结果

图 3-76　捕捉交点

图 3-71　绘制结果

图 3-72　绘制同心圆

图 3-77　绘制结果

Step 11　单击【修改】工具栏或【面板】上的 按钮，激活【复制】命令，对上侧的两上同心圆进行复制，其命令行操作如下。

命令: _copy

选择对象:　//窗口选择如图 3-73 所示的两个同心圆

选择对象:　// Enter，结束选择

当前设置: 复制模式 = 多个

指定基点或 [位移(D)/模式(O)] <位移>:

　　　　　　//捕捉如图 3-74 所示的圆心作为基点

指定第二个点或 [阵列(A) <使用第一个点作为位移>:　//捕捉图 3-74 所示的交点 A

指定第二个点或 [阵列(A)/退出(E)/放弃(U)] <退出>:　//捕捉图 3-74 所示的交点 B

指定第二个点或 [阵列(A)/退出(E)/放弃(U)] <退出>:　//捕捉图 3-74 所示的交点 C

指定第二个点或 [阵列(A)/退出(E)/放弃(U)] <退出>:　// Enter，复制结果如图 3-75 所示

Step 12　使用快捷键 "C" 激活【圆】命令，捕捉如图 3-76 所示的交点作为圆心，绘制半径为 70 的轮廓圆，结果如图 3-77 所示。

Step 13　执行菜单栏中的【绘图】/【圆】/【相切、相切、半径】命令，绘制半径为 25 的相切圆。命令行操作如下。

命令: _circle

指定圆的圆心或 [三点(3P)/两点(2P)/切点、切点、半径(T)]: _ttr

指定对象与圆的第一个切点:　//在如图 3-78 所示的位置拾取相切对象

指定对象与圆的第二个切点:　//在如图 3-79 所示的位置拾取相切对象

指定圆的半径 <70.0>:　//25 Enter，绘制结果如图 3-80 所示

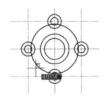

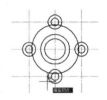

图 3-78　拾取相切对象　　图 3-79　拾取相切对象

图 3-80　绘制结果

Step 14　重复执行【相切、相切、半径】命令，绘制其他位置的相切圆，相切圆半径为 25，绘制结果如图 3-81 所示。

Step 15　单击【修改】工具栏或【面板】

图 3-73　窗口选择

图 3-74　捕捉圆心

上的 按钮，激活【修剪】命令，选择如图 3-82 所示的 7 个圆作为边界，对 8 个相切圆进行修剪，结果如图 3-83 所示。

Step 16 重复执行【修剪】命令，以修剪后产生的 8 条圆弧作为边界，继续对轮廓圆进行修剪完善，结果如图 3-84 所示。

图 3-81 绘制其他相切圆 图 3-82 选择修剪边界

图 3-83 修剪结果 图 3-84 修剪结果

Step 17 使用快捷键"O"激活【偏移】命令，将零件图外侧的圆弧分别向外偏移 9 个单位，结果如图 3-85 所示。

Step 18 单击【修改】工具栏或【面板】上的 按钮，激活【修剪】命令，以偏移出的圆弧作为边界，对中心圆进行修剪完善，结果如图 3-86 所示。

Step 19 使用快捷键"E"激活【删除】命令，删除偏移出的各条圆弧，结果如图 3-87 所示。

Step 20 单击【修改】工具栏或面板上的 按钮，激活【旋转】命令，对压盖零件图进行旋转。命令行操作如下。

命令: _rotate

　　UCS 当前的正角方向：　ANGDIR= 逆时针 ANGBASE=0

　　选择对象：

　　　　//窗交选择如图 3-88 所示的压盖零件

　　选择对象：

　　　　// Enter ，结束选择

　　指定基点：

　　　　//捕捉如图 3-89 所示的圆心

　　指定旋转角度，或 [复制(C)/参照(R)] <0>:

　　　　//45 Enter ，旋转结果如图 3-90 所示。

图 3-85 偏移结果 图 3-86 修剪结果

图 3-87 删除结果 图 3-88 窗交选择

图 3-89 捕捉圆心 图 3-90 旋转结果

Step 21 最后执行【保存】命令，将图形命名存储为"绘制压盖零件图.dwg"。

3.5 课后练习

1. 填空题

（1）AutoCAD 为用户提供了"定距画圆"、"定点画圆"和"相切圆"等绘制功能，其中，"定点画圆"包括（　　　　）和（　　　　）两种；"相切圆"包括（　　　　）和（　　　　）两种方式。

（2）使用【偏移】命令偏移图形对象时，具体有两种偏移方式，分别是（　　　　）和（　　　　）。

（3）在创建对称结构的图形时，一般需要使用到【镜像】命令，但是此命令有一个系统变量，控制着镜像文字的可读性，此变量为（　　　　）。

（4）使用【修剪】或【延伸】命令编辑图线时，都需要事先指定（　　　　）；另外，按住键盘上的（　　　　）键，这两种命令可以达到相反的操作结果。

（5）如果需要按照指定的距离拉长或缩短图

线，可以使用（　　　　）功能；如果没有距离条件的限制，则可以使用（　　　　）功能。

（6）使用（　　　　）命令不但可以绘制多重直线段，还可以绘制多重弧线段，而所有直线序列和弧线序列，都作为一个单一的对象存在。

（7）AutoCAD 不仅为用户提供了（　　　　）、（　　　　）和（　　　　）等三种绘制矩形的方式，而且还为用户提供了（　　　　）矩形、（　　　　）矩形、（　　　　）矩形以及（　　　　）矩形等特征矩形的绘制功能。

2．实训操作题

绘制如图 3-91 所示的泵体零件轮廓图。

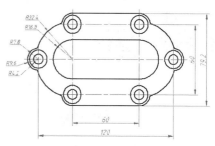

图 3-91　操作题

第4章

绘制机械零件组视图

📖 **学习目标**

组视图就是能完整表达零件形体结构的一组视图，本章通过绘制零件的组视图，继续学习 AutoCAD 机械设计中常用图元和复合图元的具体绘制技能、图案与渐变色的填充技能以及图形的常规编辑技能。

📖 **学习重点**

掌握多边形、边界和面域等基本图形的绘制、图案的填充以及阵列、圆角、拉长、缩放、移动和夹点编辑等技能。

📖 **主要内容**

- 绘制正多边形、边界和面域
- 绘制构造线、样条曲线和图案填充
- 矩形阵列、环形阵列和路径阵列
- 圆角、缩放、拉长、移动与光顺曲线
- 绘制分流器零件二视图

4.1 绘制基本图形

上本章学习了点、线、圆、弧等一些常用基本几何图元的绘制功能和图元的修改编辑功能，本章将在上一章的基础上，通过绘制机械零件的二视图、三视图等，继续学习机械设计中常用几何图元的绘制技能和编辑完善技能。

4.1.1 绘制正多边形

正多边形是由多条直线元素首尾相连，组合而成的一种复合图元，这种复合图元被看作是一条闭合的多段线，属于一个独立的对象。执行【正多边形】命令主要有以下几种方法：

- 执行菜单栏中的【绘图】/【正多边形】命令。
- 单击【绘图】工具栏或【面板】上的 ⬡ 按钮。
- 在命令行输入 Polygon 后输入 Enter 键。
- 使用快捷键 POL。

1. 边方式画多边形

"边"方式是通过输入多边形一条边的边长，来精确绘制正多边形。在具体定位边长时，需要分别定位出边的两个端点，下面学习此种方式。

【任务1】：绘制边长为 150 的正六边形。

Step 1 新建空白文件。

Step 2 使用【中心缩放】功能，将视图高度设置为 300 个单位。

Step 3 单击【绘图】工具栏或【面板】上的 ⬡ 按钮，激活【正多边形】命令，绘制边长为 150 的正六边形。命令行操作如下。

命令: _polygon

　　输入边的数目 <4>: //6 Enter，设置边数

　　指定正多边形的中心点或 [边(E)]: //e Enter，激活【边】选项

　　指定边的第一个端点: //拾取一点作为边的一个端点

　　指定边的第二个端点: //@150,0 Enter，定位第二个端点，结果如图 4-1 所示。

小技巧：使用"边"方式绘制正多边形，在指定边的两个端点 A、B 时，系统按从 A 至 B 顺序以逆时针方向绘制正多边形。

2. 内接于圆方式画多边形

"内接于圆"方式是系统默认方式，当指定边数和中心点之后，直接输入正多边形外接圆的半径，即可精确绘制正多边形，下面学习此种方式。

【任务2】：绘制外接圆半径为 120 的正五边形。

Step 1 新建空白文件。

Step 2 使用【中心缩放】功能，将视图高度设置为 200 个单位。

Step 3 单击【绘图】工具栏或【面板】上的 ⬡ 按钮，激活【正多边形】命令，绘制外接圆半径为 120 的正五边形。命令行操作如下。

命令: _polygon

　　输入边的数目 <4>: //5 Enter，设置边数

　　指定正多边形的中心点或 [边(E)]: //在绘图区拾取一点作为中心点

　　输入选项 [内接于圆(I)/外切于圆(C)] <I>: //I Enter，激活【内接于圆】选项

　　指定圆的半径: //120 Enter，输入外接圆半径，结果如图 4-2 所示。

图 4-1 "边"方式　　图 4-2 "内接于圆"方式

3. 外切于圆方式画多边形

"外切于圆"方式也是一种常用方式，当确定了正多边形的边数和中心点之后，使用此种方式输入正多边形内切圆的半径，就可精确绘制出正多边形，下面学习此种方式。

【任务3】：绘制内切圆半径为 120 的正五边形。

Step 1 新建空白文件。

Step 2 使用【中心缩放】功能，将视图高

度设置为 200 个单位。

Step 3 单击【绘图】工具栏或【面板】上的☐按钮，激活【正多边形】命令，绘制内切圆半径为 120 的正五边形。命令行操作如下。

命令: _polygon

　　输入边的数目 <4>: 　　　　//5 Enter

　　指定正多边形的中心点或 [边(E)]: //在绘图区拾取一点

　　输入选项 [内接于圆(I)/外切于圆(C)] <C>: 　//c Enter，激活【外切于圆】选项

　　指定圆的半径: 　　　　//120 Enter，输入内切圆的半径，结果如图 4-3 所示。

图 4-3 "外切于圆"方式

4.1.2 绘制边界与面域

"边界"实际上就是一条闭合的多段线，而面域则是一个没有厚度的实体面，本节主要学习【边界】和【面域】两个命令，以快速创建边界和面域。

1. 绘制边界

使用【边界】命令不仅可以从相交对象中进行提取一个或多个首尾相连的闭合多段线边界，也可以从相交对象中进行提取一个或多个面域。执行此命令主要有以下几种方法：

- 执行菜单栏中的【绘图】/【边界】命令。
- 单击【常用】选项卡/【绘图】面板上的☐·按钮。
- 在命令行 Boundary 后输入 Enter 键。
- 使用快捷键 BO。

下面通过从多个对象中提取边界，学习【边界】命令的使用方法。

【任务 4】：从多个对象中提取边界。

Step 1 新建空白文件。

Step 2 根据图示尺寸绘制如图 4-4 所示的矩形和圆。

Step 3 执行菜单栏中的【绘图】/【边界】命令，打开如图 4-5 所示的【边界创建】对话框。

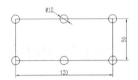

图 4-4 绘制结果

图 4-5 【边界创建】对话框

Step 4 采用默认设置，单击左上角的【拾取点】按钮☒，返回绘图区在矩形内部拾取一点，此时系统自动分析出一个闭合的虚线边界，如图 4-6 所示。

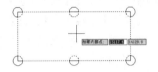

图 4-6 创建虚线边界

Step 5 继续在命令行"拾取内部点:"的提示下，敲击 Enter 键，结束命令，结果创建出一个闭合的多段线边界。

Step 6 使用快捷键"M"激活【移动】命令，选择刚创建的闭合边界，将其外移，结果如图 4-7 所示。

图 4-7 移出边界

📖 **选项解析**

- 【边界集】选项组用于定义从指定点定义边界时 AutoCAD 导出来的对象集合，主要包括"当前视口"和"现有集合"两种类型，其中前者主要用于从当前视口中可见的对象中定义边界集，后者是从选择的所有对象中定义边界集。
- 单击【新建】按钮☒，在绘图区选择对象后，

系统返回【边界创建】对话框，在【边界集】组合框中显示【现有集合】类型，用户可以从选择的现有对象集合中定义边界集。

2. 绘制面域

"面域"的概述比较抽象，它具备实体模型的一切特性，它不但含有边的信息，还有边界内的信息，可以利用这些信息计算工程属性，如面积、重心和惯性矩等。执行【面域】命令主要有以下几种方法：

- 执行菜单栏中的【绘图】/【面域】命令。
- 单击【绘图】工具栏或面板上的 ◎ 按钮。
- 在命令行输入 Region 后按 Enter 键。
- 使用快捷键 REG。

面域不能直接被创建，而是通过其他闭合图形进行转化。在激活【面域】命令后，只需选择封闭的图形对象即可将其转化为面域，如圆、矩形、正多边形等。

封闭对象在没有转化为面域之前，仅是一种几何线框，没有什么属性信息；而这些封闭图形一旦被转化为面域，它就转变为一种实体对象，具备实体属性，可以着色渲染等，如图 4-8 所示。

图 4-8　几何线框转化为面域

> **小技巧**：使用【面域】命令只能将单个闭合对象或由多个首尾相连的闭合区域转化成面域，如果用户需要从多个相交对象中提取面域，则可以使用【边界】命令，在【边界创建】对话框中，将【对象类型】设置为"面域"。

4.1.3　绘制射线与构造线

本小节主要学习【射线】和【构造线】两个命令，以绘制射线和构造线，辅助绘图。

1. 绘制射线

【射线】命令用于绘制向一端无限延伸的作图辅助线，如图 4-9 所示。此类辅助线不能作为图形轮廓线，但是可以将其编辑成图形的轮廓线。

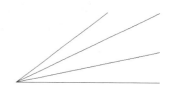

图 4-9　射线示例

- 执行菜单栏中的【绘图】/【射线】命令。
- 单击【绘图】工具栏或面板上的 ╱ 按钮。
- 在命令行输入 Ray 后按 Enter 键。

激活【射线】命令后，可以连续绘制无数条射线，只到结束命令为止。【射线】命令的命令行操作提示如下。

```
命令: _ray
    指定起点:              //指定射线的起点
    指定通过点:            //指定射线的通过点
    指定通过点:            //指定射线的通过点
    ……
    指定通过点:            //结束命令
```

2. 绘制构造线

【构造线】命令用于绘制向两方无限延伸的直线。此种直线通常用作绘图时的辅助线或参照线，不能作为图形轮廓线的一部分，但是可以通过修改工具将其编辑为图形轮廓线。

执行【构造线】命令主要有以下几种方法：

- 执行菜单栏中的【绘图】/【构造线】命令。
- 单击【绘图】工具栏或【面板】上的 ╱ 按钮。
- 在命令行输入 Xline 后输入 Enter 键。
- 使用快捷键 XL。

【任务 5】：绘制如图 4-10 所示的三条构造线。

Step 1　执行【新建】命令，新建公制单位绘图文件。

Step 2　单击【绘图】工具栏或【面板】上的 ╱ 按钮，激活【构造线】命令，配合坐标输入功能绘制构造线，命令行操作如下。

命令: _xline

指定点或 [水平(H)/垂直(V)/角度(A)/二等分(B)/偏移(O)]: //在绘图区拾取一点

指定通过点: //@1,0 Enter，绘制水平构造线

指定通过点: //@0,1 Enter，绘制垂直构造线

指定通过点: //@1<45 Enter，绘制 45 度构造线

指定通过点: // Enter，结束命令

Step 3 绘制结果如图 4-10 所示。

图 4-10 绘制构造线

📖 **选项解析**

- 【水平】选项用于绘制水平构造线。激活该选项后，系统将定位出水平方向矢量，用户只需要指定通过点就可以绘制水平构造线。

- 【垂直】选项用于绘制垂直构造线。激活该选项后，系统将定位出垂直方向矢量，用户只需要指定通过点就可以绘制垂直构造线。

- 【角度】选项用于绘制具有一定角度的倾斜构造线。

- 【二等分】选项用于在角的二等分位置上绘制构造线，如图 4-11 所示。

- 【偏移】选项用于绘制与所选直线平行的构造线，如图 4-12 所示。

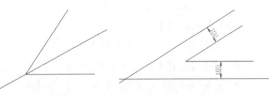

图 4-11 二等分示例　　图 4-12 偏移示例

4.1.4 绘制螺旋与样条曲线

本小节主要学习【螺旋】和【样条曲线】两个命令，以绘制螺旋线和样条曲线。

1. 绘制螺旋线

【螺旋】命令用于绘制二维螺旋线，将螺旋用

作 SWEEP 命令的扫掠路径以创建弹簧、螺纹和环形楼梯等。执行【螺旋】命令主要有以下几种方法：

- 执行菜单栏中的【绘图】/【建模】/【螺旋】命令。

- 单击【建模】工具栏或【绘图】面板上的 🔳 按钮。

- 在命令行输入 Helix 后按 Enter 键。

【任务 6】：绘制螺旋线。

Step 1 执行【新建】命令，新建公制单位绘图文件。

Step 2 单击【建模】工具栏或【绘图】面板上的 🔳 按钮，激活【螺旋】命令，绘制高度为 120、圈数为 7 的螺旋线。命令行操作如下。

命令: _Helix

圈数 = 3.0000　　　扭曲=CCW

指定底面的中心点: //在绘图区拾取一点

指定底面半径或 [直径(D)] <27.9686>: //50 Enter

指定顶面半径或 [直径(D)] <50.0000>: // Enter

> **小技巧**：如果指定一个值来同时作为底面半径和顶面半径，将创建圆柱形螺旋；如果指定不同值作为顶面半径和底面半径，将创建圆锥形螺旋；不能指定 0 来同时作为底面半径和顶面半径。

指定螺旋高度或 [轴端点(A)/圈数(T)/圈高(H)/扭曲(W)] <923.5423>: //t Enter

输入圈数 <3.0000>: //7 Enter

指定螺旋高度或 [轴端点(A)/圈数(T)/圈高(H)/扭曲(W)] <23.5423>: //120 Enter

Step 3 绘制结果如图 4-13 所示。

> **小技巧**：默认设置下螺旋圈数为 3。绘制图形时，圈数的默认值始终是先前输入的圈数值，螺旋的圈数不能超过 500。另外，如果将螺旋指定的高度值为 0，则将创建扁平的二维螺旋。

2. 绘制样条曲线

【样条曲线】命令用于绘制由某些数据点拟合

而成的光滑曲线，执行【样条曲线】命令主要有以下几种方法：

- 执行菜单栏中的【绘图】/【样条曲线】命令。
- 单击【绘图】工具栏或【面板】上的～按钮。
- 在命令行输入 Spline 后输入 Enter 键。
- 使用快捷键 SPL。

下面通过绘制一段样条曲线的实例，学习绘制样条曲线的方法和技巧。

【任务 7】：绘制一段样条曲线。

Step 1　执行【新建】命令，新建公制单位绘图文件。

Step 2　单击【绘图】工具栏或【面板】上的～按钮，激活【样条曲线】命令，绘制平滑的样条曲线，命令行操作如下。

命令：_spline
　　当前设置：方式=拟合　　节点=弦
　　指定第一个点或 [方式(M)/节点(K)/对象(O)]：
　　　　　//捕捉点 1
　　输入下一个点或 [起点切向(T)/公差(L)]：//捕捉点 2
　　输入下一个点或 [端点相切(T)/公差(L)/放弃(U)]：
　　　　　//捕捉点 3
　　输入下一个点或 [端点相切(T)/公差(L)/放弃(U)/闭合(C)]：　//捕捉点 4
　　输入下一个点或 [端点相切(T)/公差(L)/放弃(U)/闭合(C)]：　// Enter，结束命令。

Step 3　绘制结果如图 4-14 所示。

图 4-13　绘制结果　　　图 4-14　样条曲线示例

📖 **选项解析**

- 【节点】选项用于指定节点的参数化，以影响曲线通过拟合点时的形状。
- 【对象】选项用于把样条曲线拟合的多段线转变为样条曲线。

- 【闭合】选项用于绘制闭合的样条曲线。
- 【拟合公差】选项用来控制样条曲线对数据点的接近程度。
- 【方式】选项主要用于设置样条曲线的创建方式，即使用拟合点或使用控制点，两种方式下样条曲线的夹点示例如图 4-15 所示。

图 4-15　两种方式示例

4.2 绘制图案填充

"图案"是由各种图线进行不同的排列组合而构成的一种图形元素，此类图形元素作为一个独立的整体，被填充到各种封闭的区域内，以表达各自的图形信息，如图 4-16 所示。

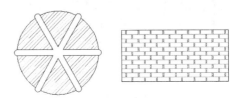

图 4-16　图案填充示例

执行【图案填充】命令主要有以下几种方法：

- 执行菜单栏中的【绘图】/【图案填充】命令。
- 单击【绘图】工具栏或面板上的▨按钮。
- 在命令行输入 Bhatch 后输入 Enter 键。
- 使用快捷键 H 或 HE。

4.2.1　绘制预定义图案

AutoCAD 为用户提供了"预定义图案"和"用户定义图案"两种现有图案，下面学习预定义图案的填充过程。

【任务 8】：为零件图填充预定义图案。

Step 1　执行【打开】命令，打开 "\素材文件\4-1.dwg" 文件, 如图 4-17 所示。

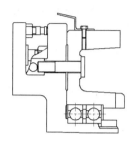

图 4-17　打开结果

Step 2　执行菜单栏中的【绘图】/【图案填充】命令, 打开如图 4-18 所示的【图案填充和渐变色】对话框。

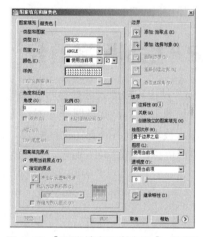

图 4-18　【图案填充和渐变色】对话框

Step 3　单击【样列】文本框中的图案, 或单击【图案】列表右端的按钮 , 打开【填充图案选项板】对话框, 然后选择如图 4-19 所示的填充图案。

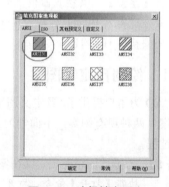

图 4-19　选择填充图案

小技巧:【样例】文本框用于显示当前图案的预览图像, 在样例图案上直接单击左键, 也可快速打开【填充图案选项板】对话框, 以选择所需图案。

Step 4　单击 确定 按钮, 返回【图案填充和渐变色】对话框, 设置填充角度和填充比例, 如图 4-20 所示。

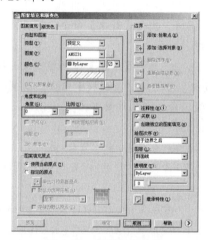

图 4-20　设置填充参数

小技巧:【角度】下拉文本框用于设置图案的倾斜角度;【比例】下拉文本框用于设置图案的填充比例。

Step 5　在【边界】选项组中单击【添加: 选择对象】按钮 , 返回绘图区拾取如图 4-21 所示的区域作为填充边界。

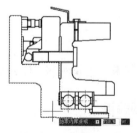

图 4-21　拾取填充区域

Step 6　按 Enter 返回【图案填充和渐变色】对话框, 单击 确定 按钮结束命令, 填充结果如图 4-22 所示。

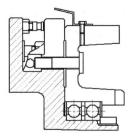

图 4-22 填充结果

Step 7 重复执行【图案填充】命令，设置填充图案与填充参数如图 4-23 所示，然后拾取如图 4-24 所示的区域进行填充，填充结果如图 4-25 所示。

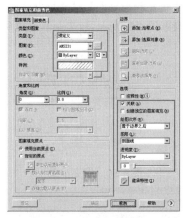

图 4-23 设置填充图案与参数

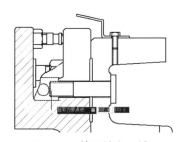

图 4-24 拾取填充区域

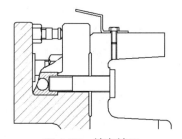

图 4-25 填充结果

Step 8 执行【保存】命令，将图形存盘。

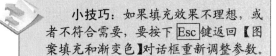

小技巧：如果填充效果不理想，或者不符合需要，要按下 Esc 键返回【图案填充和渐变色】对话框重新调整参数。

📖 **选项解析**

● 【添加:拾取点】按钮 用于在填充区域内部拾取任意一点，AutoCAD 将自动搜索到包含该内点的区域边界，并以虚线显示边界。

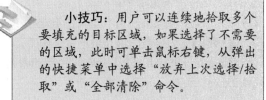

小技巧：用户可以连续地拾取多个要填充的目标区域，如果选择了不需要的区域，此时可单击鼠标右键，从弹出的快捷菜单中选择"放弃上次选择/拾取"或"全部清除"命令。

● 【添加:选择对象】按钮 用于直接选择需要填充的单个闭合图形，作为填充边界。

● 【删除边界】按钮 用于删除位于选定填充区内但不填充的区域。

● 【查看选择集】按钮 用于查看所确定的边界。

● 【继承特性】按钮 用于在当前图形中选择一个已填充的图案，系统将继承该图案类型的一切属性并将其设置为当前图案。

● 【关联】复选项与【创建独立的图案填充】复选项用于确定填充图形与边界的关系。分别用于创建关联和不关联的填充图案。

● 【注释性】复选项用于为图案添加注释特性。

● 【绘图次序】下拉列表用于设置填充图案和填充边界的绘图次序。

● 【图层】下拉列表用于设置填充图案的所在层。

● 【透明度】列表用于设置填充图案的透明度，拖曳下侧的滑块，可以调整透明度值。设置透明度后的图案显示效果，如图 4-26 所示。

小技巧：当为图案指定透明度后，还需要打开状态栏上的 按钮，以显示透明度效果。

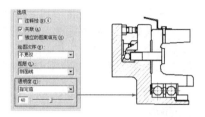

图 4-26　设置透明度后的效果

4.2.2　绘制用户定义图案

用户定义图案其实也是系统预设的一种图案，只是这种图案是水平排列的直线，用户可以通过相关设置，将其编辑为自定义图案进行填充。

【任务 9】：为零件图填充用户定义图案。

Step 1　执行【打开】命令，打开 "\素材文件\4-2.dwg" 文件，如图 4-27 所示。

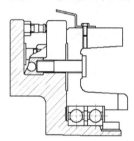

图 4-27　打开结果

Step 2　执行菜单栏中的【绘图】/【图案填充】命令，打开【图案填充和渐变色】对话框。设置图案类型及参数如图 4-28 所示。

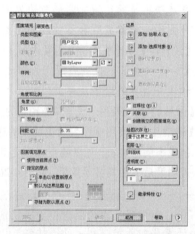

图 4-28　设置图案和填充参数

Step 3　单击【添加:选择对象】按钮，返

回绘图区拾取如图 4-29 所示的区域进行填充，填充如图 4-30 所示的图案。

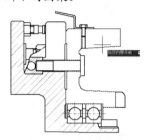

图 4-29　拾取填充区域

Step 4　重复执行【图案填充】命令，在打开的【图案填充和渐变色】对话框中设置填充图案与填充参数如图 4-31 所示，填充如图 4-32 所示图案。

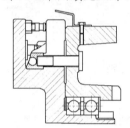

图 4-30　填充结果

图 4-31　设置填充图案与参数

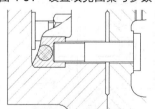

图 4-32　填充结果

📖 选项解析

● 【类型】列表框内包含"预定义"、"用户定义"、"自定义"三种图样类型，如图 4-33 所示，用户可以根据具体情况选择相关类型的图案。

图 4-33　【类型】下拉列表框

> **小技巧**："预定义"图样只适用于封闭的填充边界；"用户定义"图样可以使用图形的当前线型创建填充图样；"自定义"图样就是使用自定义的 PAT 文件中的图样进行填充。

● 【图案】列表框用于显示预定义类型的填充图案名称。用户可从下拉列表框中选择所需的图案。

● 【相对于图纸空间】选项仅用于布局选项卡，它是相对图纸空间单位进行图案的填充。运用此选项，可以根据适合于布局的比例显示填充图案。

● 【间距】文本框可设置用户定义填充图案的直线间距，只有激活了【类型】列表框中的【用户自定义】选项，此选项才可用。

● 【双向】复选框仅适用于用户定义图案，勾选该复选框，将增加一组与原图线垂直的线。

● 【ISO 笔宽】选项决定运用 ISO 剖面线图案的线与线之间的间隔，它只在选择 ISO 线型图案时才可用。

4.2.3　绘制渐变色

渐变色是一种有单色或双色组成的颜色，在【图案填充和渐变色】对话框中单击 渐变色 选项卡，打开如图 4-34 所示的【渐变色】选项卡，用于为指定的边界填充渐变色。

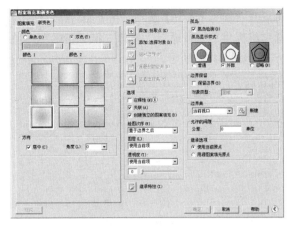

图 4-34　【渐变色】选项卡

● 【单色】单选项用于以一种渐变色进行填充；▇▇▇▇显示框用于显示当前的填充颜色，双击该颜色框或单击其右侧的 ... 按钮，可以弹出如图 4-35 所示的【选择颜色】对话框，用户可根据需要选择所需的颜色。

● ◄▒▒▒►【暗-明】滑动条：拖动滑动块可以调整填充颜色的明暗度，如果用户激活【双色】选项，此滑动条自动转换为颜色显示框。

图 4-35　【选择颜色】对话框

● 【双色】选项用于以两种颜色的渐变色作为填充色；【角度】选项用于设置渐变填充的倾斜角度。

4.2.4　孤岛与其他选项

所谓孤岛是指在一个边界包围的区域内又定义了另外一个边界，它可以实现对两个边界之间的区域进行填充，而内边界包围的内区域不填充。

单击右下角的【更多选项】扩展按钮 ⊙，即可展开右侧的【孤岛】选项，在【孤岛显示样式】选项组提供了"普通"、"外部"和"忽略"三种方式，如图 4-36 所示。

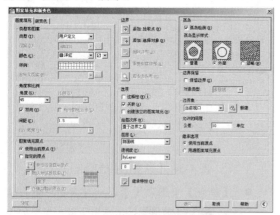

图 4-36 【图案填充和渐变色】对话框

- "普通"方式是从最外层的外边界向内边界填充，第一层填充，第二层不填充，如此交替进行。
- "外部"方式是只填充从最外边界向内第一边界之间的区域。
- "忽略"方式是忽略最外层边界以内的其他任何边界，以最外层边界向内填充全部图形。
- 【保留边界】选项用于设置是否保留填充边界。系统默认设置为不保留填充边界。
- 【允许间隙】选项用于设置填充边界的允许间隙值，处在间隙值范围内的非封闭区域也可填充图案。
- 【继承选项】选项组用于设置图案填充的原点，即使用当前原点还是使用源图案填充的原点。

4.3 创建复合图形

本小节继续学习复合图形的创建工具，具体有【矩形阵列】、【环形阵列】和【路径阵列】三个命令，使用这三个命令可以快速创建规则的多重图形结构，下面继续学习使用阵列创建复合图形的方法和技巧。

4.3.1 矩形阵列

【矩形阵列】命令是一种用于创建规则图形结构的复合命令，使用此命令可以将图形按照指定的行数和列数，成"矩形"的排列方式进行大规模复制，以创建均布结构的图形，这些矩形结构的图形具有关联性。

执行【矩形阵列】命令主要有以下几种方法：

- 执行菜单栏中的【修改】/【阵列】/【矩形阵列】命令。
- 单击【修改】工具栏或面板上的 器 按钮。
- 在命令行输入 Arrayrect 后按 Enter 键。
- 使用快捷键 AR。

【任务 10】：矩形阵列图形。

Step 1 执行【打开】命令，打开"\素材文件\4-3.dwg"，如图 4-37 所示。

Step 2 单击【修改】工具栏或面板上的 器 按钮，激活【矩形阵列】命令，对图形进行阵列，命令行操作如下。

命令: _arrayrect

选择对象: //拉出如图 4-38 所示的窗交选择框选择对象

选择对象: // Enter

类型 = 矩形 关联 = 是

为项目数指定对角点或 [基点(B)/角度(A)/计数(C)] <计数>: //c Enter

输入行数或 [表达式(E)] <4>: //2 Enter

输入列数或 [表达式(E)] <4>: //2 Enter

指定对角点以间隔项目或 [间距(S)] <间距>: //s Enter

指定行之间的距离或 [表达式(E)] <47>: //80 Enter

指定列之间的距离或 [表达式(E)] <60>: //120 Enter

按 Enter 键接受或 [关联(AS)/基点(B)/行(R)/列(C)/层(L)/退出(X)] <退出>:

// AS Enter，激活【关联】选项

创建关联阵列 [是(Y)/否(N)] <是>: //N Enter

按 Enter 键接受或 [关联(AS)/基点(B)/行(R)/列(C)/层(L)/退出(X)] <退出>: // Enter，结束命令。

Step 3 图形的阵列结果如图 4-39 所示。

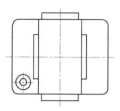
图 4-37　打开图形

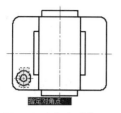
图 4-38　窗交选择

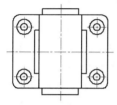
图 4-39　阵列结果

📖 选项设置

- 【基点】选项用于设置阵列的基点。
- 【角度】选项用于设置阵列对象的放置角度，使阵列后的图形对象沿着某一角度进行倾斜，如图 4-40 所示，不设置倾斜角度下的阵列效果，如图 4-41 所示。

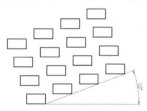
图 4-40　角度阵列示例

图 4-41　不设置角度下的阵列效果

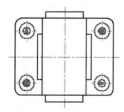
图 4-42　关联阵列对象的夹点效果

- 【行】选项用于设置阵列的行数。
- 【列】选项用于输入阵列的列数。
- 【间距】选项框用于设置对象的行偏移或列偏移距离。
- 【关联】选项用于设置阵列对象的关联特性，如果设置了关联特性后，那么阵列出的所有对象被作为一个整体，其夹点效果如图 4-42 所示。

4.3.2　环形阵列

【环形阵列】指的是将图形按照阵列中心点和数目成"圆形"排列，以快速创建聚心结构图形。执行【环形阵列】命令主要有以下几种方法：

- 执行菜单栏中的【修改】/【阵列】/【环形阵列】命令。
- 单击【修改】工具栏或面板上的 ⊞ 按钮。
- 在命令行输入 Arraypolar 后按 Enter 键。
- 使用快捷键 AR。

下面通过典型实例学习【环形阵列】命令的使用方法和操作技巧。

【任务 11】：环形阵列图形。

Step 1　打开"\素材文件\4-4.dwg"文件，如图 4-43 所示。

Step 2　单击【修改】工具栏或面板上的 ⊞ 按钮，激活【环形阵列】命令，配合窗口选择功能对零件图进行环形阵列。命令行操作如下。

命令: _arraypolar

　　选择对象:　　　//拉出如图 4-44 所示的窗口选择框

　　选择对象:　　　// Enter

　　类型 = 极轴　关联 = 是

　　指定阵列的中心点或 [基点(B)/旋转轴(A)]:

　　　　　　　　　　//捕捉如图 4-45 所示的交点

　　输入项目数或 [项目间角度(A)/表达式(E)] <3>:

　　　　　　　　　　// 6 Enter

　　指定填充角度(+=逆时针、-=顺时针)或 [表达式(EX)] <360>:　　// Enter

　　按 Enter 键接受或 [关联(AS)/基点(B)/项目(I)/项目间角度(A)/填充角度(F)/行(ROW)/层(L)/旋转项目(ROT)/退出(X)] <退出>: // AS Enter，激活【关

联】选项

　创建关联阵列 [是(Y)/否(N)] <是>: 　//N Enter

　按 Enter 键接受或 [关联(AS)/基点(B)/行(R)/列(C)/层(L)/退出(X)] <退出>: 　　　//Enter，结束命令。

Step 3　图形的环形阵列结果如图 4-46 所示。

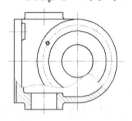
图 4-43　打开结果

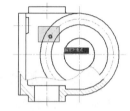
图 4-44　窗口选择

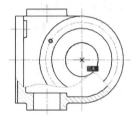
图 4-45　捕捉交点

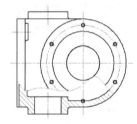
图 4-46　阵列结果

Step 4　使用快捷键"E"激活【阵列】命令，窗口选择如图 4-47 所示的图形进行删除，结果如图 4-48 所示。

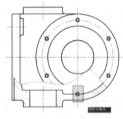
图 4-47　窗口选择

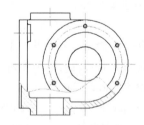
图 4-48　删除结果

📖 **参数设置**

● 【基点】选项用于设置阵列对象的基点；【旋转轴】选项用于指定阵列对象的旋转轴。

● 【总项目数】文本框用于输入环形阵列的数量。

● 【填充角度】文本框用于输入环形阵列的角度，正值为逆时针阵列，负值为顺时针阵列。

● 【项目间角度】选项用于设置阵列对象间的角度。另外，用户也可通过单击右侧按钮🔲，在绘图窗区中直接指定两点来定义角度。

4.3.3 路径阵列

　【路径阵列】命令用于将对象沿指定的路径或路径的某部分进行等距阵列，执行【环形阵列】命令主要有以下几种方法：

● 执行菜单栏中的【修改】/【阵列】/【路径阵列】命令。

● 单击【修改】工具栏或面板上的 🔗 按钮。

● 在命令行输入 Arraypath 后按 Enter 键。

● 使用快捷键 AR。

　下面通过典型实例学习【路径阵列】命令的使用方法和操作技巧。

　【任务 12】：路径阵列对象。

　Step 1　打开 "\素材文件\4-5.dwg"，如图 4-49 所示。

　Step 2　单击【修改】工具栏或面板上的 🔗 按钮，激活【路径阵列】命令，对零件图进行路径阵列。命令行操作如下。

命令: _arraypath

　选择对象: 　　　//窗口选择如图 4-50 所示的对象

　选择对象: 　　　// Enter

　类型 = 路径　关联 = 是

　选择路径曲线: 　//选择如图 4-51 所示的中心圆

　输入沿路径的项数或 [方向(O)/表达式(E)] <方向>: //28 Enter

　指定沿路径的项目之间的距离或 [定数等分(D)/总距离(T)/表达式(E)] <沿路径平均定数等分(D)>: 　　　　　　　　　// Enter

　按 Enter 键接受或 [关联(AS)/基点(B)/项目(I)/行(R)/层(L)/对齐项目(A)/Z 方向(Z)/退出(X)] <退出>: 　　　　　　　　//AS Enter，激活【关联】选项

　创建关联阵列 [是(Y)/否(N)] <是>: 　　//N Enter

　按 Enter 键接受或 [关联(AS)/基点(B)/项目(I)/行(R)/层(L)/对齐项目(A)/Z 方向(Z)/退出(X)] <退出>: 　　　　　　　　//Enter，结束命令。

　Step 3　路径阵列后的效果，如图 4-52 所示。

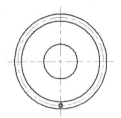

图 4-49   打开结果

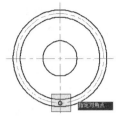

图 4-50   窗口选择

图 4-51   选择路径

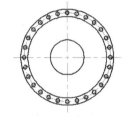

图 4-52   阵列结果

4.4 图形的基本编辑

这一节继续学习机械设计中各类基本几何图形的常规编辑技能和图形的修饰完善技能。

4.4.1 圆角与缩放图形

本小节主要学习【圆角】和【缩放】两个命令。

1. 圆角图形

【圆角】命令主要是使用一段圆弧光滑地连接两条图线。一般情况下，用于圆角的图线有直线、多段线、样条曲线、构造线、射线、圆弧和椭圆弧等。执行【圆角】命令主要有以下几种方法：

- 执行菜单栏中的【修改】/【圆角】命令。
- 单击【修改】工具栏或【面板】上的◯按钮。
- 在命令行输入 Fillet 后输入 Enter 键。
- 使用快捷键 F。

【任务 13】：圆角图形。

Step 1 打开 "\素材文件\4-6.dwg"，如图 4-53 所示。

Step 2 执行菜单栏中的【修改】/【圆角】命令，或单击【修改】工具栏或面板上的的◯按钮，激活【圆角】命令，对零件图进行圆角。命令行操作如下。

命令: _fillet

当前设置: 模式 = 修剪，半径 = 0

选择第一个对象或 [放弃(U)/多段线(P)/半径(R)/修剪(T)/多个(M)]: //r Enter，激活【半径】选项

指定圆角半径 <0>: //3 Enter，设置圆角半径

选择第一个对象或 [放弃(U)/多段线(P)/半径(R)/修剪(T)/多个(M)]:

//在如图 4-53 所示轮廓线 1 的右端单击

选择第二个对象，或按住 Shift 键选择对象以应用角点或 [半径(R)]:

//在如图 4-53 所示轮廓线 2 的左端单击，圆角结果如图 4-54 所示

Step 3 接下来重复执行【圆角】命令，圆角半径不变，分别对其他位置的外轮廓线进行圆角，命令行操作如下。

命令: _fillet

当前设置: 模式 = 修剪，半径 = 3

选择第一个对象或 [放弃(U)/多段线(P)/半径(R)/修剪(T)/多个(M)]: //M Enter

选择第一个对象或 [放弃(U)/多段线(P)/半径(R)/修剪(T)/多个(M)]:

//在如图 4-53 所示轮廓线 2 的右端单击

选择第二个对象，或按住 Shift 键选择对象以应用角点或 [半径(R)]:

//在如图 4-53 所示轮廓线 3 的下端单击

选择第一个对象或 [放弃(U)/多段线(P)/半径(R)/修剪(T)/多个(M)]:

//在如图 4-53 所示轮廓线 5 的左端单击

选择第二个对象，或按住 Shift 键选择对象以应用角点或 [半径(R)]:

//在如图 4-53 所示轮廓线 6 的下端单击

选择第一个对象或 [放弃(U)/多段线(P)/半径(R)/修剪(T)/多个(M)]:

//在如图 4-53 所示轮廓线 7 的左端单击

选择第二个对象，或按住 Shift 键选择对象以应用角点或 [半径(R)]:

//在如图 4-53 所示轮廓线 4 的下端单击

选择第一个对象或 [放弃(U)/多段线(P)/半径(R)/修剪(T)/多个(M)]:

//Enter，结束命令，圆角结果如图 4-55 所示

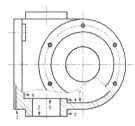

图 4-53　打开结果

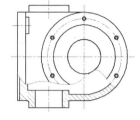

图 4-54　圆角结果

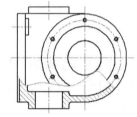

图 4-55　圆角结果

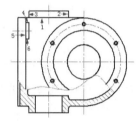

图 4-56　定位圆角对象

小技巧：【多个】选项用于为多个对象进行圆角处理，不需要重复执行命令。如果用于圆角的图线处于同一图层中，那么圆角也处于同一图层上；如果两圆角对象不在同一图层中，那么圆角将处于当前图层上。同样，圆角的颜色、线型和线宽也都遵守这一规则。

Step 4 重复执行【圆角】命令，设置圆角半径不变，在"不修剪"模式下继续对零件图进行圆角。命令行操作如下。

命令: _fillet

　　当前设置: 模式 = 修剪，半径 = 150

　　选择第一个对象或 [放弃(U)/多段线(P)/半径(R)/修剪(T)/多个(M)]: 　//t Enter

　　输入修剪模式选项 [修剪(T)/不修剪(N)] <修剪>:
　　　　　　　　　　　　　　　　　//N Enter

　　选择第一个对象或 [放弃(U)/多段线(P)/半径(R)/修剪(T)/多个(M)]: 　//m Enter

　　选择第一个对象或 [放弃(U)/多段线(P)/半径(R)/修剪(T)/多个(M)]:
　　　　　　//在如图 4-56 所示轮廓线 1 的右端单击

　　选择第二个对象，或按住 Shift 键选择对象以应用角点或 [半径(R)]:
　　　　　　//在如图 4-56 所示轮廓线 2 的下端单击

　　选择第一个对象或 [放弃(U)/多段线(P)/半径(R)/修剪(T)/多个(M)]:
　　　　　　//在如图 4-56 所示轮廓线 1 的左端单击

　　选择第二个对象，或按住 Shift 键选择对象以应用角点或 [半径(R)]:
　　　　　　//在如图 4-56 所示轮廓线 3 的下端单击

　　选择第一个对象或 [放弃(U)/多段线(P)/半径(R)/修剪(T)/多个(M)]:
　　　　　　//在如图 4-56 所示轮廓线 5 的上端单击

　　选择第二个对象，或按住 Shift 键选择对象以应用角点或 [半径(R)]:
　　　　　　//在如图 4-56 所示轮廓线 4 的左端单击

　　选择第一个对象或 [放弃(U)/多段线(P)/半径(R)/修剪(T)/多个(M)]:
　　　　　　//在如图 4-56 所示轮廓线 5 的下端单击

　　选择第二个对象，或按住 Shift 键选择对象以应用角点或 [半径(R)]:
　　　　　　//在如图 4-56 所示轮廓线 6 的左端单击

　　选择第一个对象或 [放弃(U)/多段线(P)/半径(R)/修剪(T)/多个(M)]:

　　//Enter，结束命令，圆角结果如图 4-57 所示。

Step 5 使用快捷键 "TR" 激活【修剪】命令，以刚圆角出的四条圆弧作为边界，对凸台轮廓线进行修剪完善，结果如图 4-58 所示。

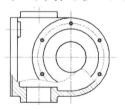

图 4-57　圆角结果

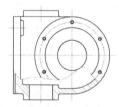

图 4-58　修剪结果

小技巧：当对平行线进行圆角操作时，与当前的圆角半径无关，圆角的结果就是使用一条半圆弧光滑连接平行线，半圆弧的直径为平行线之间的间距。

📖 选项解析

- 【半径】选项用于设置圆角半径。
- 【多段线】选项用于对多段线每相邻元素进行圆角处理。激活此选项后，AutoCAD 将以默认的圆角半径对整条多段线相邻各边进行圆角操作。
- 【多个】选项用于为多个对象进行圆角处理，不需要重复执行命令。
- 【修剪】选项用于设置圆角模式，即"修剪"和"不修剪"，"非修剪"模式下的圆角效果如图 4-59 所示。

图 4-59 非修剪模式下的圆角

> **小技巧**：用户也可通过系统变量 Trimmode 设置圆角的修剪模式，当系统变量的值设为 0 时，保持对象不被修剪；当设置为 1 时表示圆角后进行修剪对象。

2. 缩放图形

【缩放】命令用于将图形进行等比放大或等比缩小。此命令主要用于创建形状相同、大小不同的图形结构。执行【缩放】命令主要有以下几种方法：

- 执行菜单栏中的【修改】/【缩放】命令。
- 单击【修改】工具栏或面板上的 按钮。
- 在命令行输入 Scale 后输入 Enter 键。
- 使用快捷键 SC。
- 等比缩放对象

在等比例缩放对象时，如果输入的比例因子大于 1，对象将被放大；如果输入的比例小于 1，对象将被缩小。下面学习使用【缩放】命令。

【任务 14】：等比缩放对象。

Step 1 首先新建空白文件。

Step 2 使用快捷键"C"激活【圆】命令，绘制直径为 100 的圆图形，如图 4-60 所示。

Step 3 单击【修改】工具栏或面板上的

按钮，激活【缩放】命令，将圆图形等比缩放 0.5 倍。命令行操作如下。

命令：_scale
    选择对象：　　　　　//选择刚绘制的圆
    选择对象：　　　　　// Enter ，结束对象的选择
    指定基点：　　　　　//捕捉圆的圆心
    指定比例因子或 [复制(C)/参照(R)] <1.0000>：
                  //0.5 Enter ，输入缩放比例

Step 4 等比缩放结果如图 4-61 所示。

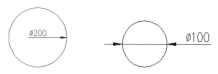

图 4-60 绘制圆　　　图 4-61 缩放圆

> **小技巧**：选择基点最好指定在对象的几何中心或对象的特殊点上，可用目标捕捉的方式来指定。

- 缩放复制对象

所谓"缩放复制对象"，指的就是在等比缩放对象的同时，将其进行复制，下面学习此种缩放复制功能。

【任务 15】：等比缩放对象。

Step 1 首先新建空白文件。

Step 2 绘制直径为 200 的圆，如图 4-60 所示。

Step 3 单击【修改】工具栏或面板上的 按钮，激活【缩放】命令，对圆图形进行缩放并复制。命令行操作如下。

命令：_scale
    选择对象：　　　　　//选择圆
    选择对象：　　　　　// Enter ，结束对象的选择
    指定基点：　　　　　//捕捉圆心
    指定比例因子或 [复制(C)/参照(R)] <1.0000>：
                  //c Enter
    缩放一组选定对象。
    指定比例因子或 [复制(C)/参照(R)] <0.6000>：
                  //1.5 Enter ，输入缩放比例

Step 4　缩放复制的结果如图 4-62 所示。

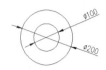

图 4-62　缩放复制示例

> **小技巧：**【参照】选项是使用参考值作为比例因子缩放对象，此选项需要用户分别指定一个参照长度和一个新长度，AutoCAD 将以参考长度和新长度的比值决定缩放的比例因子。

4.4.2　拉长与移动图形

本小节主要学习【拉长】和【移动】两个命令。

1. 拉长图形

【拉长】命令用于将对象进行拉长或缩短，在拉长的过程中，不仅可以改变线对象的长度，还可以更改弧对象的角度。执行【拉长】命令主要有以下几种方法：

- 执行菜单栏中的【修改】/【拉长】命令。
- 单击【常用】选项卡/【修改】面板上的 按钮。
- 在命令行输入 Lengthen 后输入 Enter 键。
- 使用快捷键 LEN。
- 增量拉长

所谓"增量"拉长，指的是按照事先指定的长度增量或角度增量，进行拉长或缩短对象，下面学习此种拉长方式。

【任务 16】：增量拉长对象。

Step 1　首先新建绘图文件。

Step 2　使用【直线】命令绘制长度为 200 的水平直线，如图 4-63（上）所示。

Step 3　执行菜单栏中的【修改】/【拉长】命令，将水平直线水平向右拉长 50 个单位。命令行操作如下。

命令：_lengthen

　　选择对象或 [增量(DE)/百分数(P)/全部(T)/动态

(DY)]:　　　　　　//DE Enter，激活【增量】选项

　　输入长度增量或 [角度(A)] <0.0000>:

　　　　　　　　　//50 Enter，设置长度增量

　　选择要修改的对象或 [放弃(U)]:

　　　　　　　　　//在直线的右端单击左键

　　选择要修改的对象或 [放弃(U)]:

　　　　　　　　　// Enter，退出命令

Step 4　拉长结果如图 4-63（下）所示。

> **小技巧：**如果把增量值设置为正值，系统将拉长对象；反之则缩短对象。

- 百分数拉长

所谓"百分数"拉长，指的是以总长的百分比值进行拉长或缩短对象，长度的百分数值必须为正且非零，下面学习此种拉长方式。

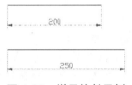

图 4-63　增量拉长示例

【任务 17】：百分数拉长对象。

Step 1　首先新建绘图文件。

Step 2　使用【直线】命令绘制任意长度的水平图线，如图 4-64（上）所示。

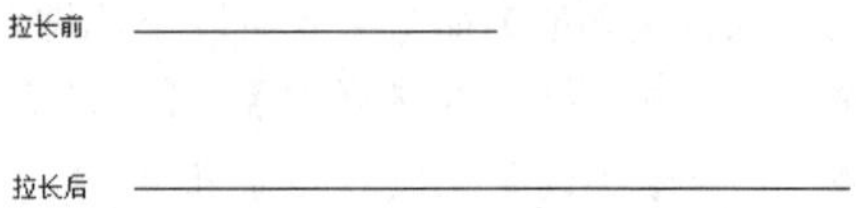

拉长前 ————————

拉长后 ————————————

图 4-64　百分比拉长示例

Step 3　执行菜单栏中的【修改】/【拉长】命令，将水平图线拉长 200%。命令行操作如下。

命令：_lengthen

　　选择对象或 [增量(DE)/百分数(P)/全部(T)/动态

(DY)]:　　　　//P Enter，激活【百分比】选项

　　输入长度百分数 <100.0000>:

　　　　　　　//200 Enter，设置拉长的百分比值

　　选择要修改的对象或 [放弃(U)]:

　　　　　　　//在线段的一端单击左键

选择要修改的对象或 [放弃(U)]:

　　// Enter，结束命令

Step 4　拉长结果如图 4-64（下）所示。

　　小技巧：当长度百分比值小于 100 时，将缩短对象；输入长度的百分比值大于 100 时，将拉伸对象。

● "全部"拉长

所谓"全部"拉长，指的是根据指定一个总长度或者总角度进行拉长或缩短对象，下面学习此种拉长方式。

【任务 18】：全部拉长对象。

Step 1　首先新建绘图文件。

Step 2　使用【直线】命令绘制任意长度的水平图线，如图 4-65（上）所示。

Step 3　执行菜单栏中的【修改】/【拉长】命令，将水平图线拉长为 500 个单位。命令行操作如下。

命令: _lengthen

　　选择对象或 [增量(DE)/百分数(P)/全部(T)/动态(DY)]:　　//T Enter，激活【全部】选项

　　指定总长度或 [角度(A)] <1.0000>:

　　　　//500 Enter，设置总长度

　　选择要修改的对象或 [放弃(U)]:

　　　　//在线段的一端单击左键

　　选择要修改的对象或 [放弃(U)]:

　　　　// Enter，退出命令

Step 4　结果源对象的长度被拉长为 500，如图 4-65（下）所示。

图 4-65　全部拉长示例

　　小技巧：如果原对象的总长度或总角度大于所指定的总长度或总角度，结果原对象将被缩短；反之，将被拉长。

● "动态"拉长

所谓"动态"拉长，指的是根据图形对象的端点位置动态改变被其长度。激活【动态】选项功能之后，AutoCAD 将端点移动到所需的长度或角度，另一端保持固定，如图 4-66 所示。

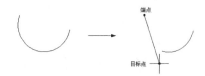

图 4-66　动态拉长

2. 移动图形

【移动】命令主要用于将图形从一个位置移动到另一个位置。执行【移动】命令主要有以下几种方法：

● 执行菜单栏中的【修改】/【移动】命令。

● 单击【修改】工具栏或面板上的 ✥ 按钮。

● 在命令行输入 Move 后输入 Enter 键。

● 使用快捷键 M。

在移动对象时，一般需要配合点的捕捉功能或坐标的输入功能，进行精确的移动对象，下面学习使用【移动】命令。

【任务 19】：移动对象。

Step 1　首先新建绘图文件。

Step 2　执行【矩形】和【直线】命令绘制如图 4-67 所示的矩形和直线。

图 4-67　定位基点

Step 3　单击【修改】工具栏或面板上的 ✥ 按钮，激活【移动】命令，对矩形进行位移。命令行操作如下。

命令: _move

　　选择对象:　　//单击如图 4-67 所示的矩形

　　选择对象:　　// Enter，结束对象的选择

　　指定基点或 [位移(D)] <位移>://捕捉直线的左端点

　　指定第二个点或 <使用第一个点作为位移>:

　　　　//捕捉直线的右端点

Step 4　位移结果如图 4-68 所示。

图 4-68　移动结果

4.4.3　光顺曲线

【光顺曲线】命令用于在两条选定的直线或曲线之间的间隙中创建样条曲线。有效的对象具体包括直线、圆弧、椭圆弧、螺旋、开放的多段线和开放的样条曲线等。执行【光顺曲线】命令主要有以下几种方法：

● 执行菜单栏中的【修改】/【光顺曲线】命令。

● 单击【修改】工具栏或面板上的 按钮。

● 在命令行输入 BLEND 按 Enter 键。

● 使用快捷键 BL。

使用【光顺曲线】命令在两图线之间创建样条曲线时，具体有两个过渡类型，分别是"相切"和"平滑"。下面通过实例学习使用【光顺曲线】命令。

【任务 20】：绘制光顺曲线。

Step 1　执行【新建】命令，快速创建空白文件。

Step 2　分别使用【直线】和【样条曲线】命令，绘制图 4-69 所示的直线和样条曲线。

图 4-69　绘制结果

Step 3　单击【修改】工具栏或面板上的 按钮，激活【光顺曲线】命令，在直线和样条曲线之间，创建一条过渡样条曲线。命令行操作如下。

命令：_BLEND

连续性 = 相切

选择第一个对象或 [连续性(CON)]：　//在直线的右上端点单击

选择第二个点：　//在样条曲线的左端单击，创建如图 4-70 所示的光顺曲线。

图 4-70　创建光顺曲线

小技巧：图 4-70 所示的光顺曲线是在"相切"模式下创建的一条 3 阶样条曲线（其夹点效果如图 4-71 所示），在选定对象的端点处具有相切（G1）连续性。

图 4-71　"相切"模式下的 3 阶光顺曲线

Step 4　重复执行【光顺曲线】命令，在"平滑"模式下创建一条 5 阶样条曲线。命令行操作如下。

命令：_BLEND

连续性 = 相切

选择第一个对象或 [连续性(CON)]：　//CON Enter

输入连续性 [相切(T)/平滑(S)] <切线>：　//S Enter，激活【平滑】选项

选择第一个对象或 [连续性(CON)]：　//在直线的右上端点单击

选择第二个点：//在样条曲线的左端单击，创建如图 4-72 所示的光顺曲线。

图 4-72　创建结果

小技巧：如果使用"平滑"选项，请勿将显示从控制点切换为拟合点。此操作将样条曲线更改为 3 阶，这会改变样条曲线的形状。

4.5　上机实训——绘制分流器零件二视图

1. 实训目的

本实训要求绘制分流器零件的主视图和俯视图，通过本例的操作，熟练掌握样板文件的调用

和作图辅助线的巧妙使用技能以及平行零件结构、对称零件结构和聚心零件结构的快速创建技能，具体实训目的如下。

- 掌握绘图样板文件的调用持能。
- 掌握平行图线的快速偏移和编辑技能。
- 掌握对称零件结构的快速创建技能。
- 掌握聚心结构和相同结构的快速创建技能。
- 掌握图案的填充和图形文件的存储技能。

2. 实训要求

首先调用绘图样板文件，并简单设置绘图环境，然后使用【构造线】和【偏移】、【修剪】、【镜像】等命令绘制主视图结构，使用【复制】、【环形阵列】、【图案填充】等命令绘制零件俯视图结构，并对二视图进行填充剖面线和完善中心线。在具体的绘制过程中，用户可结合本章相关知识，使用不同的方法进行练习。本例最终效果如图 4-73 所示。

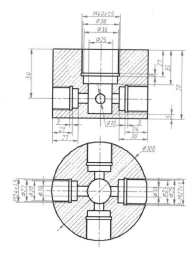

图 4-73 实体效果

具体要求如下。

（1）启动 AutoCAD 程序，并调用"机械样板.dwt"样板文件。

（2）设置视图高度、捕捉模式、当前图层以及线型比例等，使其满足绘图要求。

（3）根据图形相关尺寸要求，使用【构造线】、【偏移】、【圆角】命令绘制主视图外部结构。

（4）综合使用【偏移】、【修剪】、【镜像】等命令绘制主视图同部结构。

（5）综合使用【圆】、【复制】、【环形阵列】等命令绘制零件俯视图结构。

（6）综合使用【构造线】、【偏移】、【修剪】等命令绘制并完善零件中心线。

（7）最后使用【图案填充】命令绘制二视图剖面线并将图形命名保存。

3. 完成实训

样板文件：	样板文件\机械样板.dwt
效果文件：	效果文件\第 4 章\绘制分流器零件二视图.dwg
视频文件：	视频文件\第 4 章\\绘制分流器零件二视图. avi

Step 1 执行【新建】命令，调用"\样板文件\机械样板.dwt"。

Step 2 执行菜单栏中的【视图】/【缩放】/【圆心】命令，将视图高度调整为 250 个单位。命令行操作如下。

命令:'_zoom

　　指定窗口的角点，输入比例因子 (nX 或 nXP)，或者[全部(A)/中心(C)/动态(D)/范围(E)/上一

　　　　个(P)/比例(S)/窗口(W)/对象(O)] <实时>:_c

　　指定中心点:　　　　　//在绘图区拾取一点

　　输入比例或高度 <1040.6382>:　　　//250 Enter

Step 3 打开【对象捕捉】功能，并展开【图层】工具栏上的【图层控制】下拉列表，将"中心线"设置为当前图层，如图 4-74 所示。

Step 4 执行菜单栏中的【格式】/【线型】命令，在打开的【线型管理器】对话框中设置线型比例，如图 4-75 所示。

图 4-74 设置当前图层

图 4-75　设置线型比例

Step 5　使用快捷键"XL"激活【构造线】命令，绘制相互垂直的两条构造线作为定位基准线。

Step 6　打开线宽的显示功能，并展开【图层控制】下拉列表，将"轮廓线"设置为当前图层。

Step 7　单击【修改】工具栏或面板上的 ⬚ 按钮，激活【偏移】命令，将水平构造线向下偏移 20、向上偏移 50；将垂直构造线向右偏移 50，并将偏移出的构造线放到"轮廓线"图层上，结果如图 4-76 所示。

　　小技巧：在偏移对象时，可以使用命令中的【图层】选项，更改偏移对象的图层模式为"当前"，这样偏移出的对象将自动处在当前图层上，并继续当前图层的一切特性。

Step 8　执行菜单栏中的【修改】/【圆角】命令，将圆角半径设置为 0，对偏移出的构造线进行编辑。结果如图 4-77 所示。

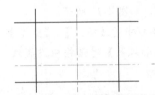　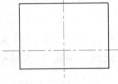

图 4-76　偏移构造线　　　图 4-77　圆角结果

Step 9　关闭线宽的显示功能，然后执行【偏移】命令，将垂直构造向右偏移 12.5、18、19 和 20 个绘图单位，结果如图 4-78 所示。

Step 10　单击【修改】工具栏或【面板】上的 ⬚ 按钮，激活【复制】命令，对上侧的水平

轮廓线进行复制，命令行操作如下。

命令: _copy

选择对象:　　　　　　　 //选择最上侧的水平轮廓线

选择对象:　　　　　　 // Enter ，结束选择

当前设置:　复制模式 = 多个

指定基点或 [位移(D)/模式(O)] <位移>:

　//捕捉任一点作为基点

指定第二个点或 [阵列(A)] <使用第一个点作为位移>:　//@0,-24 Enter

指定第二个点或 [阵列(A)/退出(E)/放弃(U)] <退出>:　//@0,-27 Enter

指定第二个点或 [阵列(A)/退出(E)/放弃(U)] <退出>:　//@0,-35 Enter

指定第二个点或 [阵列(A)/退出(E)/放弃(U)] <退出>:　//@0,-65 Enter

指定第二个点或 [阵列(A)/退出(E)/放弃(U)] <退出>:　// Enter ，复制结果如图 4-79 所示。

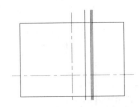　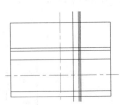

图 4-78　偏移结果　　　图 4-79　复制结果

Step 11　使用快捷键"TR"激活【修剪】命令，对偏移出的轮廓线进行修剪编辑，结果如图 4-80 所示。

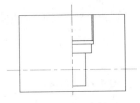

图 4-80　修剪结果

Step 12　单击【绘图】工具栏或面板上的 ⬚ 按钮，激活【打断于点】命令，将垂直轮廓线 L 进行打断，断点为 A，如图 4-81 所示。

Step 13　在无命令执行的前提下夹点显示打断后的轮廓线，如图 4-82 所示，然后展开【图层控制】下拉列表，修改其图层为"细实线"。

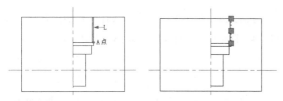

图 4-81　打断于点　　　图 4-82　夹点显示

Step 14　使用快捷键"C"激活【圆】命令，配合交点捕捉功能绘制半径为 5 的轮廓圆，绘制结果如图 4-83 所示。

Step 15　单击【修改】工具栏或面板上的 ⚏ 按钮，激活【镜像】命令，对内部的图线进行镜像，结果如图 4-84 所示。

Step 16　使用快捷键"O"激活【偏移】命令，将水平构造线向下偏移 5、10、11 和 12 个绘图单位，结果如图 4-85 所示。

Step 17　重复执行【偏移】命令，将两侧的垂直轮廓线向内偏移 18、21 和 27 个绘图单位，结果如图 4-86 所示。

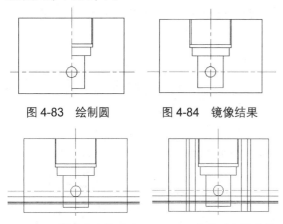

图 4-83　绘制圆　　　图 4-84　镜像结果

图 4-85　偏移水平构造线　图 4-86　偏移垂直轮廓线

Step 18　使用快捷键"TR"激活【修剪】命令，对偏移出的图形进行修剪，结果如图 4-87 所示。

Step 19　单击【绘图】工具栏上的 ⚏ 按钮，激活【打断于点】命令，将水平轮廓线 1 和 2 进行打断，断点为 A 和 B，如图 4-88 所示。

Step 20　夹点显示打断后的轮廓线 1 和 2，将其放到"细实线"图层上。

Step 21　单击【修改】工具栏上的 ⚏ 按钮，选择如图 4-89 所示的轮廓线进行镜像，镜像结果

如图 4-90 所示。

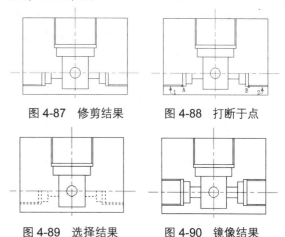

图 4-87　修剪结果　　　图 4-88　打断于点

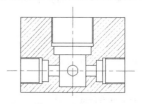

图 4-89　选择结果　　　图 4-90　镜像结果

Step 22　将"剖面线"设置为当前图层，然后使用快捷键"H"激活【图案填充】命令，以默认参数为主视图填充 ANSI31 图案，结果如图 4-91 所示。

图 4-91　填充结果

Step 23　将"中心线"设置为当前图层，然后执行【构造线】命令，在主视图的下侧绘制一条水平构造线，以定位俯视图，如图 4-92 所示。

Step 24　将"轮廓线"设置为当前图层，然后根据视图间的对正关系，使用【构造线】命令绘制如图 4-93 所示的垂直轮廓线。

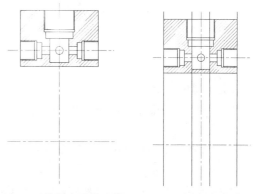

图 4-92　绘制水平构造线　图 4-93　绘制垂直构造线

Step 25 使用快捷键 "C" 激活【圆】命令，配合交点捕捉功能绘制如图 4-94 所示的同心轮廓圆。

Step 26 使用快捷键 "E" 激活【删除】命令，删除四条垂直的构造线，结果如图 4-95 所示。

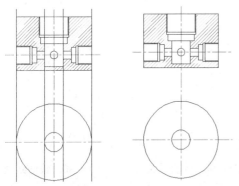

图 4-94 绘制同心圆　图 4-95 删除垂直构造线

Step 27 使用快捷键 "CO" 激活【复制】命令，选择如图 4-96 所示的结构复制到俯视图中，复制结果如图 4-97 所示。

Step 28 综合使用【修剪】和【延伸】命令，对复制出的轮廓线进行修剪和延伸，结果如图 4-98 所示。

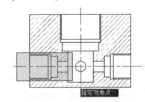

图 4-96 窗口选择　图 4-97 复制结果

Step 29 单击【修改】工具栏或面板上的 按钮，激活【环形阵列】命令，对零件图内部的结构进行环形阵列。命令行操作如下。

命令: _arraypolar

　选择对象:　　//选择如图 4-99 所示的对象

　选择对象:　　// Enter

　类型 = 极轴　关联 = 是

　指定阵列的中心点或 [基点(B)/旋转轴(A)]: // 捕捉同心圆的圆心

　输入项目数或 [项目间角度(A)/表达式(E)] <3>:
　　　　　　　//4 Enter

　指定填充角度(+=逆时针、-=顺时针)或 [表达式(EX)] <360>:　// Enter

按 Enter 键接受或 [关联(AS)/基点(B)/项目(I)/项目间角度(A)/填充角度(F)/行(ROW)/层(L)/旋转项目(ROT)/退出(X)] <退出>:
　　　// AS Enter，激活【关联】选项

创建关联阵列 [是(Y)/否(N)] <是>:　　//N Enter

按 Enter 键接受或 [关联(AS)/基点(B)/行(R)/列(C)/层(L)/退出(X)] <退出>:
　　　// Enter，结束命令，阵列结果如图 4-100 所示。

Step 30 展开【图层】工具栏中的【图层控制】下拉列表，将"剖面线"设置为当前层。

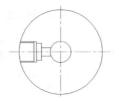

图 4-98 编辑结果　　图 4-99 选择阵列对象

Step 31 使用快捷键 "H" 激活【图案填充】命令，设置填充图案与参数如图 4-101 所示，对俯视图进行填充，填充结果如图 4-102 所示。

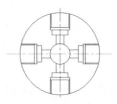

图 4-100 阵列结果

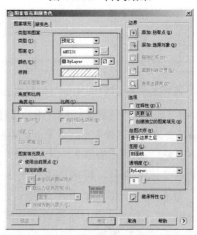

图 4-101 设置填充参数

Step 32 使用快捷键 "O" 激活【偏移】

命令，将零件主视图和俯视图外轮廓线分别向外偏移 6 个绘图单位，作为辅助线，如图 4-103 所示。

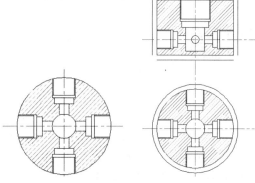

图 4-102　填充结果　　　图 4-103　偏移结果

Step 33　执行【修剪】命令，以偏移出的图线作为边界，对构造线进行修剪，将其转化为图形中心线，修剪结果如图 4-104 所示。

Step 34　使用快捷键 "E" 激活【删除】命令，删除偏移出的轮廓线，并打开线宽的显示功能，最终结果如图 4-105 所示。

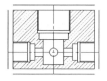
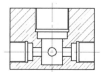

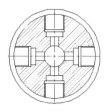
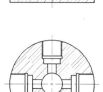

图 4-104　修剪结果　　　图 4-105　最终结果

Step 35　最后执行【保存】命令，将图形命名存储为 "绘制分流器零件二视图.dwg"。

4.6　课后练习

1. 填空题

（1）AutoCAD 为用户提供了三种绘制正多边形的方法，分别是（　　　）、（　　　）和（　　　）。

（2）（　　　）命令可以将图形按指定的行数和列数进行均布排列；（　　　）命令可以将图形按指定的中心点和阵列的数目成弧形或环形排列；（　　　）命令可以将对象沿指定的路径或路径的某部分进行等距阵列。

（3）使用（　　　）命令，绘制出的图线只能作为辅助线使用，不能作为图形的轮廓线，但是可以将其编辑为图形轮廓线。

（4）AutoCAD 共为用户提供了（　　　）、（　　　）和（　　　）三种图案填充类型，在具体为边界填充图案填充时，边界的拾取主要有（　　　）和（　　　）两种方式。

（5）在旋转图形时，常用的旋转方式有（　　　）和（　　　）两种；在缩放图形时，常用的两种方式有（　　　）和（　　　）。

（6）使用【缩放】命令中的（　　　）选项功能，可以在缩放图形的同时将源图形复制。

2. 实训操作题

绘制如图 4-106 所示的塔轮零件二视图。

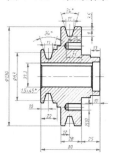
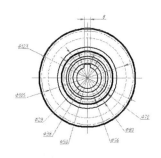

图 4-106　操作题

第5章

绘制机械零件轴测图

📖 **学习目标**

本章通过绘制某零件正等轴测图，使大家掌握轴测图环境的设置、等轴测面的切换、轴测圆、轴测圆弧的绘制以及根据零件二视图和三视图绘制零件轴测图的方法和技术要领，培养大家绘制零件轴测图的能力。

📖 **学习重点**

掌握轴测环境的设置与轴测面的切换技能、掌握椭圆、轴测圆、椭圆弧的绘制技能以及对象的夹点编辑技能。

📖 **主要内容**

- 设置轴测绘图环境
- 绘制椭圆
- 绘制轴测圆
- 绘制椭圆弧
- 夹点编辑
- 根据零件二视图绘制轴测图
- 根据零件三视图绘制轴测图

5.1 关于机械零件轴测图

5.1.1 什么是机械零件轴测图

"轴测图"是一种在二维空间内快速表达三维形体的最简单方法，通过轴测图，可以快速获得物体的外形特征信息，进一步了解产品的设计。

"轴测图"分为正轴测图和斜轴测图两大类，每类按轴向变形系数又分为三种，即正等轴测图、正二轴测图、正三轴测图、斜等轴测图、斜二轴测图和斜三轴测图。国家标准规定，轴测图一般采用正等轴测图、正二等轴测和斜二等轴测图三种类型，必要时允许使用其他类型的轴测图。

5.1.2 机械零件轴测图的绘制方法

绘制轴测图，一般有以下几种方法：

第一，坐标法。对于完整的立体，可采用沿坐标轴方向测量，按坐标轴画出各顶点位置，然后连线绘图，这种绘制轴测图的方法称之为坐标法。

第二，切割法。对于不完整的立体，可先画出完整形体的轴测图，然后再利用切割的方法画出不完整的部分。

第三，组合法。对于较复杂的形体，可将其分成若干个基本形状，在相应位置上逐个画出，然后将各部分形体组合起来。

5.2 轴测图绘图基础

在绘制零件轴测图之前，本节首先学习轴测环境的设置技能；学习椭圆、椭圆弧以及轴测圆的绘制技能等。

5.2.1 设置轴测环境

轴测图必须在轴测图专用的绘图环境下进行绘制。下面介绍轴测图绘图环境的设置和等轴测面的切换方法。

【任务1】：设置轴测图环境。

Step 1　新建绘图文件。

Step 2　执行菜单栏中的【工具】/【草图设置】命令，打开【草图设置】对话框。

Step 3　在【草图设置】对话框中展开【捕捉与栅格】选项卡，在【捕捉类型和样式】选项组中，勾选【等轴测捕捉】单选项，如图 5-1 所示。

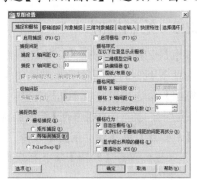

图 5-1　设置轴测图环境

Step 4　单击 确定 按钮关闭对话框，完成轴测图环境的设置。

AutoCAD 为用户提供了三种等轴测平面，分别是"俯视等轴测平面、右视等轴测平面和左视等轴测平面"，下面学习轴测平面的具体切换技能。

【任务2】：切换等轴侧面。

Step 1　新建绘图文件并设置等轴测绘图环境。

Step 2　按下键盘上的 F5 功能键，可将当前轴测面切换为 <等轴测平面 俯视>，如图 5-2 所示。

Step 3　连续按下 F5 功能键，可将当前轴测面切换为 <等轴测平面 右视>，如图 5-2 所示。

Step 4　连续按下 F5 功能键，可将当前轴测面切换为 <等轴测平面 左视>，如图 5-2 所示。

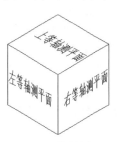

图 5-2　等轴测面

小技巧：另外，用户也可能通过按下键盘上的 Ctrl+F5 功能键，在"<等轴测平面 俯视>"、"<等轴测平面 右视>"和"<等轴测平面 左视>"三种等轴测面中进行切换。

5.2.2 绘制椭圆

椭圆也是一种较为常用的二维几何图元，该图元是由两条不等的椭圆轴所控制的闭合曲线，执行【椭圆】命令主要有以下几种方法：

- 菜单栏：执行菜单栏中的【绘图】/【椭圆】/【中心点】或【轴、端点】命令。
- 工具栏：单击【绘图】工具栏或面板上的 ⬭ 按钮。
- 命令行：在命令行输入 Ellipse 后按 Enter 键。
- 快捷键：使用快捷键 EL。

 小技巧：系统变量 "Pellipse" 决定椭圆的类型。当该变量为 0 即默认值时，绘制的椭圆是真正的椭圆；当变量为 1 时，绘制由多段线表示的椭圆

下面学习椭圆的几种绘制方法。

1. "轴端点"式画椭圆

所谓"轴端点"方式就是分别指定椭圆轴的两个端点，然后给出椭圆另一条轴的半长，即可精确绘制椭圆，下面学习此种方式。

【任务3】：绘制水平长轴为 400、短轴为 240 的椭圆。

Step 1 新建绘图文件。

Step 2 单击【绘图】工具栏或面板上的 ⬭ 按钮，激活【椭圆】命令。

Step 3 在命令行"指定椭圆的轴端点或 [圆弧(A)/中心点(C)]:"提示下，在绘图区单击左键拾取一点，作为轴的一个端点。

 小技巧：在命令的操作提示中，有两个选项，其中"圆弧"选项用于绘制椭圆弧；而"中心点"选项则是另外一种画椭圆的方式。

Step 4 在"指定轴的另一个端点:"提示下，输入 "@400,0"并按 Enter 键，定位轴的另一个端点。

Step 5 在"指定另一条半轴长度或 [旋转(R)]:"提示下，输入 120 并按 Enter 键，定位另一条轴的半长，绘制结果如图 5-3 所示。

2. "中心点"式画椭圆

"中心点"式是另外一种绘制椭圆的方式，即首先定位椭圆的中心，然后再指定椭圆轴的一个端点和椭圆另一半轴的长度，下面学习此种方式。

【任务4】：现假设以刚绘制的椭圆中心点作为中心，绘制长轴为 240、短轴为 150 的椭圆。

Step 1 单击【绘图】工具栏或面板上的 ⬭ 按钮，激活【椭圆】命令。

Step 2 在"指定椭圆的轴端点或 [圆弧(A)/中心点(C)]:"提示下，输入 c 并按 Enter 键，激活【中心点】选项。

Step 3 在"指定椭圆的中心点:"提示下，捕捉刚绘制的椭圆的圆心，如图 5-4 所示。

Step 4 在"指定轴的端点:"提示下，输入 @0,120，并按 Enter 键。

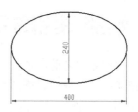

图 5-3 "轴端点"示例

Step 5 在"指定另一条半轴长度或 [旋转(R)]:"提示下，输入 75 并按 Enter 键，绘制结果如图 5-5 所示。

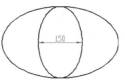

图5-4　定位中心点　　图5-5　"中心点"示例

小技巧：【旋转】选项是以椭圆的短轴和长轴的比值，把一个圆绕定义的第一轴旋转成椭圆。激活此选项后系统出现以下两个子选项：其中"参数"用于确定椭圆弧的起始角；"包含角度（I）"用于指定椭圆弧包含角的大小。

5.2.3　绘制轴测圆

使用【椭圆】命令也可以绘制等轴测圆，只不过需要将当前的绘图环境设置为"等轴测捕捉"，系统才会显示出【椭圆】命令中的【等轴测圆】选项功能。下面学习轴测圆的绘制技能。

【任务 5】：在俯视等轴测平面内绘制半径为 100 的等轴测圆。

Step 1　新建绘图文件。

Step 2　执行菜单栏中的【草图设置】命令，设置"等轴测捕捉"绘图环境。

Step 3　按下 F5 功能键，将轴测面切换为<等轴测平面俯视>。

Step 4　单击【绘图】工具栏或面板上的⬭按钮，激活【椭圆】命令，根据命令行的提示绘制轴测圆。命令行操作如下。

命令: _ellipse
　　指定椭圆轴的端点或 [圆弧(A)/中心点(C)/等轴测圆(I)]:　　//I Enter，激活【等轴测圆】选项
　　指定等轴测圆的圆心: //拾取一点作为圆心
　　指定等轴测圆的半径或 [直径(D)]:　　//100 Enter，绘制结果如图5-6所示。

Step 5　按下 F5 功能键将当前轴测面切换为<等轴测平面　左视>。

Step 6　单击【绘图】工具栏或面板上的⬭按钮，重复执行【椭圆】命令，绘制半径为 100

的同心轴测圆。命令行操作如下。

命令: _ellipse
　　指定椭圆轴的端点或 [圆弧(A)/中心点(C)/等轴测圆(I)]:　　//I Enter
　　指定等轴测圆的圆心: //捕捉刚绘制的轴测圆圆心
　　指定等轴测圆的半径或 [直径(D)]:　　//100 Enter，结束命令。

Step 7　按下 F5 功能键将当前轴测面切换为<等轴测平面　右视>。

Step 8　重复执行【椭圆】命令，绘制半径为 100 的同心轴测圆，绘制结果如图5-7所示。

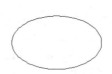

图5-6　绘制轴测圆　　图5-7　绘制轴测圆

5.2.4　绘制椭圆弧

【椭圆弧】命令专用于绘制一定角度的椭圆弧。在 AutoCAD 中，绘制椭圆弧一般有以下两种方法，第一种方法就是使用【椭圆】命令中的"圆弧"选项，第二种方法就是使用【椭圆弧】命令。执行【椭圆弧】命令主要有以下方法。

● 菜单栏：执行菜单栏中的【绘图】/【椭圆】/【圆弧】命令。

● 工具栏：单击【绘图】工具栏或面板上的⟳按钮。

【任务 6】：绘制长轴为 200、短轴为 100、角度为 150 的椭圆弧。

Step 1　单击【绘图】工具栏或面板上的⬭按钮，激活【椭圆】命令。

Step 2　在"指定椭圆的轴端点或 [圆弧(A)/中心点(C)]: _a 指定椭圆弧的轴端点或 [中心点(C)]:"提示下，在适当位置单击拾取一点。

Step 3　在"指定轴的另一个端点:"提示下，输入@200,0并按 Enter 键。

Step 4　在"指定另一条半轴长度或 [旋转(R)]:"提示下，输入 50 按 Enter 键。

Step 5 在"指定起始角度或 [参数(P)]:"提示下，输入 0 按 Enter 键，指定弧的起始角度。

Step 6 在"指定终止角度或 [参数(P)/包含角度(I)]:"提示下，输入 150 按 Enter 键，指定弧的终止角度，绘制结果如图 5-8 所示。

图 5-8　绘制椭圆弧

> **小技巧:** 当为椭圆弧指定起始角和终止角之后，椭圆弧的角度就是终止角和起始角的差值。另外，AutoCAD 是按照逆时针方向绘制椭圆弧的。

5.3 夹点编辑

这一节继续学习图形的另一种编辑功能，即夹点编辑。

1. 夹点与夹点编辑

在没有任何命令执行的前提下选择图形，此时图形上会显示出一些蓝色实心的小方框，如图 5-9 所示，这些蓝色小方框即为图形的夹点，不同的图形结构，其夹点个数及位置也会不同，如线和弧上的端点、中点；圆和椭圆上的象限点和圆心；文字和图块的插入点等。

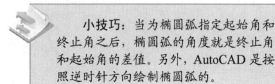

图 5-9　图形的夹点

"夹点编辑"功能就是将多种修改工具组合在一起，通过编辑图形上的这些夹点，来达到快速编辑图形的目的。用户只需单击图形上的任何

一个夹点，即可进入夹点编辑模式，此时所单击的夹点以"红色"亮显，称之为"热点"或者是"夹基点"。如图 5-10 所示。

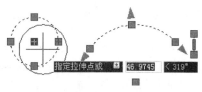

图 5-10　热点

2. 使用夹点编辑功能编辑图形

当进入夹点编辑模式后，在绘图区单击右键，可打开夹点编辑菜单，如图 5-11 所示。用户可以在夹点快捷菜单中选择一种夹点模式或在当前模式下可用的任意选项。

图 5-11　夹点编辑菜单

此夹点菜单中共有两类夹点命令，第一类夹点命令为一级修改菜单，包括【拉伸】、【移动】、【旋转】、【缩放】、【镜像】命令，用户可以通过执行菜单栏中的中的各修改命令进行编辑。

> **小技巧:** 夹点编辑菜单中的【移动】、【旋转】等功能与【修改】工具栏上的【移动】、【旋转】等功能是一样的，在此不再细述。

第二类夹点命令为二级选项菜单。如【基点】、【复制】、【参照】、【放弃】等，不过这些选项菜单在一级修改命令的前提下才能使用。

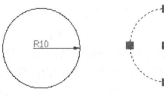

小技巧：如果用户要将多个夹点作为夹基点，并且保持各选定夹点之间的几何图形完好如初，需要在选择夹点时按住 Shift 键再单击各夹点使其变为夹基点；如果要从显示夹点的选择集中删除特定对象也要按住 Shift 键。

除了使用夹点编辑命令编辑图形之外，当进入夹点编辑模式后，在命令行输入各夹点命令及各命令选项，也可以夹点编辑图形。另外，用户也可以通过连续敲击 Enter 键，系统即可在【移动】、【旋转】、【缩放】、【镜像】、【拉伸】这五种命令及各命令选项中循环执行。

3. 夹点编辑示例

下面通过将一个半径为 10 的圆快速编辑成一组同心圆，学习使用夹点编辑功能。具体操作步骤如下。

【**任务7**】：绘制一组同心圆。

Step 1　新建绘图文件。

Step 2　使用快捷键 "C" 激活【圆】命令，绘制半径为 10 的圆，如图 5-12 所示。

Step 3　在无任何命令执行的前提下选择刚绘制的圆图形，使其夹点显示，如图 5-13 所示。

Step 4　单击圆心位置的夹点使其变为热点，进入夹点编辑模式，此时夹点由蓝色变为红色。

Step 5　单击鼠标右键，选择右键菜单中的【缩放】命令，如图 5-14 所示，激活夹点缩放工具。

Step 6　在 "****比例缩放****　指定比例因子或 [基点(B)/复制(C)/放弃(U)/参照(R)/退出(X)]:" 提示下，输入 C 敲击 Enter 键，激活复制选项。

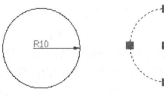

图 5-12　绘制圆　　图 5-13　夹点显示

Step 7　当激活复制选项后，根据 AutoCAD 命令行的操作提示，进行夹点缩放和复制对象。

　　** 比例缩放 (多重) **

指定比例因子或 [基点(B)/复制(C)/放弃(U)/参照(R)/退出(X)]:　　　//0.5 Enter

　　** 比例缩放 (多重) **

指定比例因子或 [基点(B)/复制(C)/放弃(U)/参照(R)/退出(X)]:　　　//1.5 Enter

　　** 比例缩放 (多重) **

指定比例因子或 [基点(B)/复制(C)/放弃(U)/参照(R)/退出(X)]:　　　//2 Enter

　　** 比例缩放 (多重) **

指定比例因子或 [基点(B)/复制(C)/放弃(U)/参照(R)/退出(X)]:　　　//3 Enter

　　** 比例缩放 (多重) **

指定比例因子或 [基点(B)/复制(C)/放弃(U)/参照(R)/退出(X)]:

// Enter，退出命令，夹点编辑结果如图 5-15 所示。

 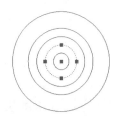

图 5-14　激活夹点缩放功能　图 5-15　夹点编辑结果

Step 8　最后按下键盘上的 Esc 键取消对象的夹点显示。

4. 设置图形的夹点

图形的夹点是在【选项】对话框中设置的。执行菜单栏中的【工具】/【选项】命令，即可打开【选项】对话框，在【选项】对话框中展开【选择集】选项卡，如图 5-16 所示。

● 【夹点尺寸】选项组用于控制夹点框的大小尺寸，用户只需移动其右侧的滑块即可改变夹点框的尺寸。

小技巧：另外用户也可以使用系统变量 Gripsize 进行设置夹点的大小尺寸。

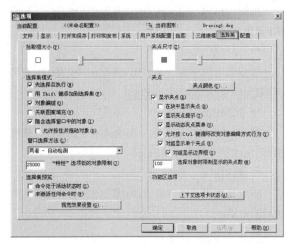

图 5-16 【选项】对话框

- 【夹点】选项组用于设置未选中夹点时、选中夹点时、悬停夹点时的颜色以及对象夹点的显示等。

- 【显示夹点】复选框用于启动夹点，即在选择对象后以显示夹点。用户也可使用变量 Grips 控制选项的开启状态。

> **小技巧**：当 Grips=1 时，显示对象的夹点；当 Grips=0 时，此功能关闭，在选择对象后不显示对象的夹点。

- 【在块中显示夹点】复选框用于控制在选中块后，如何在块上显示夹点。如果激活此选项，AutoCAD 将显示块中每个对象的所有夹点；如果不选择此选项，AutoCAD 将在块的插入点位置显示一个夹点。

> **小技巧**：用户可通过系统变量 Gripblock 控制块中夹点的分配，当 Gripblock 设为 1 时，此选项被激活，夹点被分配给块中的所有对象；当 Gripblock 设为 0 时，此选项被关闭，系统只为块的插入点分配一个夹点。

5.4 上机实训

5.4.1 【实训 1】根据零件二视图绘制轴测图

1. 实训目的

本实训要求根据如图 5-17 所示的零件二视图，绘制零件的正等轴测图，通过本例的操作熟练掌握等轴测绘图环境的设置、相对极坐标的精确输入、等轴测面的切换以及轴测面轮廓结构的绘制技能，具体实训目的如下。

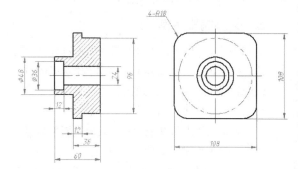

图 5-17 零件二视图

- 掌握绘图样板文件的调用技能。
- 掌握等轴测绘图环境的设置技能。
- 掌握相对极坐标点的精确输入技能。
- 掌握轴测平面的切换和轴测结构的绘制技能。
- 掌握轴测圆和轴测线的绘制技能。

2. 实训要求

本例绘制的零件轴测图包括两部分，一部分是零件轴测图，另一部分是零件轴侧剖视图。在绘制时首先需要设置轴测图环境，然后根据零件二视图尺寸，在<等轴侧平面 俯视>轴侧面内绘制作图辅助线，再根据零件各部分所标注的尺寸，在其他相关轴测平面内绘制出零件轴测图，最后根据零件剖视图的剖切要求绘制剖切面，然后综合运用修剪、删除、图案填充等命令进行完善，完成零件轴侧剖视图的绘制。本例最终效果如图 5-18 所示。

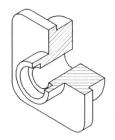

图 5-18　实例效果

具体要求如下。

（1）启动 AutoCAD 程序，并调用"机械样板.dwt"样板文件。

（2）设置等轴测绘图环境和对象捕捉模式、当前设置层、当前轴测面等。

（3）根据零件二视图中的相关尺寸要求，使用【直线】、【复制】等命令绘制轴测图定位辅助线。

（4）根据零件二视图中的相关尺寸要求，使用【椭圆】、【复制】并配合【正交】、相对极坐标等功能命令绘制零件轴测图。

（5）综合使用【复制】、【多段线】、【修剪】、【删除】、【图案填充】等命令绘制零件的轴测剖视图。

（6）最后使用【保存】命令将绘制的图形命名保存。

3. 完成实训

素材文件：	样板文件\机械样板.dwt
效果文件：	效果文件\第 5 章\根据零件二视图绘制轴测图.dwg
视频文件：	视频文件\第 5 章\根据零件二视图绘制轴测图.avi

调用样板并设置绘图环境。

Step 1　执行【新建】命令，调用"\样板文件\机械样板.dwt"。

Step 2　在状态栏上的□按钮上单击右键，选择【设置】选项，打开【草图设置】对话框，然后展开【捕捉和栅格】选项卡，勾选【等轴侧捕捉】选项，设置轴测图绘图环境。

Step 3　展开【对象捕捉】选项卡，勾选"启用对象捕捉"选项，然后设置"端点"、"圆心"和"交点"捕捉，如图 5-19 所示。

图 5-19　设置捕捉模式

Step 4　展开【图层】工具栏上的【图层控制】下拉列表，将"中心线"层设置为当前图层，如图 5-20 所示。

图 5-20　设置当前层

Step 5　然后激活状态栏上的▨按钮，打开【正交】功能。

Step 6　按下键盘上的 F5 功能键，将当前轴测平面切换为 <等轴测平面 俯视>，然后使用【直线】命令绘制如图 5-21 所示的定位辅助线。

图 5-21　绘制辅助线

Step 7　执行菜单栏中的【修改】/【复制】命令，选择如图 5-22 所示的辅助线进行复制。命令行操作如下。

命令：_copy

　　选择对象： //选择图 5-22 所示的辅助线

　　选择对象： // Enter ，结束对象的选择

　　当前设置： 复制模式 = 多个

　　指定基点或 [位移(D)/模式(O)] <位移>://捕捉辅助线的交点

　　指定第二个点或 [阵列(A)] <使用第一个点作为位

移>: //@60<30 Enter

指定第二个点或 [阵列(A)/退出(E)/放弃(U)] <退出>: // Enter，复制结果如图 5-23 所示。

Step 8 敲击 F5 功能键，将当前轴测面切换为 <等轴测平面 左视>，然后配合交点捕捉和正交功能，绘制如图 5-24 所示的两条垂直辅助线。

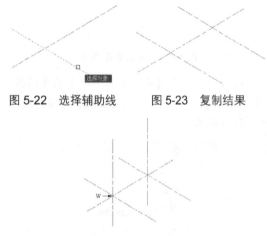

图 5-22 选择辅助线　　图 5-23 复制结果

图 5-24 绘制垂直辅助线

绘制零件正等轴测图。

Step 9 展开【图层】工具栏上的【图层控制】下拉列表，将"轮廓线"设置为前图层。

Step 10 单击【绘图】工具栏或面板上的按钮，激活【椭圆】命令，以图 5-24 所示的交点 W 为圆心，绘制同心轴测圆。命令行操作如下。

命令: _ellipse

指定椭圆轴的端点或 [圆弧(A)/中心点(C)/等轴测圆(I)]: //i Enter

指定等轴测圆的圆心://捕捉图 5-24 所示的交点 W

指定等轴测圆的半径或 [直径(D)]://d Enter，激活【直径】选项

指定等轴测圆的直径: //48 Enter，绘制结果如图 5-25 所示

命令: // Enter，重复执行命令

ELLIPSE

指定椭圆轴的端点或 [圆弧(A)/中心点(C)/等轴测圆(I)]:

//i Enter，激活【等轴测圆】选项

指定等轴测圆的圆心: //捕捉刚绘制的轴测圆圆心

指定等轴测圆的半径或 [直径(D)]: //d Enter

指定等轴测圆的直径: //36 Enter，绘制结果如图 5-26 所示。

Step 11 重复执行【椭圆】命令，配合【捕捉自】功能和圆心捕捉功能，继续绘制轴测圆，命令行操作如下。

命令: _ellipse

指定椭圆轴的端点或 [圆弧(A)/中心点(C)/等轴测圆(I)]: //i Enter，激活【等轴测圆】选项

指定等轴测圆的圆心: //激活【捕捉自】功能

_from 基点://捕捉同心轴测圆的圆心

<偏移>: //@12<30 Enter

指定等轴测圆的半径或 [直径(D)]://d Enter，激活【直径】选项

指定等轴测圆的直径://36 Enter，绘制结果如图 5-27 所示。

命令: // Enter，重复执行命令

ELLIPSE

指定椭圆轴的端点或 [圆弧(A)/中心点(C)/等轴测圆(I)]: //i Enter，激活【等轴测圆】选项

指定等轴测圆的圆心: //捕捉刚绘制的轴测圆圆心

指定等轴测圆的半径或 [直径(D)]: //d Enter

指定等轴测圆的直径: //24 Enter，绘制结果如图 5-28 所示。

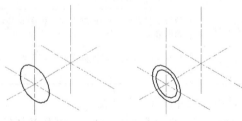

图 5-25 绘制外侧圆　　图 5-26 绘制内侧圆

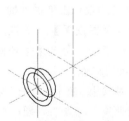
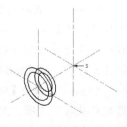

图 5-27 绘制轴测圆　　图 5-28 绘制同心轴测圆

Step 12　重复执行【椭圆】命令，配合交点捕捉和圆心捕捉功能，继续绘制同一侧的同心轴测圆。命令行操作如下。

命令: _ellipse

　　指定椭圆轴的端点或 [圆弧(A)/中心点(C)/等轴测圆(I)]: //i Enter，激活【等轴测圆】选项

　　指定等轴测圆的圆心: //捕捉图 5-28 所示的辅助线交点 S

　　指定等轴测圆的半径或 [直径(D)]: //d Enter，激活【直径】选项

　　指定等轴测圆的直径: //96 Enter，绘制结果如图 5-29 所示。

　　命令: // Enter，重复执行命令

ELLIPSE

　　指定椭圆轴的端点或 [圆弧(A)/中心点(C)/等轴测圆(I)]: //i Enter，激活【等轴测圆】选项

　　指定等轴测圆的圆心: //捕捉刚绘制的轴测圆圆心

　　指定等轴测圆的半径或 [直径(D)]: //d Enter

　　指定等轴测圆的直径: //24 Enter，绘制结果如图 5-30 所示。

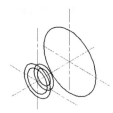

图 5-29　绘制大圆　　　图 5-30　绘制内侧圆

Step 13　执行菜单栏中的【修改】/【复制】命令，配合坐标输入功能，对左侧的轴测圆进行基点复制。命令行操作如下。

命令: _copy

　　选择对象: //选择图 5-31 所示的轴测圆

　　选择对象: //Enter，结束对象的选择

　　当前设置: 复制模式 = 多个

　　指定基点或 [位移(D)/模式(O)] <位移>: //捕捉圆的圆心

　　指定第二个点或 [阵列(A)] <使用第一个点作为位移>: //@24<30 Enter

　　指定第二个点或 [阵列(A)/退出(E)/放弃(U)] <退出>: // Enter，复制结果如图 5-32 所示。

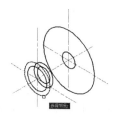 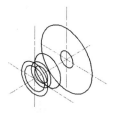

图 5-31　选择轴测圆　　　图 5-32　复制结果

Step 14　执行菜单栏中的【绘图】/【直线】命令，配合切点捕捉功能绘制轴测圆的公切线。命令行操作如下。

命令: _line

　　指定第一点: //捕捉如图 5-33 所示的切点

　　指定下一点或 [放弃(U)]: //捕捉如图 5-34 所示的切点

　　指定下一点或 [放弃(U)]: // Enter，结束命令。

　　命令: // Enter，重复执行命令，

　　LINE 指定第一点: //捕捉如图 5-35 所示的切点

　　指定下一点或 [放弃(U)]: //捕捉如图 5-36 所示的切点

　　指定下一点或 [放弃(U)]: // Enter，结束命令，绘制结果如图 5-37 所示。

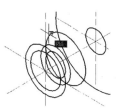 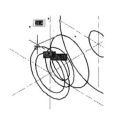

图 5-33　捕捉第一切点　　　图 5-34　捕捉第二切点

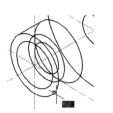 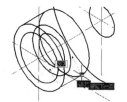

图 5-35　捕捉第一切点　　　图 5-36　捕捉第二切点

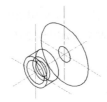

图 5-37　绘制公切线

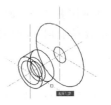

图 5-38　选择辅助线

图 5-39　选择辅助线

小技巧： 在绘制公切线时，可以暂时关闭其他捕捉式，仅开启"切点捕捉"。在捕捉切点时，有时可能不容易捕捉到，此时可在距离对象最近的地方拾取点，然后再反复捕捉切点，即可绘制出正确的公切线。

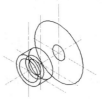

图 5-40　复制结果

图 5-41　选择位移对象

Step 15　执行菜单栏中的【修改】/【复制】命令，配合相对坐标输入功能，选择前端的定位辅助线进行复制。命令行操作如下。

命令: _copy

　　选择对象: //选择图 5-38 所示的辅助线

　　选择对象: //选择图 5-39 所示的辅助线

　　选择对象: // Enter，结束对象的选择过程

　　当前设置: 复制模式 = 多个

　　指定基点或 [位移(D)/模式(O)] <位移>://捕捉辅助线交点

　　指定第二个点或 [阵列(A)] <使用第一个点作为位移>: //@24<30 Enter

　　指定第二个点或 [阵列(A)/退出(E)/放弃(U)] <退出>:　// Enter，复制结果如图 5-40 所示。

Step 16　执行菜单栏中的【修改】/【移动】命令，配合捕捉和坐标输入功能，选择刚复制出的辅助线进行移动。命令行操作如下。

命令: _move

　　选择对象: //选择图 5-41 所示的辅助线

　　选择对象: // Enter，结束对象的选择过程

　　当前设置: 复制模式 = 多个

　　指定基点或 [位移(D)/模式(O)] <位移>: //捕捉辅助线的端点

　　指定第二个点或 [阵列(A)] <使用第一个点作为位移>: //@54<150 Enter 结果如图 5-42 所示。

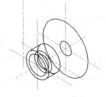

图 5-42　位移结果

Step 17　执行菜单栏中的【绘图】/【直线】命令，配合【正交追踪】功能在左轴测面内绘制轮廓线，命令行操作如下。

命令: _line

　　指定第一点: //捕捉图 5-43 所示的交点

　　指定下一点或 [放弃(U)]:　//向上引导光标，输入 54 Enter

　　指定下一点或 [放弃(U)]:　//向右引导光标，输入 108 Enter，如图 5-44 所示

　　指定下一点或 [闭合(C)/放弃(U)]://向下引导光标，输入 108 Enter，如图 5-45 所示

　　指定下一点或 [闭合(C)/放弃(U)]://向左引导光标，输入 108 Enter，如图 5-46 所示

　　指定下一点或 [闭合(C)/放弃(U)]://c Enter，闭合对象，结果如图 5-47 示。

Step 18　执行菜单栏中的【修改】/【复制】命令，将刚才绘制的各段轮廓线向内复制 18 个绘图单位。命令行操作如下。

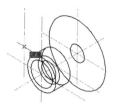

图 5-43　定位起点

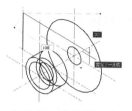

图 5-44　定位第三点

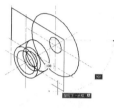

图 5-45　定位第四点

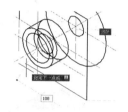

图 5-46　定位第五点

命令: _copy

　　选择对象: //选择图 5-48 所示的轮廓线

　　选择对象: // Enter，结束对象的选择过程

　　当前设置：复制模式 = 多个

　　指定基点或 [位移(D)/模式(O)] <位移>://捕捉轮廓
线端点

　　指定第二个点或 [阵列(A)] <使用第一个点作为位
移>:　　　　//@18<-30 Enter

　　指定第二个点或 [阵列(A)/退出(E)/放弃(U)] <退出
>:　　　　// Enter，结束命令

　　命令: // Enter，重复执行命令

　　COPY 选择对象: //选择图 5-49 所示的轮廓线

　　选择对象: // Enter，结束对象的选择过程

　　当前设置：复制模式 = 多个

　　指定基点或 [位移(D)/模式(O)] <位移>://捕捉轮廓
线端点

　　指定第二个点或 [阵列(A)] <使用第一个点作为位
移>:　　　　//@18<-90 Enter

　　指定第二个点或 [阵列(A)/退出(E)/放弃(U)] <退出
>:　　　　// Enter，结束命令

　　命令: // Enter，重复执行命令

　　COPY 选择对象: //选择图 5-50 所示的轮廓线

　　选择对象: // Enter，结束对象的选择过程

　　当前设置：复制模式 = 多个

　　指定基点或 [位移(D)/模式(O)] <位移>://捕捉轮廓

线端点

　　指定第二个点或 [阵列(A)] <使用第一个点作为位
移>:　　　　//@18<150 Enter

　　指定第二个点或 [阵列(A)/退出(E)/放弃(U)] <退出
>:　　　　// Enter，结束命令

　　命令: // Enter，重复执行命令

　　COPY 选择对象: //选择图 5-51 所示的轮廓线

　　选择对象: // Enter，结束对象的选择过程

　　当前设置：复制模式 = 多个

　　指定基点或 [位移(D)/模式(O)] <位移>://捕捉轮廓
线端点

　　指定第二个点或 [阵列(A)] <使用第一个点作为位
移>:　　　　//@18<90 Enter

　　指定第二个点或 [阵列(A)/退出(E)/放弃(U)] <退出
>: // Enter，复制结果如图 5-52 所示。

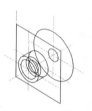

图 5-47　绘制结果

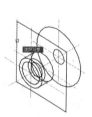

图 5-48　选择对象

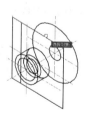

图 5-49　选择轮廓线

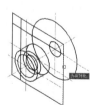

图 5-50　选择垂直轮廓线

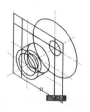

图 5-51　选择对象

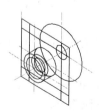

图 5-52　复制结果

Step 19　使用快捷键 "EL" 激活【椭圆】

命令，分别以复制出的轮廓线交点为圆心，绘制四个半径为18的等轴测圆，如图5-53所示。

Step 20 综合使用【修剪】和【删除】命令，对图5-53所示的轴测图进行编辑，删除多余轮廓线，结果如图5-54所示。

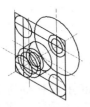 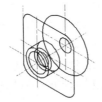

图 5-53　绘制轴测圆　　图 5-54　编辑结果

Step 21 执行菜单栏中的【修改】/【复制】命令，配合端点捕捉和坐标输入功能，选择编辑后的轮廓线进行复制。命令行操作如下。

命令: _copy

选择对象: //选择图5-55所示的轮廓线

选择对象: // Enter，结束对象的选择过程

当前设置: 复制模式 = 多个

指定基点或 [位移(D)/模式(O)] <位移>://捕捉轮廓线端点

指定第二个点或 [阵列(A)] <使用第一个点作为位移>: //@12<30 Enter

指定第二个点或 [阵列(A)/退出(E)/放弃(U)] <退出>: // Enter，复制结果如图5-56所示。

Step 22 执行菜单栏中的【绘图】/【直线】命令，配合【切点】捕捉功能绘制椭圆弧的公切线。命令行操作如下。

命令: _line

指定第一点: //捕捉如图5-57所示的切点

指定下一点或 [放弃(U)]: //捕捉如图5-58所示的切点

指定下一点或 [放弃(U)]: // Enter，结束命令。

命令: // Enter，重复执行命令，

LINE

指定第一点: //捕捉如图5-59所示的切点

指定下一点或 [放弃(U)]: //捕捉如图5-60所示的切点

指定下一点或 [放弃(U)]: // Enter，绘制结果如

图5-61所示。

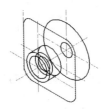 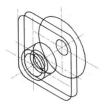

图 5-55　选择复制对象　　图 5-56　复制结果

图 5-57　捕捉第一切点　　图 5-58　捕捉第二切点

Step 23 综合使用【修剪】和【删除】命令，对轴测轮廓进行编辑，删除多余轮廓线和辅助线，结果如图5-62所示。

 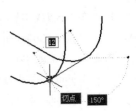

图 5-59　捕捉第一切点　　图 5-60　捕捉第二切点

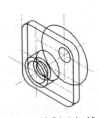 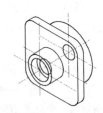

图 5-61　绘制公切线　　图 5-62　编辑结果

Step 24 执行菜单栏中的【修改】/【复制】命令，配合端点捕捉和坐标输入功能，选择前端的垂直辅助线进行复制。命令行操作如下。

命令: _copy

选择对象: //选择图5-63所示的轮廓线

选择对象: // Enter，结束对象的选择过程

当前设置:　复制模式 = 多个

指定基点或 [位移(D)/模式(O)] <位移>://捕捉轮廓线端点

指定第二个点或 [阵列(A)] <使用第一个点作为位移>: //@24<30 Enter

指定第二个点或 [阵列(A)/退出(E)/放弃(U)] <退出>:　// Enter，复制结果如图 5-64 所示。

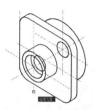　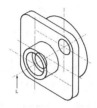

图 5-63　选择辅助线　　图 5-64　复制结果

绘制与填充零件轴测剖切面。

Step 25　在无任何命令执行的前提下，配合【正交】功能，选择图 5-64 所示的辅助线 L 进行夹点编辑创建剖切面定位辅助线，命令行操作如下。

命令: //选择图 5-64 所示辅助线 L，使其夹点显示

命令: //激活其中的一个夹点，进入夹点编辑模式

** 拉伸 **

指定拉伸点或 [基点(B)/复制(C)/放弃(U)/退出(X)]: // Enter，激活夹点移动工具

** 移动 **

指定移动点或 [基点(B)/复制(C)/放弃(U)/退出(X)]: //c Enter，激活"复制"选项

** 移动 (多重) **

指定移动点或 [基点(B)/复制(C)/放弃(U)/退出(X)]: //向上引导光标，输入 12 Enter

** 移动 (多重) **

指定移动点或 [基点(B)/复制(C)/放弃(U)/退出(X)]: //18 Enter

** 移动 (多重) **

指定移动点或 [基点(B)/复制(C)/放弃(U)/退出(X)]: //24 Enter

** 移动 (多重) **

指定移动点或 [基点(B)/复制(C)/放弃(U)/退出(X)]:

//48 Enter

** 移动 (多重) **

指定移动点或 [基点(B)/复制(C)/放弃(U)/退出(X)]: //54 Enter

** 移动 (多重) **

指定移动点或 [基点(B)/复制(C)/放弃(U)/退出(X)]: //向右引导光标，输入 12 Enter

** 移动 (多重) **

指定移动点或 [基点(B)/复制(C)/放弃(U)/退出(X)]: //18 Enter

** 移动 (多重) **

指定移动点或 [基点(B)/复制(C)/放弃(U)/退出(X)]: //24 Enter

** 移动 (多重) **

指定移动点或 [基点(B)/复制(C)/放弃(U)/退出(X)]: //48 Enter

** 移动 (多重) **

指定移动点或 [基点(B)/复制(C)/放弃(U)/退出(X)]: //54 Enter

** 移动 (多重) **

指定移动点或 [基点(B)/复制(C)/放弃(U)/退出(X)]:

// Enter，退出夹点编辑模式，并取消对象的夹点状态，结果如图 5-65 所示。

Step 26　分别展开【颜色控制】下拉列表和【线宽控制】下拉列表，将当前颜色设为"品红"、将当前线宽设为 0.40mm。

Step 27　执行菜单栏中的【绘图】/【多段线】命令，配合捕捉与追踪功能，在上轴测面内绘制如图 5-66 所示的剖切面轮廓线。

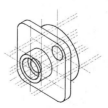　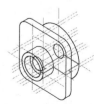

图 5-65　编辑结果　　图 5-66　绘制剖切面

Step 28　将当前轴测面切换为 <等轴测平面 右视>，重复执行【多段线】命令，绘制如图 5-67

所示的剖切面轮廓线。

Step 29 执行菜单栏中的【修改】/【删除】命令，删除不需要的定位辅助线，删除结果如图 5-68 所示。

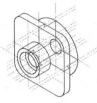 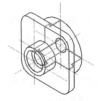

图 5-67　绘制结果　　图 5-68　绘制结果

Step 30 执行菜单栏中的【修改】/【修剪】命令，以剖切面轮廓线作为剪切边，修剪掉多余的轮廓线，并删除残余的图线，结果如图 5-69 所示。

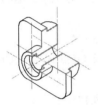

图 5-69　修剪完善

Step 31 设置"剖面线"为当前图层，执行菜单栏中的【绘图】/【图案填充】命令，在打开的【图案填充和渐变色】对话框，设置填充图案和填充参数如图 5-70 所示。

图 5-70　设置填充参数

Step 32 单击【图案填充和渐变色】对话框中的【添加:选择对象】按钮，返回绘图区选择如图 5-71 所示的切面轮廓线，对其填充剖面线，填充效果如图 5-72 所示。

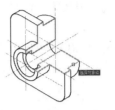 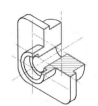

图 5-71　选择切面边界　　图 5-72　填充结果

Step 33 重复执行【图案填充】命令，修改填充角度为"0"，其它参数保持不变，对另一剖切面填充剖面线，填充结果如图 5-73 所示。

Step 34 在无命令执行的前提下分别单击两个轴测切面轮廓线边界，使其呈现夹点显示状态，结果如图 5-74 所示。

Step 35 分别展开【颜色控制】和【线宽控制】下拉列有，修改其颜色为随层、修改线宽为随层，结果如图 5-75 所示。

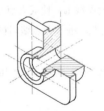 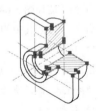

图 5-73　填充结果　　图 5-74　夹点显示

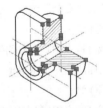

图 5-75　修改图线特性

Step 36 敲击 Esc 键取消对象的夹点显示，并关闭"点划线"，最终效果如图 5-18 所示。

Step 37 最后执行【保存】命令，将图形命名存储为"根据零件二视图绘制轴测图.dwg"。

5.4.2 【实训 2】根据零件三视图绘制轴测图

1. 实训目的

本实训要求根据如图 5-76 所示的零件三视图，绘制零件的正等轴测图，通过本例的操作熟练掌握样板文件的调用、相对极坐标点的精确输入、等轴测绘图环境的设置以及轴测投影线、投影圆和投影弧的具体绘制技能等，具体实训目的如下。

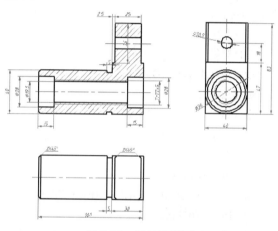

图 5-76　零件三视图

- 掌握绘图样板文件的调用技能。
- 掌握等轴测绘图环境的设置技能。
- 掌握相对极坐标点的精确输入技能。
- 掌握轴测平面的切换和轴测结构的绘制技能。
- 掌握轴测投影圆、轴测投影弧和轴测投影线的绘制技能。
- 掌握零件抹角投影结构和柱孔投影结构的表达技能。

2. 实训要求

首先调用绘图样板文件并设置等轴测绘图环境，然后使用【直线】和【复制】命令在右视等轴测面内绘制平行投影线，使用【椭圆】命令在左视等轴测平面内绘制轴测投影圆和投影弧，使用【多段线】、【修剪】、【图案填充】等命令绘制

轴测剖视图。在具体的绘制过程中，用户可结合相关知识，使用不同的方法进行绘图。本例最终效果如图 5-77 所示。

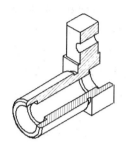

图 5-77　实训操作题

具体要求如下。

（1）启动 AutoCAD 程序，并调用"机械样板.dwt"样板文件。

（2）设置等轴测绘图环境和对象捕捉模式、当前设置层、当前轴测面等。

（3）根据零件三视图中的相关尺寸要求，使用【直线】、【复制】、【修剪】等命令在右视轴测面内绘制平行线的投影图。

（4）根据零件三视图中的相关尺寸要求，使用【椭圆】、【复制】、【直线】命令，在左视轴测面内绘制圆与弧的轴测投影图。

（5）综合使用【复制】、【多段线】、【修剪】、【删除】、【图案填充】等命令绘制零件的轴测剖视图。

（6）最后使用【保存】命令将绘制的图形命名保存。

3. 完成实训

素材文件：	样板文件\机械样板.dwt
效果文件：	效果文件\第 5 章\根据零件三视图绘制轴测图.dwg
视频文件：	视频文件\第 5 章\根据零件三视图绘制轴测图.avi

Step 1　执行【新建】命令，调用"\样板文件\机械样板.dwt"。

Step 2　执行【草图设置】命令，设置等轴测绘图环境。

Step 3　展开【图层】工具栏上的【图层控

制】下拉列表，将"轮廓线"层设置为当前图层。

Step 4 激活状态栏上的█按钮，打开【正交】功能。

Step 5 按下键盘上的 F5 功能键，将当前轴测平面切换为 <等轴测平面 右视>

Step 6 执行菜单栏中的【绘图】/【直线】命令，配合【正交】功能，在右视等轴测平面内绘制右视投影图。命令行操作如下。

命令: _line

　　指定第一点: //在绘图区拾取一点

　　指定下一点或 [放弃(U)]: //向右上方引导光标，输入 30 Enter

　　指定下一点或 [放弃(U)]: //向上方引导光标，输入 47 Enter

　　指定下一点或 [闭合(C)/放弃(U)]: //向左引导光标，输入 30 Enter

　　指定下一点或 [闭合(C)/放弃(U)]: //c Enter，绘制结果如图 5-78 所示。

Step 7 执行菜单栏中的【修改】/【复制】命令，配合相对极坐标，将绘制的轴测轮廓线进行复制。命令行操作如下。

命令: _copy

　　选择对象: //选择刚绘制的轴测线

　　选择对象: // Enter

　　当前设置: 复制模式 = 多个

　　指定基点或 [位移(D)/模式(O)] <位移>: //拾取任一点

　　指定第二个点或 [阵列(A)] <使用第一个点作为位移>: //@40<150 Enter

　　指定第二个点或 [阵列(A)/退出(E)/放弃(U)] <退出>: //Enter，结束命令，复制结果如图 5-79 所示。

Step 8 使用快捷键"L"激活【直线】命令，配合端点捕捉功能绘制如图 5-80 所示的轮廓线。

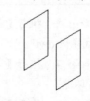

图 5-78　绘制结果　　图 5-79　复制结果

图 5-80　绘制结果

Step 9 重复执行【直线】命令，配合中点捕捉功能绘制上轴测面的两条中心线，如图 5-81 所示。

Step 10 执行菜单栏中的【修改】/【复制】命令，配合相对极坐标，将刚绘制的两条中心线进行复制。命令行操作如下。

命令: _copy

　　选择对象: //选择中心线 1

　　选择对象: // Enter

　　指定基点或 [位移(D)/模式(O)] <位移>: //捕捉中心线一侧端点

　　指定第二个点或 [阵列(A)] <使用第一个点作为位移>: //@12.5<30 Enter

　　指定第二个点或 [阵列(A)/退出(E)/放弃(U)] <退出>: //@10.5<30 Enter

　　指定第二个点或 [阵列(A)/退出(E)/放弃(U)] <退出>: //@10.5<210 Enter

　　指定第二个点或 [阵列(A)/退出(E)/放弃(U)] <退出>: //@12.5<210 Enter

　　指定第二个点或 [阵列(A)/退出(E)/放弃(U)] <退出>: // Enter

　　命令: // Enter

　　COPY 选择对象: //选择中心线 2

　　选择对象: // Enter

　　当前设置: 复制模式 = 多个

　　指定基点或 [位移(D)/模式(O)] <位移>: //捕捉中心线一侧端点

　　指定第二个点或 [阵列(A)] <使用第一个点作为位移>: //@18<-30 Enter

　　指定第二个点或 [阵列(A)/退出(E)/放弃(U)] <退出>: //@18<150 Enter

　　指定第二个点或 [阵列(A)/退出(E)/放弃(U)] <退出>: //Enter，复制结果如图 5-82 所示

Step 11 使用快捷键"L"激活【直线】命

令，配合交点捕捉和端点捕捉功能绘制如图 5-83
所示的四条倒角线。

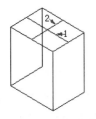
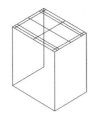

图 5-81　绘制中线　　图 5-82　复制结果

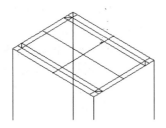

图 5-83　绘制结果

Step 12　使用快捷键"TR"激活【修剪】
命令，对轴测轮廓线进行编辑，并删除残余图线，
结果如图 5-84 所示。

Step 13　执行菜单栏中的【修改】/【复制】
命令，配合相对极坐标，对顶轴测轮廓线进行复
制。命令行操作如下。

命令: _copy

　　选择对象: //选择如图 5-85 所示的图线

　　选择对象: // Enter

　　当前设置:　复制模式 = 多个

　　指定基点或 [位移(D)/模式(O)] <位移>: //拾取任
一点

　　指定第二个点或 [阵列(A)] <使用第一个点作为位
移>: //@36<90 Enter

　　指定第二个点或 [阵列(A)/退出(E)/放弃(U)] <退出
>: //Enter，复制结果如图 5-86 所示

Step 14　使用快捷键"L"激活【直线】命
令，配合端点捕捉功能绘制如图 5-87 所示的垂直轴
测线。

Step 15　使用快捷键"TR"激活【修剪】
命令，对轴测线进行编辑，结果如图 5-88 所示。

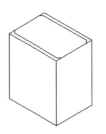
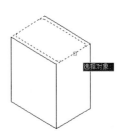

图 5-84　编辑结果　　图 5-85　选择结果

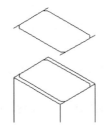
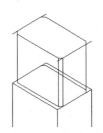

图 5-86　复制结果　　图 5-87　绘制结果

Step 16　将当前等轴测面切换为左视，然
后单击【绘图】工具栏或面板上的 ◎ 按钮，在左
轴测面内绘制轴测圆。命令行操作如下。

命令: _ellipse

　　指定椭圆轴的端点或 [圆弧(A)/中心点(C)/等轴测
圆(I)]:　　//I Enter

　　指定等轴测圆的圆心: //捕捉如图 5-89 所示的追踪虚
线的交点

　　指定等轴测圆的半径或 [直径(D)]:　　//d Enter

　　指定等轴测圆的直径: //10.5 Enter，绘制结果如图 5-90
所示。

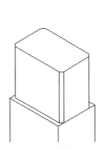

图 5-88　编辑结果　　图 5-89　定位圆心

Step 17　单击【绘图】工具栏或面板上的 ◎
按钮，配合中点捕捉和【对象追踪】功能，在左轴测
面内绘制直径为 36 的等轴测圆。命令行操作如下。

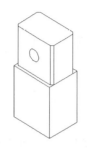

图 5-90　绘制结果

命令: _ellipse

指定椭圆轴的端点或 [圆弧(A)/中心点(C)/等轴测圆(I)]:　//I Enter

指定等轴测圆的圆心://捕捉如图 5-91 所示的追踪虚线的交点

指定等轴测圆的半径或 [直径(D)]:　//18 Enter，绘制结果如图 5-92 所示。

Step 18　单击【绘图】工具栏或面板上的 按钮，配合【圆心捕捉】和【捕捉自】功能，在左轴测面内绘制直径为 40 的等轴测圆。命令行操作如下。

命令: _ellipse

指定椭圆轴的端点或 [圆弧(A)/中心点(C)/等轴测圆(I)]: //I Enter

指定等轴测圆的圆心: //激活【捕捉自】功能

_from 基点: //捕捉刚绘制的轴测圆的圆心

<偏移>:　　　//@5<210 Enter

指定等轴测圆的半径或 [直径(D)]: //20 Enter，绘制结果如图 5-93 所示。

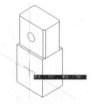

图 5-91　定位圆心

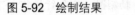

图 5-92　绘制结果

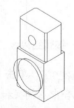

图 5-93　绘制结果

Step 19　执行菜单栏中的【修改】/【复制】命令，配合相对极坐标，对刚绘制的轴测圆进行复制。命令行操作如下。

命令: _copy

选择对象: //选择刚绘制的半径为 20 的轴测圆

选择对象: 　　//Enter

当前设置：复制模式 = 多个

指定基点或 [位移(D)/模式(O)] <位移>: 　　//拾取任一点

指定第二个点或 [阵列(A)] <使用第一个点作为位移>: //@63<210 Enter

指定第二个点或 [阵列(A)/退出(E)/放弃(U)] <退出>: //Enter，复制结果如图 5-94 所示

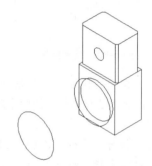

图 5-94　复制结果

Step 20　执行菜单栏中的【绘图】/【直线】命令，配合切点捕捉功能绘制如图 5-95 所示的轴测图公切线。

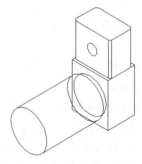

图 5-95　绘制公切线

Step 21　执行菜单栏中的【修改】/【修剪】命令，对投影线进行修剪，结果如图 5-96 所示。

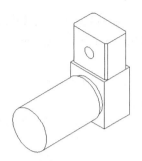

图 5-96 修剪结果

Step 22 单击【绘图】工具栏或面板上的 按钮，配合【捕捉自】功能在左轴测面内绘制轴测圆。命令行操作如下。

命令: _ellipse

　　指定椭圆轴的端点或 [圆弧(A)/中心点(C)/等轴测圆(I)]: //I Enter

　　指定等轴测圆的圆心: //激活【捕捉自】功能

　　_from 基点: //捕捉最后绘制的轴测圆的圆心

　　<偏移>: //@2<210 Enter

　　指定等轴测圆的半径或 [直径(D)]: //18 Enter，绘制结果如图 5-97 所示。

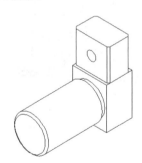

图 5-97 绘制结果

Step 23 单击【绘图】工具栏或面板上的 按钮，以刚绘制的轴测圆圆心作为圆心，绘制内侧的等轴测圆，命令行操作如下。

命令: _ellipse

　　指定椭圆轴的端点或 [圆弧(A)/中心点(C)/等轴测圆(I)]: //I Enter

　　指定等轴测圆的圆心: //捕捉刚绘制的轴测圆的圆心

　　指定等轴测圆的半径或 [直径(D)]: //d Enter

　　指定等轴测圆的直径: //28 Enter，绘制结果如图 5-98 所示。

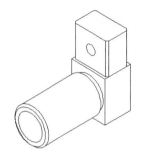

图 5-98 绘制结果

Step 24 执行菜单栏中的【修改】/【复制】命令，配合相对极坐标，将最后绘制的轴测圆进行复制。命令行操作如下。

命令: _copy

　　选择对象: //选择最后绘制的轴测圆

　　选择对象: // Enter

　　当前设置: 复制模式 = 多个

　　指定基点或 [位移(D)/模式(O)] <位移>: //拾取任一点

　　指定第二个点或 [阵列(A)] <使用第一个点作为位移>: //@15<30 Enter

　　指定第二个点或 [阵列(A)/退出(E)/放弃(U)] <退出>: //Enter，复制结果如图 5-99 所示

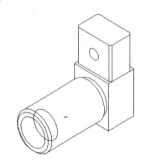

图 5-99 复制结果

Step 25 单击【绘图】工具栏或面板上的 按钮，激活【椭圆】命令，继续绘制内侧的等轴测圆，命令行操作如下。

命令: _ellipse

　　指定椭圆轴的端点或 [圆弧(A)/中心点(C)/等轴测圆(I)]: //I Enter

　　指定等轴测圆的圆心: //捕捉刚复制的轴测圆的圆心

　　指定等轴测圆的半径或 [直径(D)]: //d Enter

指定等轴测圆的直径: //19.5 Enter，绘制结果如图 5-100 所示。

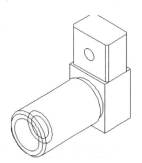

图 5-100　绘制结果

Step 26　执行菜单栏中的【修改】/【移动】命令，选择图 5-101 所示的投影线进行位移。命令行操作如下。

命令: _move

选择对象: //选择图 5-101 所示的投影线

选择对象: // Enter

指定基点或 [位移(D)] <位移>: //捕捉任意一点

指定第二个点或<使用第一个点作为位移>: //@3.5<-90 Enter，移动结果如图 5-102 所示。

图 5-101　选择对象

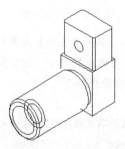

图 5-102　移动结果

Step 27　执行菜单栏中的【修改】/【延伸】命令，对投影线进行延长和修剪。命令行操作如下。

命令: _extend

当前设置:投影=UCS，边=延伸

选择边界的边...

选择对象或 <全部选择>: //选择如图 5-103 所示的弧线

选择对象: // Enter

选择要延伸的对象，或按住 Shift 键选择要修剪的对象，或[栏选(F)/窗交(C)/投影(P)/边(E)/放弃(U)]:

//在如图 5-104 所示的位置上单击

选择要延伸的对象，或按住 Shift 键选择要修剪的对象，或[栏选(F)/窗交(C)/投影(P)/边(E)/放弃(U)]

//按住 Shift 键，然后在如图 5-105 所示的位置上单击

选择要延伸的对象，或按住 Shift 键选择要修剪的对象，或[栏选(F)/窗交(C)/投影(P)/边(E)/放弃(U)]:

// Enter，延伸和修剪结果如图 5-106 所示。

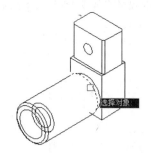

图 5-103　选择边界

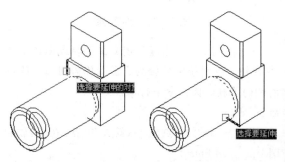

图 5-104　指定延伸对象　图 5-105　指定修剪对象

Step 28　使用快捷键"J"激活【合并】命令，选择图 5-106 所示的轴测投影弧进行合并。命

令行操作如下。

命令：j　　　　　　　　// Enter

　　JOIN 选择源对象或要一次合并的多个对象: //选择图 5-106 所示的弧 3

　　选择要合并的对象: // Enter

　　选择椭圆弧，以合并到源或进行 [闭合(L)]:

　　//L Enter

　　已成功地闭合椭圆。

　　命令: // Enter

　　JOIN 选择源对象或要一次合并的多个对象:

　　//选择图 5-106 所示的弧 4

　　选择要合并的对象:

　　选择椭圆弧，以合并到源或进行 [闭合(L)]:

　　//L Enter，合并结果如图 5-107 所示。

　　已成功地闭合椭圆。

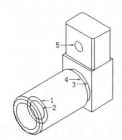

图 5-106　延伸结果

Step 29　执行菜单栏中的【修改】/【复制】命令，配合相对极坐标，对各位置的等轴测圆进行复制。命令行操作如下。

命令: _copy

　　选择对象: //选择如图 5-106 所示的轴测圆 1 和 2

　　选择对象: // Enter

　　当前设置: 复制模式 = 多个

　　指定基点或 [位移(D)/模式(O)] <位移>://捕捉任一点

　　指定第二个点或 [阵列(A)] <使用第一个点作为位移>: //@70<30 Enter

　　指定第二个点或 [阵列(A)/退出(E)/放弃(U)] <退出>: // Enter

　　命令: // Enter

　　COPY 选择对象: //选择图 5-106 所示的轴测圆 1

　　选择对象: // Enter

　　当前设置: 复制模式 = 多个

　　指定基点或 [位移(D)/模式(O)] <位移>:

　　//捕捉任一点

　　指定第二个点或 [阵列(A)] <使用第一个点作为位移>: //@85<30 Enter

　　指定第二个点或 [阵列(A)/退出(E)/放弃(U)] <退出>: // Enter

　　命令: // Enter

　　COPY 选择对象: //选择图 5-106 所示的轴测圆 5

　　选择对象: // Enter

　　当前设置: 复制模式 = 多个

　　指定基点或 [位移(D)/模式(O)] <位移>://捕捉任一点

　　指定第二个点或 [阵列(A)] <使用第一个点作为位移>: //@25<30 Enter

　　指定第二个点或 [阵列(A)/退出(E)/放弃(U)] <退出>: // Enter，复制结果如图 5-108 所示。

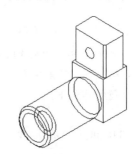

图 5-107　合并结果

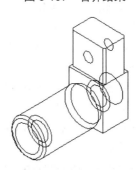

图 5-108　复制结果

Step 30　使用快捷键 "XL" 激活【构造线】命令，捕捉如图 5-109 所示的圆心，在 "中心线" 图层内绘制如图 5-110 所示的两条构造线，作为辅助线。

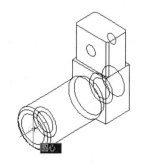

图 5-109　捕捉圆心

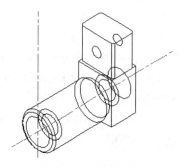

图 5-110　绘制构造线

Step 31　执行菜单栏中的【修改】/【复制】命令，配合相对极坐标，对角度为 30 度的构造线进行复制。命令行操作如下。

命令: _copy

选择对象: //选择角度为 30 的构造线

选择对象:　　　　　// Enter

当前设置:　复制模式 = 多个

指定基点或 [位移(D)/模式(O)] <位移>: //捕捉任一点

指定第二个点或 [阵列(A)] <使用第一个点作为位移>: //@18<90 Enter

指定第二个点或 [阵列(A)/退出(E)/放弃(U)] <退出>:　//@20<90 Enter

指定第二个点或 [阵列(A)/退出(E)/放弃(U)] <退出>:　//@18<-30 Enter

指定第二个点或 [阵列(A)/退出(E)/放弃(U)] <退出>:　//@20<-30 Enter

指定第二个点或 [阵列(A)/退出(E)/放弃(U)] <退出>:　// Enter，复制结果如图 5-111 所示。

Step 32　分别展开【图层控制】和【颜色控制】下拉列表，将"轮廓线"设置为当前图层，并设置当前颜色为"洋红"。

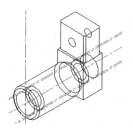

图 5-111　复制结果

Step 33　执行菜单栏中的【绘图】/【多段线】命令，配合交点捕捉功能和坐标输入功能，绘制切面轮廓线。命令行操作如下。

命令: _pline

指定起点: //捕捉如图 5-112 所示的交点

当前线宽为 0.0

指定下一个点或 [圆弧(A)/半宽(H)/长度(L)/放弃(U)/宽度(W)]: //捕捉如图 5-113 所示的交点

指定下一点或 [圆弧(A)/闭合(C)/半宽(H)/长度(L)/放弃(U)/宽度(W)]:　//@63<30 Enter

指定下一点或 [圆弧(A)/闭合(C)/半宽(H)/长度(L)/放弃(U)/宽度(W)]:　//@2<-90 Enter

指定下一点或 [圆弧(A)/闭合(C)/半宽(H)/长度(L)/放弃(U)/宽度(W)]:　//@5<30 Enter

指定下一点或 [圆弧(A)/闭合(C)/半宽(H)/长度(L)/放弃(U)/宽度(W)]:　//@9<90 Enter

指定下一点或 [圆弧(A)/闭合(C)/半宽(H)/长度(L)/放弃(U)/宽度(W)]:　//@2.5<30 Enter

指定下一点或 [圆弧(A)/闭合(C)/半宽(H)/长度(L)/放弃(U)/宽度(W)]:　//@36<90 Enter

指定下一点或 [圆弧(A)/闭合(C)/半宽(H)/长度(L)/放弃(U)/宽度(W)]:　//@25<30 Enter

指定下一点或 [圆弧(A)/闭合(C)/半宽(H)/长度(L)/放弃(U)/宽度(W)]:　//@36<-90 Enter

指定下一点或 [圆弧(A)/闭合(C)/半宽(H)/长度(L)/放弃(U)/宽度(W)]:　//@2.5<30 Enter

指定下一点或 [圆弧(A)/闭合(C)/半宽(H)/长度(L)/放弃(U)/宽度(W)]:　//@13<-90 Enter

指定下一点或 [圆弧(A)/闭合(C)/半宽(H)/长度(L)/放弃(U)/宽度(W)]:　//@15<210 Enter

指定下一点或 [圆弧(A)/闭合(C)/半宽(H)/长度(L)/放弃(U)/宽度(W)]:　//@4.25<-90 Enter

指定下一点或 [圆弧(A)/闭合(C)/半宽(H)/长度(L)/
放弃(U)/宽度(W)]：　//@70<210 Enter

指定下一点或 [圆弧(A)/闭合(C)/半宽(H)/长度(L)/
放弃(U)/宽度(W)]：　//@4.25<90 Enter

指定下一点或 [圆弧(A)/闭合(C)/半宽(H)/长度(L)/
放弃(U)/宽度(W)]：　//@15<210 Enter

指定下一点或 [圆弧(A)/闭合(C)/半宽(H)/长度(L)/
放弃(U)/宽度(W)]：

//c Enter，绘制结果如图 5-114 所示。

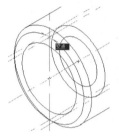

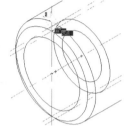

图 5-112　捕捉交点　　图 5-113　捕捉交点

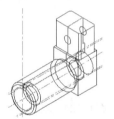

图 5-114　绘制结果

Step 34　重复执行【多段线】【多段线】命
令，配合交点捕捉功能和坐标输入功能，绘制切
面轮廓线。命令行操作如下。

命令：_pline

指定起点：//捕捉如图 5-115 所示的交点

当前线宽为 0.0

指定下一个点或 [圆弧(A)/半宽(H)/长度(L)/放弃(U)/
宽度(W)]：//捕捉如图 5-116 所示的交点

指定下一点或 [圆弧(A)/闭合(C)/半宽(H)/长度(L)/
放弃(U)/宽度(W)]：　//@63<30 Enter

指定下一点或 [圆弧(A)/闭合(C)/半宽(H)/长度(L)/
放弃(U)/宽度(W)]：　//@2<150 Enter

指定下一点或 [圆弧(A)/闭合(C)/半宽(H)/长度(L)/
放弃(U)/宽度(W)]：　//@5<30 Enter

指定下一点或 [圆弧(A)/闭合(C)/半宽(H)/长度(L)/

放弃(U)/宽度(W)]：　//@2<-30 Enter

指定下一点或 [圆弧(A)/闭合(C)/半宽(H)/长度(L)/
放弃(U)/宽度(W)]：　//@30<30 Enter

指定下一点或 [圆弧(A)/闭合(C)/半宽(H)/长度(L)/
放弃(U)/宽度(W)]：　//@6<150 Enter

指定下一点或 [圆弧(A)/闭合(C)/半宽(H)/长度(L)/
放弃(U)/宽度(W)]：　//@15<210 Enter

指定下一点或 [圆弧(A)/闭合(C)/半宽(H)/长度(L)/
放弃(U)/宽度(W)]：　//@4.25<150 Enter

指定下一点或 [圆弧(A)/闭合(C)/半宽(H)/长度(L)/
放弃(U)/宽度(W)]：　//@70<210 Enter

指定下一点或 [圆弧(A)/闭合(C)/半宽(H)/长度(L)/
放弃(U)/宽度(W)]：　//@4.25<-30 Enter

指定下一点或 [圆弧(A)/闭合(C)/半宽(H)/长度(L)/
放弃(U)/宽度(W)]：　// @15<210 Enter

指定下一点或 [圆弧(A)/闭合(C)/半宽(H)/长度(L)/
放弃(U)/宽度(W)]：

//c Enter，绘制结果如图 5-117 所示。

Step 35　使用快捷键 "E" 激活【删除】命
令，删除构造线，结果如图 5-118 所示。

Step 36　使用快捷键 "L" 激活【直线】命
令，配合交点捕捉功能，绘制如图 5-119 所示的两
条切面轮廓线。

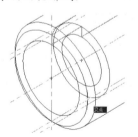

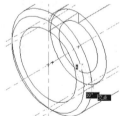

图 5-115　捕捉交点　　图 5-116　捕捉交点

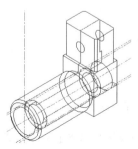

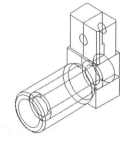

图 5-117　绘制结果　　图 5-118　删除构造线

Step 37 使用快捷键 "TR" 激活【修剪】命令，以两条闭合的多段线切面作为边界，对轴测图进行修剪，并删除残余图线，结果如图 5-120 所示。

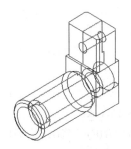

图 5-119　绘制结果

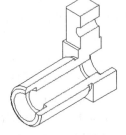

图 5-120　编辑结果

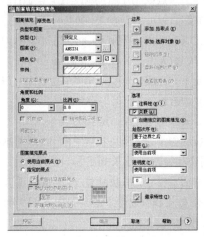

图 5-121　设置填充参数

Step 38 将剖切线的颜色设置为随层，然后执行【图案填充】命令，在 "剖面线" 图层内填充剖面线，填充图案及参数设置如图 5-121 所示，填充结果如图 5-122 所示。

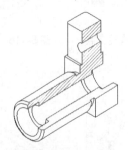

图 5-122　填充结果

Step 39 重复执行【图案填充】命令，设置填充图案及参数如图 5-123 所示，为另一侧的剖

切面进行填充，结果如图 5-124 所示。

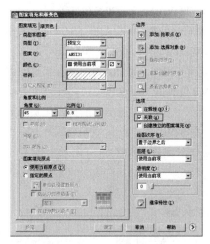

图 5-123　设置填充参数

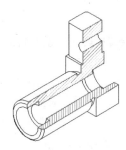

图 5-124　填充结果

Step 40 在无命令执行的前提下夹点显示剖面切面边界线，更改其图层为 "0 图层"，最终结果如上图 5-77 所示。

Step 41 最后执行【保存】命令，将图形命名存储为 "根据零件三视图绘制轴测图.dwg"。

5.5 课后练习

1. 填空题

（1）在设置轴测图绘图环境时，需要执行（　　　　）命令，然后在打开的对话框中勾选（　　　　）。

（2）在轴测图环境下，有（　　　　）、（　　　　）和（　　　　）三种轴测面，如果在

这三种轴测面中进行切换，需要按下（　　　　）功能键。

（3）AutoCAD 为用户提供了（　　　　）和（　　　　）两种绘制椭圆的方法。

（4）如果需要在轴测图环境下绘制圆的投影图，需要使用（　　　　）命令。

（5）图形的夹点指的是（　　　　），如果需要设置图形的夹点，需要执行（　　　　）命令；如果需要切换夹点命令，可以使用（　　　　）和（　　　　）两种方式。

图，绘制如图 5-126（下）所示的零件等轴测剖视图。

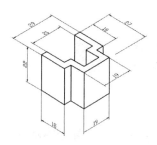

图 5-125　操作题一

2. 实训操作题

（1）绘制如图 5-125 所示的轴测投影图。

（2）根据如图 5-126（上）所示的零件二视

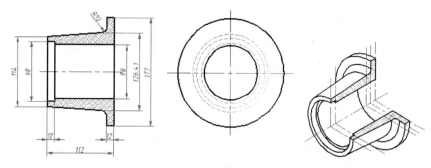

图 5-126　操作题二

第6章

绘制机械零件网格与曲面

📖 **学习目标**

本章通过绘制零件网格与曲面造型，使大家了解和掌握基本体网格和曲面的创建功能、掌握三维显示、三维观察以及 UCS 的创建及应用等技能，培养大家使用基本的网格建模工具和三维辅助工具，制作各类机械产品曲面造型的能力。

📖 **学习重点**

掌握三维模型的观察与着色技能、UCS 的定义切换与应用技能、常用网格与曲面的创建和编辑优化技能。

📖 **主要内容**

● 了解三维模型
● 三维观察功能
● 三维着色功能
● 常用网格建模功能
● 常用曲面建模功能
● 曲面与网格的编辑优化
● 三维辅助功能综合练习
● 制作机座零件立体造型

6.1 了解三维模型

AutoCAD 共为用户提供了三种模型，用以表达物体的三维形态。分别是实体模型、曲面模型和网格模型。这三类模型不仅能让非专业人员对物体的外形有一个感性的认识，还能帮助专业人员降低绘制复杂图形的难度，使一些在二维平面图中无法表达的东西清晰而形象地显示在屏幕上。

- 实体模型

如图 6-1 所示的模型为实体模型，它是实实在在的物体，它不仅包含面边信息，而且还具备实物的一切特性，用户不仅可以对其进行着色和渲染，还可以对其进行打孔、切槽、倒角等布尔运算，还可以检测和分析实体内部的质心、体积和惯性矩等。

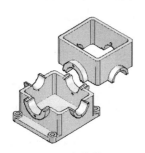

图 6-1　实体模型

- 曲面模型

曲面的概念比较抽象，在此我们可以将其理解为实体的面，此种面模型不仅能着色渲染等，还可以对其修剪、延伸、圆角、偏移等编辑。如图 6-2 所示的模型为曲面模型。

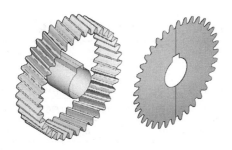

图 6-2　曲面模型

- 网格模型

网格模型由一系列规则的格子线围绕而成的网状表面，此种再由网状表面的集合来定义三维物体。此种模型仅含有面边信息，能着色和渲染，但是不能表达出真实实物的属性。如图 6-3 所示的模型为网格模型。

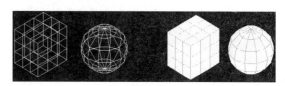

图 6-3　网格模型

6.2 三维观察功能

本节学习三维模型的观察功能，具体有视点、视图、导航立方体、动态观察器、UCS 等内容，以便于以多种方式观察三维物体。

6.2.1　设置视点

在 AutoCAD 绘图空间中可以在不同的位置进行观察图形，这些位置就称为视点。视点的设置可能使用【视点】或【视点预置】两个命令。

1. 视点

【视点】命令用于在命令行直接输入观察点的坐标或角度来确定视点。执行【视点】命令主要有以下两种方法：

- 执行菜单栏中的【视图】/【三维视图】/【视点】命令。
- 在命令行输入 Vpoint 后按 Enter 键

【视点】命令的命令行会出现如下提示：

命令：Vpoint

当前视图方向: VIEWDIR=0.0000,0.0000, 1.0000

指定视点或 [旋转(R)] <显示指南针和三轴架>:

//直接输入观察点的坐标来确定视点

如果用户没有输入视点坐标，而是直接按

Enter 键，那么绘图区会显示如图 6-4 所示的指南针和三轴架，其中三轴架代表 X、Y、Z 轴的方向，当用户相对于指南针移动十字线时，三轴架会自动进行调整，以显示 X、Y、Z 轴对应的方向。

小技巧：【旋转】选项主要用于通过指定与 X 轴的夹角以及与 XY 平面的夹角来确定视点。

2. 视点预置

【视点预置】命令是通过对话框的形式进行设置视点的，如图 6-5 所示。执行【视点预置】命令主要有以下几种方法：

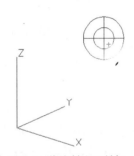
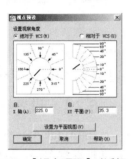

图 6-4　指南针和三轴架　图 6-5　【视点预置】对话框

- 执行菜单栏中的【视图】/【三维视图】/【视点预置】命令。
- 在命令行输入 DDVpoint 后按 Enter 键。
- 使用快捷键 VP。

在如图 6-5 所示的【视点预置】对话框中，具体可以进行如下内容的设置：

- 设置视点、原点的连线与 XY 平面的夹角。具体操作就是在右侧半圆图形上选择相应的点，或直接在【XY 平面】文本框内输入角度值。
- 设置视点、原点的连线在 XOY 面上的投影与 X 轴的夹角。具体操作就是在左侧图形上选择相应点，或在【X 轴】文本框内输入角度值。
- 设置观察角度。系统将设置的角度默认为是相对于当前 WCS，如果选择了【相对

于 UCS】单选项，设置的角度值就是相对于 UCS 的。

- 设置为平面视图。单击 设置为平面视图(V) 按钮，系统将重新设置为平面视图。平面视图的观察方向是与 X 轴的夹角为 270 度，与 XY 平面的夹角是 90 度。

6.2.2　切换视图

为了便于观察和编辑三维模型，AutoCAD 为用户提供了一些标准视图，具体有六个正交视图和四个等轴测图，如图 6-6 所示，其工具按钮都排列在如图 6-7 所示的【视图】工具栏上。视图的切换主要有以下几种方法：

图 6-6　标准视图菜单

图 6-7　【视图】工具栏

- 执行菜单栏中的【视图】/【三维视图】下一级菜单中和各视图命令。
- 单击【视图】工具栏或【面板】上的相应按钮。

上述六个正交视图和四个等轴测视图用于显示三维模型的主要特征视图，其中每种视图的视点、与 X 轴夹角和与 XY 平面夹角等内容如表 6-1 所示。

表 6-1　　　　　　基本视图及其参数设置

视图	菜单选项	方向矢量	与X轴夹角	与XY平面夹角
俯视	Top	(0，0，1)	270°	90°
仰视	Bottom	(0，0，−1)	270°	90°
左视	Left	(−1，0，0)	180°	0°
右视	Right	(1，0，0)	0°	0°

续表

视图	菜单选项	方向矢量	与X轴夹角	与XY平面夹角
前视	Front	$(0, -1, 0)$	270°	0°
后视	Back	$(0, 1, 0)$	90°	0°
西南轴测视	SW Isometric	$(-1, -1, 1)$	225°	45°
东南轴测视	SE Isometric	$(1, -1, 1)$	315°	45°
东北轴测视	NE Isometric	$(1, 1, 1)$	45°	45°
西北轴测视	NW Isometric	$(-1, 1, 1)$	135°	45°

除了上述十个标准视图之外，AutoCAD 还为用户提供了一个【平面视图】工具，使用此命令，可以将当前 UCS、命名保存的 UCS 或 WCS，切换为各坐标系的平面视图，以方便观察和操作，如图 6-8 所示。执行菜单栏中的【视图】/【三维视图】/【平面视图】命令，或在命令行输入表达式 Plan 后按 Enter 键，都可激活【平面视图】命令。

图 6-8　平面视图切换

6.2.3　导航立方体

如图 6-9 所示的 3D 导航立方体（即 View Cube），不但可以快速帮助用户调整模型的视点，还可以更改模型的视图投影、定义和恢复模型的主视图，以及恢复随模型一起保存的已命名 UCS。

此导航立方体主要有顶部的房子标记、中间的导航立方体、底部的罗盘和最下侧的 UCS 菜单四部分组成，当沿着立方体移动鼠标时，分布在导航立方体棱、边、面等位置上的热点会亮显。点击一个热点，就可以切换到相关的视图。

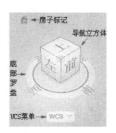

图 6-9　ViewCube 显示图

- 视图投影。当查看模型时，在平行模式、透视模式和带平行视图面的透视模式之间进行切换。
- 主视图指的是定义和恢复模型的主视图。主视图是用户在模型中定义的视图，用于返回熟悉的模型视图。
- 通过单击 ViewCube 下方的 UCS 按钮菜单，可以恢复已命名的 UCS。

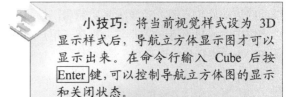

小技巧：将当前视觉样式设为 3D 显示样式后，导航立方体显示图才可以显示出来。在命令行输入 Cube 后按 Enter 键，可以控制导航立方体图的显示和关闭状态。

6.2.4　三维动态观察

AutoCAD 为用户提供了三种动态观察功能，使用此功能可以从不同角度观察三维物体的任意部分。

1. 受约束的动态观察

当执行【受约束的动态观察】命令后，绘图区会出现如图 6-10 所示的光标显示状态，此时按住左键不放，可以手动的调整观察点，以观察模型的不同侧面。执行【受约束的动态观察】命令主要有以下几种方法：

- 执行菜单栏中的【视图】/【动态观察】/【受约束的动态观察】命令。
- 单击【动态观察】工具栏或【导航】面板中的 按钮。
- 在命令行输入 3dorbit 后按 Enter 键。

图 6-10　受约束的动态观察

> **小技巧：** 当激活【受约束的动态观察】命令后，如果按鼠标中间进行拖曳，可以将视图进行平移。

2. 自由动态观察

【自由动态观察】命令用于在三维空间中不受滚动约束的旋转视图，当激活此功能后，绘图区会出现中图 6-11 所示的圆形辅助框架，用户可以从多个方向进行自由地观察三维物体。

图 6-11　自由动态观察

执行【自由动态观察】命令主要有以下几种方法：

- 执行菜单栏中的【视图】/【动态观察】/【自由动态观察】命令。
- 单击【动态观察】工具栏或【导航】面板中的 按钮。
- 在命令行输入 3dforbit 后按 Enter 键。

3. 连续动态观察

【连续动态观察】命令用于以连续运动的方式在三维空间中旋转视图，以持续观察三维物体的不同侧面，而不需要进行手动设置视点。当激活此命令后，光标变为如图 6-12 所示的状态，此时按住左键进行拖曳，即可连续的旋转视图。

图 6-12　连续动态观察

执行【连续动态观察】命令主要有以下几种方法：

- 执行菜单栏中的【视图】/【动态观察】/【连续动态观察】命令。
- 单击【动态观察】工具栏或【导航】面板中的 按钮。
- 在命令行输入 3dcorbit 后按 Enter 键。

6.2.5　UCS 坐标系

在默认设置下，AtuoCAD 是以世界坐标系的 xy 平面作为绘图平面，进行绘制图形的，由于世界坐标系是固定的，其应用范围有一定的局限性，为此，AutoCAD 为用户提供了用户坐标系，简称 UCS，此种坐标系是一种非常重要且常用的坐标系。

1. 新建 UCS

为了更好地辅助绘图，AutoCAD 为用户提供了一种非常灵活的坐标系——用户坐标系（UCS），此坐标系弥补了世界坐标系（WCS）的不足，用户可以随意定制符合作图需要的 UCS，应用范围比较广。执行【UCS】命令主要有以下几种方法：

- 执行菜单栏中的【工具】/【新建 UCS】级联菜单命令，如图 6-13 所示。
- 单击【UCS】工具栏上的各按钮，如图 6-14 所示。
- 在命令行输入 UCS 后按 Enter 键。

图6-13　【UCS】菜单　图6-14　【UCS】工具栏

● 单击【视图】选项卡/【坐标】面板中的各按钮。

执行【UCS】命令后，命令行出现如下提示与选项：

"指定 UCS 的原点或 [面(F)/命名(NA)/对象(OB)/上一个(P)/视图(V)/世界(W)/X/Y/Z/Z 轴(ZA)] <世界>："各种选项功能内容如下：

● 【指定 UCS 的原点】选项用于指定三点，以分别定位出新坐标系的原点、X 轴正方向和 Y 轴正方向。

小技巧：坐标系原点为离选择点最近的实体平面顶点，X 轴正向由此顶点指向离选择点最近的实体平面边界线的另一端点。用户选择的面必须为实体面域。

● 【面（F）】选项用于选择一个实体的平面作为新坐标系的 XOY 面。用户必须使用点选法选择实体。

● 【命名（NA）】选项主要用于恢复其他坐标系为当前坐标系、为当前坐标系命名保存以及删除不需要的坐标系。

● 【对象（OB）】选项表示通过选择的对象创建 UCS 坐标系。用户只能使用点选法来选择对象，否则无法执行此命令。

● 【上一个（P）】选项用于将当前坐标系恢复到前一次所设置的坐标系位置，直到将坐标系恢复为 WCS 坐标系。

● 【视图（V）】选项表示将新建的用户坐标系的 X、Y 轴所在的面设置成与屏幕平行，其原点保持不变，Z 轴与 XY 平面正交。

● 【世界（W）】选项用于选择世界坐标系作为当前坐标系，用户可以从任何一种 UCS 坐标系下返回到世界坐标系。

● 【X】/【Y】/【Z】选项：原坐标系坐标平面分别绕 X、Y、Z 轴旋转而形成新的用户坐标系。

小技巧：如果在已定义的 UCS 坐标系中进行旋转，那么新的 UCS 是以前面的 UCS 系统旋转而成。

● 【Z 轴】选项用于指定 Z 轴方向以确定新的 UCS 坐标系。

2. 管理 UCS

【命名 UCS】命令用于对命名 UCS 以及正交 UCS 进行管理和操作，比如，用户可以使用该命令删除、重命名或恢复已命名的 UCS 坐标系，也可以选择 AutoCAD 预设的标准 UCS 坐标系以及控制 UCS 图标的显示等。

执行【命名 UCS】命令主要有以下几种方法：

● 执行菜单栏中的【工具】/【命名 UCS】命令。
● 单击【UCS Ⅱ】工具栏或【坐标】面板中的 按钮。
● 在命令行输入 Ucsman 后按 Enter 键。

执行【命名 UCS】后可打开如图 6-15 所示的【UCS】对话框，通过此对话框，可以很方便地对自己定义的坐标系统进行存储、删除、应用等操作。

图6-15　【UCS】对话框

● 【命名 UCS】选项卡

如图 6-15 所示的【命名 UCS】选项卡用于显

示当前文件中的所有坐标系，还可以设置当前坐标系。

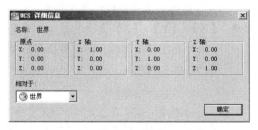

图 6-16　【UCS 详细信息】对话框

- 【当前 UCS】：显示当前的 UCS 名称。如果 UCS 设置没有保存和命名，那么当前 UCS 读取"未命名"。在【当前 UCS】下的空白栏中有 UCS 名称的列表，列出当前视图中已定义的坐标系。
- 置为当前(C) 按钮用于设置当前坐标系。
- 单击 详细信息(T) 按钮，可打开如图 6-16 所示的【UCS 详细信息】对话框，用来查看坐标系的详细信息。
- 【正交 UCS】选项卡

在【UCS】对话框中展开如图 6-17 所示的选项卡，此选项卡主要用于显示和设置 AutoCAD 的预设标准坐标系作为当前坐标系。具体内容如下：

图 6-17　【正交 UCS】选项卡

- 【正交 UCS】列表框中列出当前视图中的 6 个正交坐标系。正交坐标系是相对【相对于】列表框中指定的 UCS 进行定义的。
- 置为当前(C)：用于设置当前的正交坐标系。用户可以在列表中双击某个选项，将其设为当前；也可以选择需要设为当前的选项后单击右键，从弹出的快捷菜单中选择设

为非当前的选项。

- 【设置】选项卡

在【UCS】对话框中展开如图 6-18 所示的选项卡，此选项卡主要用于设置 UCS 图标的显示及其他的一些操作设置。

图 6-18　【设置】选项卡

- 【开】复选项用于显示当前视口中的 UCS 图标。
- 【显示于 UCS 原点】复选项用于在当前视口中当前坐标系的原点显示 UCS 图标。
- 【应用到所有活动视口】复选项用于将 UCS 图标设置应用到当前图形中的所有活动视口。
- 【UCS 与视口一起保存】复选项用于将坐标系设置与视口一起保存。如果清除此选项，视口将反映当前视口的 UCS。
- 【修改 UCS 时更新平面视图】复选项用于修改视口中的坐标系时恢复平面视图。当对话框关闭时，平面视图和选定的 UCS 设置被恢复。

6.3 三维着色功能

AutoCAD 为三维提供了几种控制模型外观显示效果的工具，巧妙运用这些着色功能，能快速显示出三维物体的逼真形态，对三维模型的效果显示有很大帮助。这些着色工具位于如图 6-19 所示的菜单栏、图 6-20 所示的【视觉样式】工具栏和图 6-21 所示的【视觉样式】面板中。

图 6-19　菜单栏

图 6-20　工具栏

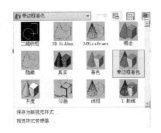

图 6-21　【视觉样式】面板

6.3.1　常用着色功能

本小节主要讲述一些常用的着色功能,具体有二维线框、三维线框、三维隐藏、真实着色和概念着色功能。

1. 二维线框

【二维线框】命令是用直线和曲线显示对象的边缘,此对象的线型和线宽都是可见的,如图 6-22 所示。执行该命令主要有以下几种方法:

● 执行菜单栏中的【视图】/【视觉样式】/【二维线框】命令。
● 单击【视觉样式】工具栏或面板上的⬚按钮。
● 使用快捷键 VS。

2. 三维线框

【三维线框】命令也是用直线和曲线显示对象的边缘轮廓,如图 6-23 所示。与二维线框显示方式不同的是,表示坐标系的按钮会显示成三维着色形式,并且对象的线型及线宽都是不可见的。执行该命令主要有以下几种方法:

● 执行菜单栏中的【视图】/【视觉样式】/【三维线框】命令。

图 6-22　二维线　　　图 6-23　三维线框
　　　　　框着色　　　　　　着色效果

● 单击【视觉样式】工具栏或面板上的⊘按钮。
● 使用快捷键 VS。

3. 三维隐藏

【三维隐藏】命令用于将三维对象中观察不到的线隐藏起来,而只显示那些位于前面无遮挡的对象,如图 6-24 所示。执行该命令主要有以下几种方法:

图 6-24　三维隐藏

● 执行菜单栏中的【视图】/【视觉样式】/【三维隐藏】命令。
● 单击【视觉样式】工具栏或面板上的⊘按钮。
● 使用快捷键 VS。

4. 真实

【真实】命令可使对象实现平面着色,它只对各多边形的面着色,不对面边界作光滑处理,如图 6-25 所示。执行此命令主要有以下几种方法:

● 执行菜单栏中的【视图】/【视觉样式】/【真实】命令。
● 单击【视觉样式】工具栏或面板上的●按钮。
● 使用快捷键 VS。

5. 概念

【概念】命令也可使对象实现平面着色,它不仅可以对各多边形的面着色,还可以对面边界作光滑处理,如图 6-26 所示。执行此命令主要有以下几种方法:

图 6-25　真实着色

图 6-26　概念着色

- 执行菜单栏中的【视图】/【视觉样式】/【概念】命令。
- 单击【视觉样式】工具栏或面板上的 ◉ 按钮。
- 使用快捷键 VS。

6.3.2　其他着色功能

本小节主要学习【着色】、【带边缘着色】、【灰度】、【勾画】和【X 射线】五种着色功能。具体内容如下。

1. 着色

【着色】命令用于将对象进行平滑着色，如图 6-27 所示。执行菜单栏中的【视图】/【视觉样式】/【着色】命令或使用快捷键 VS，都可激活该命令。

2. 带边缘着色

【带边缘着色】命令用于将对象带有可见边的平滑着色，如图 6-28 所示。执行菜单栏中的【视图】/【视觉样式】/【带边缘着色】命令或使用快捷键 VS，都可激活该命令。

图 6-27　平滑着色

图 6-28　带边缘着色

3. 灰度

【灰度】命令用于将对象以单色面颜色模式着色，以产生灰色效果，如图 6-29 所示。执行菜单栏中的【视图】/【视觉样式】/【灰度】命令或使用快捷键 VS 都可激活命令。

4. 勾画

【勾画】命令用于将对象使用外伸和抖动方式产生手绘效果，如图 6-30 所示。执行菜单栏中的【视图】/【视觉样式】/【勾画】命令或使用快捷键 VS，都可激活该命令。

图 6-29　灰度着色

图 6-30　勾画着色

5. X 射线

【X 射线】命令用于更改面的不透明度，以使整个场景变成部分透明，如图 6-31 所示。执行菜单栏中的【视图】/【视觉样式】/【X 射线】命令或使用快捷键 VS，都可激活该命令。

图 6-31　X 射线

6.3.3　管理视觉样式

【管理视觉样式】命令用于控制模型的外观显示效果、创建或更改视觉样式等，其窗口如图 6-32 所示，其中面设置选项用于控制面上颜色和着色的外观，环境设置用于打开和关闭阴影和背景，边设置指定显示哪些边以及是否应用边修改器。

执行【管理视觉样式】命令主要有以下几种方法：

图 6-32 【视觉样式管理器】对话框

- 执行菜单栏中的【视图】/【视觉样式】/【视觉样式管理器...】命令。
- 单击【视觉样式】工具栏或面板中的按钮。
- 在命令行输入 Visualstyles 后按 Enter 键。

6.3.4 材质与渲染

本小节主要学习【材质浏览器】和【渲染】两个命令。

1. 材质浏览器

AutoCAD 为用户提供了【材质浏览器】命令，使用此命令可以直观方便地为模型附着材质，以更加真实的表达实物造型。执行【材质游览器】命令主要有以下几种方法：

- 执行菜单栏中的【视图】/【渲染】/【材质游览器】命令。
- 单击【渲染】工具栏或【材质】面板中的按钮。
- 在命令行输入表达式 Matbrowseropen 后按 Enter 键。

下面通过为长方体快速附着砖墙材质，主要学习【材质游览器】命令的命令方法和技巧。具体操作步骤如下。

【任务1】：为长方体附着砖墙材质。

Step 1 新建绘图文件。

Step 2 执行菜单栏中的【绘图】/【建模】/【长方体】命令，创建长度为 20、宽度为 600、高

度为 300 的长方体。命令行操作如下。

命令: box

  指定第一个角点或 [中心(C)]://在绘图区拾取一点

  指定其他角点或 [立方体(C)/长度(L)]://@20, 600,300 Enter，结果如图 6-33 所示

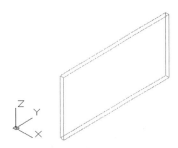

图 6-33 创建长方体

Step 3 单击【渲染】工具栏上的按钮，打开如图 6-34 所示的【材质浏览器】窗口。

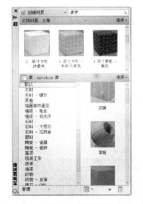

图 6-34 【材质游览器】窗口

Step 4 在【材质浏览器】窗口中选择所需材质后，按住鼠标左键不放，将选择的材质拖曳至方体上，为方体附着材质，如图 6-35 所示。

Step 5 执行菜单栏中的【视图】/【视觉样式】/【真实】命令，对附着材质后的方体进行真实着色，结果如图 6-36 所示。

2. 三维渲染

AutoCAD 为用户提供了简单的渲染功能，执行菜单栏中的【视图】/【渲染】/【渲染】命令，或单击【渲染】工具栏上的按钮，即可激活此

命令，AutoCAD 将按默认设置，对当前视口内的模型，以独立的窗口进行渲染，如图 6-37 所示。

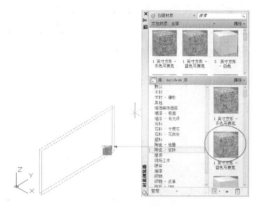

图 6-35　附着材质

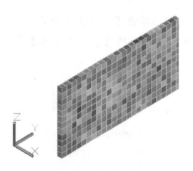

图 6-36　真实着色

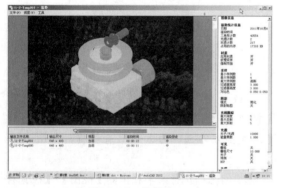

图 6-37　渲染窗口

■6.4■网格与曲面建模基础

本节学习常用网格与曲面的基本创建功能和编辑优化功能等。

6.4.1　创建常用网格

本节学习几何体网格的基本创建功能，具体有【旋转网格】、【平移网格】、【直纹网格】、【边界网格】和【网格图元】等。

1．旋转网格

【旋转网格】命令用于将轨迹线绕一指定的轴进行空间旋转，生成回转体空间网格，如图 6-38 所示。此命令常用于创建具有回转体特征的空间形体，如酒杯、轮、环等三维模型。

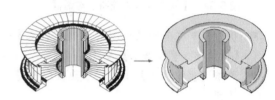

图 6-38　旋转网格示例

> **小技巧：** 用于旋转的轨迹线可以是直线、圆、圆弧、样条曲线、二维或三维多段线，旋转轴则可以是直线或非封闭的多段线。

执行【旋转网格】命令主要有以下几种方法：

- 执行菜单栏中的【绘图】/【建模】/【网格】/【旋转网格】命令。
- 在命令行输入 Revsurf 后按 Enter 键。
- 单击【常用】选项卡/【图元】面板上的 按钮。

下面通过典型的实例，主要学习【旋转网格】命令的使用方法和技巧。

【任务2】：创建旋转网格。

Step 1　执行【打开】命令，打开"/素材文件/旋转网格示例.dwg"，如图 6-39 所示。

Step 2　综合使用【修剪】和【删除】命令，将图形编辑为图 6-40 所示的结构。

Step 3　使用快捷键"BO"激活【边界】命令，将闭合区域编辑成一条多段线边界。

Step 4　执行菜单栏中的【编辑】/【剪切】命

令，选择图 6-40 所示的边界及中心线剪切粘贴到前视图。

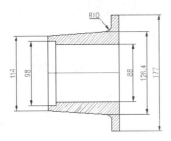

图 6-39 打开结果

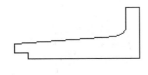

图 6-40 编辑结果

Step 5 执行菜单栏中的【视图】/【三维视图】/【西南等轴测】命令，将当前视图切换到西南视图，如图 6-41 所示。

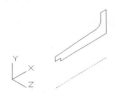

图 6-41 切换视图

Step 6 在命令行分别输入使用系统变量 SURFTAB1 和 SURFTAB2,设置网格的线框密度。命令行操作如下。

命令: surftab1 // Enter
　　输入 SURFTAB1 的新值 <6>://36 Enter
　　命令: surftab2 // Enter
　　输入 SURFTAB2 的新值 <6>://36 Enter

Step 7 执行菜单栏中的【绘图】/【建模】/【网格】/【旋转网格】命令，将边界旋转为网格。命令行操作如下。

命令: _revsurf
　　当前线框密度: SURFTAB1= 36SURFTAB2=36

选择要旋转的对象: //选择如图 6-42 所示的边界
选择定义旋转轴的对象://选择水平中心线
指定起点角度 <0>: // Enter
指定包含角 (+=逆时针，-=顺时针) <360>: //270 Enter，采用当前设置，旋转结果如图 6-43 所示

图 6-42 选择边界　　图 6-43 旋转结果

Step 8 使用快捷键 "HI" 激活【消隐】命令，效果如图 6-44 所示。

Step 9 使用快捷键 "VS" 激活【视觉样式】命令，对网格进行灰度着色，结果如图 6-45 所示。

图 6-44 消隐效果　　图 6-45 灰度着色

小技巧：在系统以逆时针方向为选择角度测量方向的情况下，如果输入的角度为正，则按逆时针方向构造旋转曲面，否则按顺时针方向构造旋转曲面。

2. 平移网格

【平移网格】命令用于将轨迹线沿着指定方向矢量平移延伸而形成的三维网格，轨迹线可以是直线、圆（圆弧）、椭圆椭圆弧、样条曲线、二维或三维多段线；方向矢量用于指明拉伸方向和长度，可以是直线或非封闭多段线，不能使用圆或圆弧来指定位伸的方向。执行【平移网格】命令主要有以下几种方法：

- 执行菜单栏中的【绘图】/【建模】/【网格】/【平移网格】命令。
- 在命令行输入 Tabsurf 后按 Enter 键。
- 单击【常用】选项卡/【图元】面板上的 按钮。

下面通过典型的实例，主要学习【平移网格】命令的使用方法和技巧。

【任务3】：创建平移网格。

Step 1 打开 "/素材文件/扳手.dwg" 文件。

Step 2 将内部的图线删除，然后将余下的封闭区域编辑为一条边界，结果如图 6-46 所示。

Step 3 将视图切换到东南视图，并绘制高度为 70 的垂直线段，如图 6-47 所示。

图 6-46　编辑结果　　　图 6-47　绘制直线

Step 4 使用系统变量 SURFTAB1，设置直纹曲面表面的线框密度为 24。

Step 5 单击【常用】选项卡/【图元】面板上的 按钮，创建平移网格模型。命令行操作如下。

命令：_tabsurf

当前线框密度：SURFTAB1=24

选择用作轮廓曲线的对象：//选择如图 6-48 所示的闭合边界

选择用作方向矢量的对象：//在图 6-48 所示的位置单击直线，创建结果如图 6-49 所示。

图 6-48　选择方向矢量

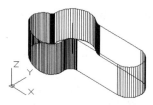

图 6-49　创建平移网格

Step 6 使用快捷键 "VS" 激活【视觉样式】命令，对平移网格进行灰度着色，结果如图 6-50 所示。

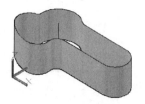

图 6-50　灰度着色

小技巧：创建平移网格时，用于拉伸的轨迹线和方向矢量不能位于同一平面内，在指定位伸的方向矢量时，选择点的位置不同，结果也不同。

3. 直纹网格

【直纹网格】命令用于在指定的两个对象之间创建直纹网格，所指定的两条边界可以是直线、样条曲线、多段线等。执行【直纹网格】命令主要有以下几种方法：

- 执行菜单栏中的【绘图】/【建模】/【网格】/【直纹网格】命令。
- 在命令行输入 Rulesurf 后按 Enter 键。
- 单击【常用】选项卡/【图元】面板上的 按钮。

下面通过典型的实例，主要学习【直纹网格】命令的使用方法和技巧。

【任务4】：创建平移网格。

Step 1 打开 "/素材文件/扳手.dwg"，并使用执行【边界】命令，将图形编辑成四条闭合边界。

Step 2 切换到东南视图，然后对四条闭合边界沿 Z 轴正方向复制 45 个单位，如图 6-51 所示。

Step 3　在命令行设置系统变量 SURFTAB1 的值为 36。

Step 4　执行菜单栏中的【绘图】/【建模】/【网格】/【直纹网格】命令，创建直纹网格模型。命令行操作如下。

命令: _rulesurf

　　当前线框密度: SURFTAB1=36

　　选择第一条定义曲线: //选择图 6-52 所示的圆 C

　　选择第二条定义曲线: //选择圆 c，如图生成如图 6-53 所示的直纹网格

图 6-51　复制结果

图 6-52　定位边界

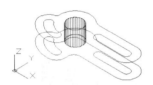

图 6-53　创建直纹网格

命令: _rulesurf

　　当前线框密度: SURFTAB1=36

　　选择第一条定义曲线: //选择边界 B

　　选择第二条定义曲线: //选择边界 b

命令: _rulesurf

　　当前线框密度: SURFTAB1=36

　　选择第一条定义曲线: //选择边界 D

　　选择第二条定义曲线: //选择边界 d，结果生成如图 6-54 所示的直纹网格

Step 5　将变量 SURFTAB1 设置为 100，然后执行【直纹网格】命令，创建外侧的网格模型。命令行操作如下。

命令: _rulesurf

　　当前线框密度: SURFTAB1=100

　　选择第一条定义曲线: //选择图 6-52 所示的边界 A

　　选择第二条定义曲线: //选择边界 a，结果生成如图 6-55 所示的直纹网格

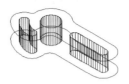

图 6-54　创建直纹网格

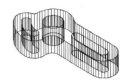

图 6-55　创建直纹网格

Step 6　使用快捷键 "VS" 激活【视觉样式】命令，对网格进行边缘着色，效果如图 6-56 所示。

图 6-56　着色效果

4. 边界网格

【边界网格】命令用于将四条首尾相连的空间直线或曲线作为边界，创建成的空间曲面模型。执行【边界网格】命令主要有以下几种方法：

- 执行菜单栏中的【绘图】/【建模】/【网格】/【边界网格】命令。
- 在命令行输入 Edgesurf 后按 Enter 键。
- 单击【常用】选项卡/【图元】面板上的 按钮。

下面通过典型的实例，主要学习【边界网格】命令的使用方法和技巧。

【任务 5】：创建边界网格。

Step 1　新建绘图文件。

Step 2　执行【西南等轴测】命令，将视图切换为西南视图。

Step 3　在命令行设置系统变量 SURFTAB1 的值为 24、变量 SURFTAB2 的值为 24。

Step 4　综合使用【矩形】、【直线】等命令，绘制如图 6-57 所示的矩形和直线。

Step 5　执行菜单栏中的【绘图】/【建模】/【网格】/【边界网格】命令。

命令: _edgesurf

当前线框密度: SURFTAB1=24SURFTAB2=24

选择用作曲面边界的对象 1://单击图 6-57 所示的轮廓线 1

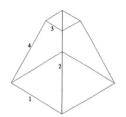

图 6-57　定位边界

选择用作曲面边界的对象 2://单击轮廓线 2

选择用作曲面边界的对象 3://单击轮廓线 3

选择用作曲面边界的对象 4://单击轮廓线 4，创建结果如图 6-58 所示。

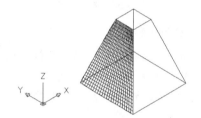

图 6-58　创建边界曲面

小技巧：每条边选择的顺序不同，生成的曲面形状也不一样。用户选择的第一条边确定曲面网格的 M 方向，第二条边确定网格的 N 方向。

5. 网格图元

如图 6-59 所示的各类基本几何体网格图元，与各类基本几何实体的结构一样，只不过网格图元是由网状格子线连接而成。网格图元包括网格长方体、网格楔体、网格圆锥体、网格球体、网格圆柱体、网格圆环体、网格棱锥体等基本网格图元。执行【网格图元】命令主要有以下几种方法：

- 执行菜单栏中的【绘图】/【建模】/【网格】/【图元】级联菜单中的各命令选项，如图 6-60 所示。

图 6-59　基本网格　　　图 6-60　【网格图元】
　　　　图元　　　　　　　　级联菜单

- 单击【平滑网格图元】工具栏中的各按钮，如图 6-61 所示。
- 在命令行输入 Mesh 后按 Enter 键。
- 单击【网格建模】选项卡/【图元】面板上的各按钮。

基本几何体网格的创建方法与创建基本几何实体方法相同，在此不再细述。默认情况下，可以创建无平滑度的网格图元，然后再根据需要应用平滑度，如图 6-62 所示。平滑度 0 表示最低平滑度，不同对象之间可能会有所差别，平滑度 4 表示高圆度。

图 6-61　【平滑网格　　图 6-62　应用平滑度示例
　图元】工具栏

6.4.2　创建常用曲面

本节主要学习拉伸曲面、旋转曲面、剖切曲面、扫掠曲面和平面曲面的具体创建技能。

1. 拉伸曲面

【拉伸】命令用于将闭合或非闭合的二维图形按照指定的高度拉伸成曲面，如图 6-63 所示。执行【拉伸】命令主要有以下几种方法：

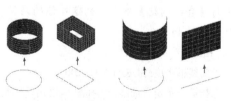

图 6-63　拉伸示体

- 执行菜单栏中的【绘图】/【建模】/【拉伸】命令。
- 单击【建模】工具栏或面板上的 按钮。
- 在命令行输入 Extrude 后按 Enter 键。
- 使用快捷键 EXT。

【任务 6】：创建拉伸曲面。

Step 1　新建绘图文件。

Step 2　执行【西南等轴测】命令，将视图切换到西南视图。

Step 3　综合使用【直线】、【圆】命令绘制一条直线和一个圆图形，如图 6-63（下）所示。

Step 4　执行菜单栏中的【绘图】/【建模】/【拉伸】命令，将刚绘制的直线和圆拉伸为曲面。命令行操作如下。

命令: _extrude

　　当前线框密度: ISOLINES=4，闭合轮廓创建模式 = 实体

　　选择要拉伸的对象或 [模式(MO)]: _MO 闭合轮廓创建模式 [实体(SO)/曲面(SU)] <实体>: _SO

　　选择要拉伸的对象或 [模式(MO)]://MO Enter

　　闭合轮廓创建模式 [实体(SO)/曲面(SU)] <实体>://SU Enter

　　选择要拉伸的对象或 [模式(MO)]: //选择直线

　　选择要拉伸的对象或 [模式(MO)]://选择圆

　　选择要拉伸的对象或 [模式(MO)]: //Enter

　　指定拉伸的高度或 [方向(D)/路径(P)/倾斜角(T)/表达式(E)] <67.9>:

　　//50 Enter，结束命令，拉伸结果如图 6-63（上）所示。

2. 旋转曲面

【旋转】命令用于将闭合或非闭合的二维图形绕坐标轴旋转为曲面，执行【旋转】命令主要有以下几种方法：

- 执行菜单栏中的【绘图】/【建模】/【旋转】命令。
- 单击【建模】工具栏或面板上的 按钮。
- 在命令行输入 Revolve 后按 Enter 键。

【任务 7】：创建旋转曲面。

Step 1　打开 "/素材文件/齿轮.dwg"，如图 6-64 所示。

Step 2　综合使用【修剪】和【删除】命令，将图形编辑成图 6-65 所示的结构。

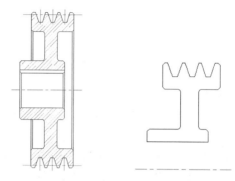

图 6-64　打开结果　　　图 6-65　编辑结果

Step 3　使用快捷键 "PE" 激活【编辑多段线】命令，将闭合轮廓线编辑为一条闭合边界，命令行操作如下。

命令: pe　　// Enter

　　PEDIT 选择多段线或 [多条(M)]: //m Enter

　　选择对象: //窗交选择如图 6-66 所示的闭合轮廓线

　　选择对象: // Enter

　　是否将直线、圆弧和样条曲线转换为多段线？[是(Y)/否(N)]? <Y>　// Enter

　　输入选项 [闭合(C)/打开(O)/合并(J)/宽度(W)/拟合(F)/样条曲线(S)/非曲线化(D)/线型生成(L)/反转(R)/放弃(U)]:　　//J Enter

　　合并类型 = 延伸

　　输入模糊距离或 [合并类型(J)] <0.0>://　Enter

　　多段线已增加 33 条线段

　　输入选项 [闭合(C)/打开(O)/合并(J)/宽度(W)/拟合(F)/样条曲线(S)/非曲线化(D)/线型生成(L)/反转(R)/放弃(U)]:　　// Enter，结束命令

Step 4　执行【西南等轴测】命令，将当前视图切换为西南视图，并取消线宽的显示，结果如图 6-67 所示。

Step 5　单击【建模】工具栏或面板上的

按钮，激活【旋转】命令，将闭合边界旋转为三维曲面。命令行操作如下。

图 6-66　窗交选择

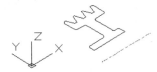

图 6-67　切换视图

命令: _revolve

当前线框密度：ISOLINES=4，闭合轮廓创建模式 = 实体

选择要旋转的对象或 [模式(MO)]：_MO 闭合轮廓创建模式 [实体(SO)/曲面(SU)] <实体>：_SO

选择要旋转的对象或 [模式(MO)]：//MO Enter

闭合轮廓创建模式 [实体(SO)/曲面(SU)] <实 体>：//SU Enter

选择要旋转的对象或 [模式(MO)]：//选择闭合边界

选择要旋转的对象或 [模式(MO)]：//Enter

指定轴起点或根据以下选项之一定义轴 [对象(O)/X/Y/Z] <对象>：　//捕捉中心线的左端点

指定轴端点：//捕捉中心线另一端端点

指定旋转角度或 [起点角度(ST)/反转(R)/表达式(EX)] <360>：

// -180 Enter，结束命令，旋转结果如图 6-68 所示。

Step 6　使用快捷键 "HI" 激活【消隐】命令，对曲面进行消隐，效果如图 6-69 所示。

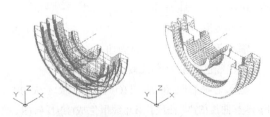

图 6-68　旋转结果　　　图 6-69　消隐效果

Step 7　使用快捷键 "VS" 激活【视觉样式】命令，分别对曲面模型进行真实着色和灰度着色，结果如图 6-70 和图 6-71 所示。

图 6-70　真实着色效果　　图 6-71　灰度着色

3.　剖切曲面

【剖切】命令用于切开现有曲面，然后移去不需要的部分，保留指定的部分。使用此命令也可以将剖切后的两部分都保留。执行【剖切】命令主要有以下几种方法：

- 执行菜单栏中的【绘图】/【三维操作】/【剖切】命令。
- 单击【常用】选项卡/【实体编辑】面板上的按钮。
- 在命令行中输入 Slice 后按 Enter 键。
- 使用快捷键 SL。

【任务 8】：创建剖切曲面。

Step 1　打开 "/素材文件/齿轮面模型.dwg"，如图 6-72 所示。

Step 2　单击【常用】选项卡/【实体编辑】面板上的按钮，对齿轮曲面模型进行剖切。命令行操作如下。

命令: _slice

选择要剖切的对象：//选择如图 6-72 所示的回转体

选择要剖切的对象：// Enter，结束选择

指定切面的起点或 [平面对象(O)/曲面(S)/Z 轴(Z)/视图(V)/XY(XY)/YZ(YZ)/ZX(ZX)/三点(3)] <三点>：//ZX Enter，激活【ZX 平面】选项

指定 XY 平面上的点 <0,0,0>：//捕捉如图 6-73 所示的端点

在所需的侧面上指定点或 [保留两个侧面()] <保留两个侧面>：// Enter，结束命令。

Step 3　剖切后的结果如图 6-74 所示。

Step 4　使用快捷键 "M" 激活【移动】命令，将剖切后的曲面模型进行移动，结果如图 6-75 所示。

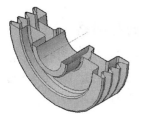
图 6-72　打开结果

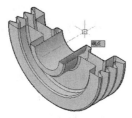
图 6-73　捕捉端点

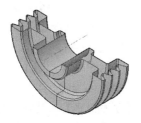
图 6-74　剖切结果

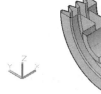
图 6-75　位移结果

4. 扫掠曲面

【扫掠】命令用于沿路径扫掠闭合（或非闭合）的二维（或三维）曲线，以创建新的曲面。执行【扫掠】命令主要有以下几种方法：

- 执行菜单栏中的【绘图】/【建模】/【扫掠】命令。
- 单击【建模】工具栏或面板上的 ⊞ 按钮。
- 在命令行输入 Sweep 后按 Enter 键。
- 使用快捷键 SW。

【任务 9】：创建扫掠曲面。

Step 1　新建文件并将当前视图切换为西南视图。

Step 2　综合使用【样条曲线】、【圆】和【圆弧】命令，绘制如图 6-76 所示的样条曲线、圆与圆弧。

图 6-76　绘制结果

Step 3　单击【建模】工具栏或面板上的 ⊞ 按钮，激活【扫掠】命令，将圆弧扫掠为曲面。命令行操作如下。

命令: _sweep

　　当前线框密度: ISOLINES=4，闭合轮廓创建模式 = 实体

　　选择要扫掠的对象或 [模式(MO)]: _MO 闭合轮廓创建模式 [实体(SO)/曲面(SU)] <实体>: _SO // Enter

　　选择要扫掠的对象或 [模式(MO)]://选择圆弧

　　选择要扫掠的对象或 [模式(MO)]:// Enter

　　选择扫掠路径或 [对齐(A)/基点(B)/比例(S)/扭曲(T)]:

　　//选择样条曲线，扫掠结果如图 6-77 所示，概念着色效果如图 6-78 所示。

图 6-77　扫掠结果　　　　图 6-78　概念着色

Step 4　执行【移动】命令，将扫掠曲面进行外移。

Step 5　重复执行【扫掠】命令，将圆扫掠为曲面。命令行操作如下。

命令: _sweep

　　当前线框密度: ISOLINES=4，闭合轮廓创建模式 = 实体

　　选择要扫掠的对象或 [模式(MO)]: _MO 闭合轮廓创建模式 [实体(SO)/曲面(SU)] <实体>:_SO

　　选择要扫掠的对象或 [模式(MO)]://MO Enter

　　闭合轮廓创建模式 [实体(SO)/曲面(SU)] <实体>://SU Enter

　　选择要扫掠的对象或 [模式(MO)]://选择圆

　　选择要扫掠的对象或 [模式(MO)]:// Enter

　　选择扫掠路径或 [对齐(A)/基点(B)/比例(S)/扭曲(T)]:

　　//选择样条曲线，扫掠结果如图 6-79 所示。

Step 6　使用快捷键"VS"激活【视觉样式】命令，对模型进行真实着色，效果如图 6-80 所示。

图 6-79　扫掠结果

图 6-80　着色效果

5. 平面曲面

【平面曲面】命令用于绘制平面曲面，也可以将闭合的二维图形转化为平面曲面。执行此命令主要有以下几种方法：

● 执行菜单栏中的【绘图】/【建模】/【曲面】/【平面】命令。
● 单击【建模】工具栏或面板上的⬜按钮。
● 在命令行输入 Planesurf 后按 Enter 键。

【任务 10】：创建长度为 200、宽度为 100 的平面曲面。

Step 1　新建绘图文件。

Step 2　执行【西南等轴测】命令，将视图切换到西南视图。

Step 3　执行菜单栏中的【绘图】/【建模】/【曲面】/【平面】命令，配合坐标输入功能绘制平面曲面。命令行操作如下。

命令: _Planesurf

　　指定第一个角点或 [对象(O)] <对象>: //在绘图区拾取一点

　　指定其他角点://@200,100 Enter，绘制结果如图 6-81 所示。

Step 4　使用快捷键 "VS" 激活【视觉样式】命令，对模型进行带边缘着色，效果如图 6-82 所示。

6.4.3　编辑曲面与网格

本节主要学习曲面与网格的编辑优化功能，具体有【曲面圆角】、【曲面修剪】、【曲面偏移】、【拉伸网格】和【优化网格】等命令。

1. 曲面圆角

【曲面圆角】命令用于为空间曲面进行圆角，以创建新的圆角曲面。执行【曲面圆角】命令的主要有以下几种方法以：

● 执行菜单栏中的【绘图】/【建模】/【曲面】/【圆角】命令。
● 单击【曲面创建】工具栏上的✍按钮。
● 在命令行输入 Surffillet 后按 Enter 键。

【任务 11】：对曲面进行圆角。

Step 1　新建绘图文件。

Step 2　执行【西南等轴测】命令，将视图切换到西南视图。

Step 3　单击【建模】工具栏或面板上的⬜按钮，激活【平面曲面】命令，创建如图 6-83（左）所示的两个平面曲面。

Step 4　执行菜单栏中的【绘图】/【建模】/【曲面】/【圆角】命令，对两个平面曲面进行圆角。命令行操作如下。

命令: _SURFFILLET

　　半径 = 25.0，修剪曲面 = 是

　　选择要圆角化的第一个曲面或面域或者 [半径(R)/修剪曲面(T)]: //选择水平曲面

　　选择要圆角化的第二个曲面或面域或者 [半径(R)/修剪曲面(T)]: //选择垂直曲面

　　按 Enter 键接受圆角曲面或 [半径(R)/修剪曲面(T)]: //结束命令

Step 5　平面曲面的圆角结果如图 6-83（右）所示。

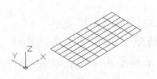

图 6-81　创建结果　　　　图 6-82　着色效果

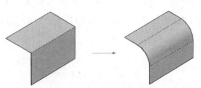

图 6-83　曲面圆角示例

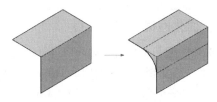

图 6-84　非修剪模式下的圆角

2．曲面修剪

【曲面修剪】命令用于修剪与其他曲面、面域、曲线等相交的曲面部分，执行【曲面修剪】命令主要有以下几种方法：

- 执行菜单栏中的【修改】/【曲面编辑】/【修剪】命令。
- 单击【曲面编辑】工具栏或面板上的按钮。
- 在命令行输入 Surftrim 后按 Enter 键。

【任务 12】：对曲面进行修剪。

Step 1　新建绘图文件并将视图切换到西南视图。

Step 2　执行【平面曲面】命令，在西南视图内绘制相互垂直的两个平面曲面，如图 6-85 所示。

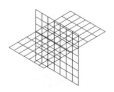

图 6-85　绘制曲面

Step 3　单击【曲面编辑】工具栏中的按钮，激活【曲面修剪】命令，对水平曲面进行修剪。命令行操作如下。

命令: _SURFTRIM

　　延伸曲面 = 是，投影 = 自动

　　选择要修剪的曲面或面域或者 [延伸(E)/投影方向(PRO)]:　　　　//选择水平的曲面

　　选择要修剪的曲面或面域或者 [延伸(E)/投影方向(PRO)]:　　　　// Enter

　　选择剪切曲线、曲面或面域:　//选择图 6-86 所示的曲面作为边界

　　选择剪切曲线、曲面或面域:　// Enter

　　选择要修剪的区域 [放弃(U)]:　//在需要修剪掉的曲面上单击左键

　　选择要修剪的区域 [放弃(U)]:　// Enter，结束命令

Step 4　平面曲面的修剪结果，如图 6-87 所示。

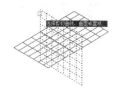

图 6-86　选择边界　　　　图 6-87　修剪结果

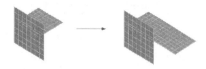

图 6-88　曲面延伸

3．曲面偏移

【曲面偏移】命令用于按照指定的距离偏移选择的曲面，以创建相互平行的曲面。另外，在偏移曲面时也可以反转偏移的方向。执行【曲面偏移】命令主要有以下几种方法：

- 执行菜单栏中的【绘图】/【建模】/【曲面】/【偏移】命令。
- 单击【曲面创建】工具栏或【创建】面板上的按钮。

● 在命令行输入 Surfoffset 后按 Enter 键。

激活【曲面偏移】命令，命令行操作如下。

命令：_SURFOFFSET

连接相邻边 = 否

选择要偏移的曲面或面域://选择如图 6-89 所示的曲面

选择要偏移的曲面或面域:// Enter

指定偏移距离或 [翻转方向(F)/两侧(B)/实体(S)/连接(C)/表达式(E)] <0.0>:

//40 Enter，偏移结果如图 6-90 所示。

图 6-89　选择曲面　　　图 6-90　偏移结果

4．拉伸网格

【拉伸面】命令用于将网格模型上的网格面按照指定的距离或路径进行拉伸，如图 6-91 所示。执行此命令主要有以下几种方法：

图 6-91　拉伸网格示例

● 执行菜单栏中的【修改】/【网格编辑】/【拉伸面】命令。
● 单击【网格】选项卡/【网格编辑】面板上的按钮。
● 在命令行输入 Meshextrude 后按 Enter 键。

【拉伸面】命令的命令行操作提示下：

命令：_MESHEXTRUDE

相邻拉伸面设置为：合并

选择要拉伸的网格面或 [设置(S)]：//选择需要拉伸的网格面

选择要拉伸的网格面或 [设置(S)]：// Enter

指定拉伸的高度或 [方向(D)/路径(P)/倾斜角(T)]<-0.0>：//指定拉伸高度

 小技巧：其中【方向】选项用于指定方向的起点和端点，以定位拉伸的距离和方向；【路径】选项用于按照选择的路径进行拉伸；【倾斜角】选项用于按照指定的角度进行拉伸。

5．优化网格

【优化网格】命令用于对网格进行优化，以成倍的增加网格模型或网格面中的面数，如图 6-92 所示。执行菜单栏中的【修改】/【网格编辑】/【优化网格】命令，或单击【平滑网格】工具栏中的按钮，都可激活【优化网格】命令。

图 6-92　优化网格示例

6.5　上机实训

6.5.1　【实训1】三维辅助功能综合练习

1．实训目的

本实训要求以多个视口显示三维模型的多个视图，通过本例的操作，主要对用户坐标系的定义、存储、管理以及视口的分割、视图的切换等多种辅助功能进行综合练习和巩固应用。具体实训目的如下。

● 掌握 UCS 的定义、存储和应用技能。
● 掌握平面视图和轴测视图的切换及显示技能。
● 掌握视口的分割与合并技能。
● 掌握三维模型的各类着色技能。
● 掌握图形文件的另名存储技能。

2．实训要求

首先调用绘图素材文件，并定义及存储用户

坐标系，然后将当前视口进行分割，最后对每个视口内的视图进行切换并着色等。本例最终效果如图6-93所示。

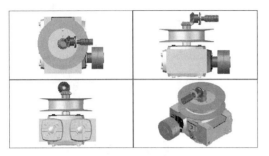

图6-93 实例效果

3. 完成实训

素材文件：	素材文件\UCS示例.dwg
效果文件：	效果文件第6章\三维辅助功能综合练习.dwg
视频文件：	视频文件\第6章\三维辅助功能综合练习.avi

Step 1 打开"/素材文件/ UCS示例.dwg"文件，如图6-94所示。

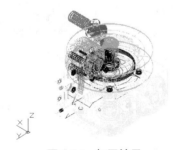

图6-94 打开结果

Step 2 使用快捷键"VS"激活【视觉样式】命令，对模型进行着色显示，结果如图6-95所示。

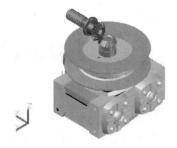

图6-95 定义坐标系原点

Step 3 在命令行输入UCS后按 Enter 键，激活【UCS】命令，配合端点捕捉功能进行三点定义坐标系。命令行操作如下。

命令:UCS

　　当前UCS名称: *俯视*

　　指定UCS的原点或 [面(F) /命名(NA)/对象(OB)/上一个(P)/视图(V)/世界(W)/X/Y/Z/Z 轴(ZA)] <世界>: //捕捉如图6-96所示的端点

　　指定X轴上的点或 <接受>://捕捉如图6-96所示的端点A

　　指定XY平面上的点或<接受>://捕捉如图6-97所示的端点，结果如图6-98所示

图6-96 定位X轴正方向　　图6-97 定位Y轴正方向

图6-98 定义结果

Step 4 按 Enter 键，重复执行【UCS】命令，将当前定义的用户坐标系进行命名存储。命令行操作过程如下：

命令: ucs

　　当前UCS名称: *没有名称*

　　指定UCS的原点或 [面(F)/命名(NA)/对象(OB)/上一个(P)/视图(V)/世界(W)/X/Y/Z/Z 轴(ZA)] <世界>:
　　　　　　　　　　　　　　　//s Enter

　　输入保存当前UCS的名称或[?]://ucs1 Enter

Step 5 重复执行【UCS】命令，使用【面】选项功能重新定义坐标系。命令行操作如下。

命令: ucs

　　当前UCS名称: ucs1

　　指定UCS的原点或 [面(F)/命名(NA)/对象(OB)/

上一个(P)/视图(V)/世界(W)/X/Y/Z/Z 轴(ZA)] <世界>:

//f Enter，激活【面】选项

选择实体面、曲面或网格://选择如图 6-99 所示的面

输入选项 [X 轴反向(X)/Y 轴反向(Y)] <接受>：// Enter，定义结果如图 6-100 所示。

Step 6 重复执行【UCS】命令，将刚定义的坐标系进行存储。命令行操作如下。

图 6-99　选择表面　　图 6-100　定义结果

命令: ucs

当前 UCS 名称: *没有名称*

指定 UCS 的原点或 [面(F)/命名(NA)/对象(OB)/上一个(P)/视图(V)/世界(W)/X/Y/Z/Z 轴(ZA)] <世界>：//s Enter

输入保存当前 UCS 的名称或 [?]://ucs2 Enter

Step 7 执行菜单栏中的【视图】/【三维视图】/【平面视图】/【当前 UCS】命令，将当前视图切换为平面视图，结果如图 6-101 所示。

Step 8 执行菜单栏中的【工具】/【命名 UCS】命令，在打开的对话框中选择"UCS1"坐标系，将此坐标系设置为当前坐标系，如图 6-102 所示。

图 6-101　设置　　图 6-102　设置当前坐标系
平面视图

Step 9 执行菜单栏中的【视图】/【视口】/

【四个视口】命令，将当前视口分割为四个相等视口，如图 6-103 所示。

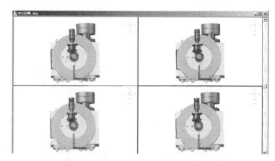

图 6-103　分割视口

Step 10 激活右下角的视口，然后将视口内的视图切换到东北视图，并调整视图，结果如图 6-104 所示。

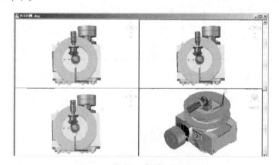

图 6-104　切换东北视图

Step 11 激活左上侧的视口，然后将视图切换到俯视图，并调整视口内的视图，结果如图 6-105 所示。

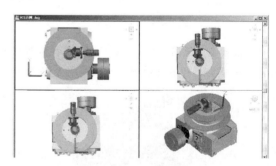

图 6-105　切换俯视图

Step 12 激活左下侧的视口，然后将视图切换到左视图，并调整视口内的视图，结果如图 6-106 所示。

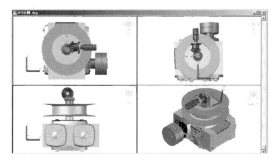

图 6-106　切换左视图

Step 13　激活右上侧的视口，然后将视图切换到前视图，并调整视口内的视图，结果如图 6-107 所示。

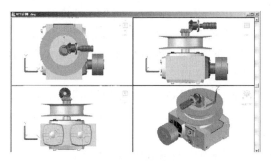

图 6-107　切换前视图

Step 14　使用快捷键"OP"激活【选项】命令，展开【三维建模】选项卡，关闭视口中的各种显示工具，如图 6-108 所示，此时模型的显示效果如图 6-109 所示。

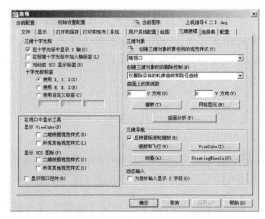

图 6-108　【选项】对话框

Step 15　最后执行【另存为】命令，将图形另名存储为"三维辅助功能综合练习.dwg"。

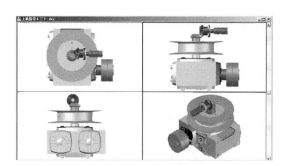

图 6-109　操作结果

6.5.2　【实训2】制作机座零件立体模型

1. 实训目的

本实训要求制作机座零件的网格与曲面模型，通过本例的操作熟练掌握坐标系的定义与使用、视觉样式的着色、网格模型的创建以及面域的创建着色等技能，具体实训目的如下。

- 掌握用户坐标系的定义与使用技能。
- 掌握零件线架模型的绘制技能。
- 掌握面域的创建与着色技能。
- 掌握图层的设置与状态控制功能。
- 掌握网格的创建、隐藏、组合与着色技能。
- 掌握图形文件的存储技能。

2. 实训要求

本例造型的制作共包括四部分，分别是制作拱形底座面、肋板面、柱体面和凸台面。在具体绘制时需要事先绘制出零件的二维线架造型，然后根据线架造型逐一制作零件的网格与面造型，最后对模型进行组合与着色。在制作零件曲面时可以巧妙配合使用图层的状态控制功能，将与当前操作无关的图形进行隐藏。另外，在具体的操作过程中，拱形底座面的制作是关键，凸台面和肋板内侧面的制作是难点。本例最终制作效果如图 6-110 所示。

具体要求如下。

（1）首先新建文件并设置相关图层。

（2）在制作底座面时，综合使用【矩形】、【多段线】、【圆】、【修剪】、【面域】、【平移网格】、

【镜像】等命令。

图 6-110 实例效果

（3）在制作柱体面时，综合使用【圆】、【面域】、【差集】、【直纹网格】以及【UCS】命令。

（4）在制作肋板面和凸台面时，综合使用【直线】、【圆】、【边界】、【面域】、【平移网格】、【UCS】等多种制图命令。

（5）最后使用【保存】命令将绘制的图形命名保存。

3. 完成实训

效果文件：	效果文件\第 6 章\制作机座零件立体模型.dwg
视频文件：	视频文件\第 6 章\制作机座零件立体模型.avi

Step 1 首先新建绘图文件文件，然后执行【图层】命令，设置如图 6-111 所示的五个图层。

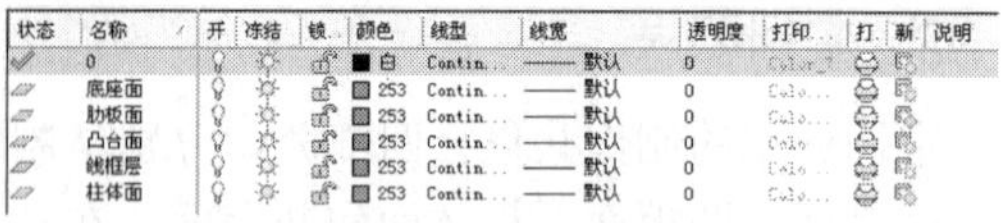

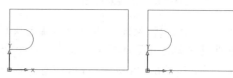

图 6-111 设置图层

绘制拱形底座线架造型。

Step 2 执行菜单栏中的【绘图】/【矩形】命令，以坐标系原点作为角点，绘制长度为 120、宽度为 60 的矩形，并将矩形分解为四条独立的线段。

Step 3 执行菜单栏中的【绘图】/【多段线】命令，以当前坐标系原点作为偏移基点，绘制如图 6-112 所示的多段线。命令行操作如下。

命令：_pline

指定起点：//激活【捕捉自】功能

_from 基点://0,0 Enter

<偏移>: //@0,20 Enter

当前线宽为 0.0000

指定下一个点或 [圆弧(A)/半宽(H)/长度(L)/放弃(U)/宽度(W)]: //@14,0 Enter

指定下一点或 [圆弧(A)/闭合(C)/半宽(H)/长度(L)/放弃(U)/宽度(W)]: //A Enter

指定圆弧的端点或[角度(A)/圆心(CE)/闭合(CL)/方向(D)/半宽(H)/直线(L)/半径

(R)/第二个点(S)/放弃(U)/宽度(W)]://@0,20 Enter

指定圆弧的端点或[角度(A)/圆心(CE)/闭合(CL)/方向(D)/半宽(H)/直线(L)/半径

(R)/第二个点(S)/放弃(U)/宽度(W)]://L Enter

指定下一点或 [圆弧(A)/闭合(C)/半宽(H)/长度(L)/放弃(U)/宽度(W)]: //@-14,0 Enter

指定下一点或 [圆弧(A)/闭合(C)/半宽(H)/长度(L)/放弃(U)/宽度(W)]:

// Enter，结束命令，绘制结果如图 6-112 所示。

Step 4 执行菜单栏中的【修改】/【镜像】命令，选择刚绘制的多段线，配合中点捕捉功能对其镜像复制，结果如图 6-113 所示。

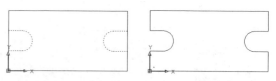

图 6-112 绘制多段线　　图 6-113 镜像结果

Step 5 执行菜单栏中的【修改】/【修剪】命令，以如图 6-114 所示的多段线作为剪切边界，将位于各边界内的轮廓线修剪掉，结果如图 6-115 所示。

图 6-114 选择边界　　图 6-115 修剪结果

Step 6 执行菜单栏中的【视图】/【三维视图】/【西南等轴测】命令，将当前视图切换为西南视图，结果如图 6-116 所示。

Step 7 使用快捷键 "CO" 激活【复制】命

令，将底面轮廓线沿 Z 轴复制 17 个单位，结果如图 6-117 所示。

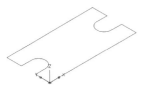　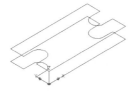

图 6-116　切换西南视图　　图 6-117　复制结果

Step 8　使用快捷键"L"激活画线命令，配合端点捕捉功能，绘制底座的垂直棱边，绘制结果如图 6-118 所示。

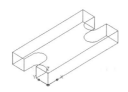

图 6-118　绘制垂直棱

Step 9　在命令行输入"UCS"后按 Enter 键，将坐标系统 X 轴旋转 90 度，以创建新的 UCS。命令行操作如下。

命令：ucs

　　当前 UCS 名称：*没有名称*

　　指定 UCS 的原点或 [面(F)/命名(NA)/对象(OB)/上一个(P)/视图(V)/世界(W)/X/Y/Z/Z 轴(ZA)] <世界>://x Enter

　　指定绕 X 轴的旋转角度 <90>://Enter，结果如图 6-119 所示。

Step 10　单击【绘图】工具栏上的 ⊙ 按钮，以如图 6-120 所示中点作为圆心，绘制半径分别为 22 和 36 的同心圆。

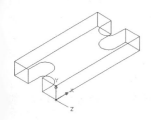　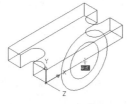

图 6-119　定义坐标系　　图 6-120　绘制同心圆

Step 11　使用快捷键"TR"激活【修剪】

命令，对图形进行修剪，结果如图 6-121 所示。

Step 12　使用快捷键"CO"激活【复制】命令，对上侧的大圆弧沿 Y 轴负方向复制 6 个单位，结果如图 6-122 所示。

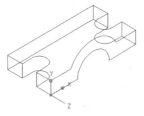　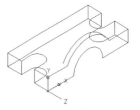

图 6-121　修剪结果　　图 6-122　复制圆弧

Step 13　使用【直线】命令，配合端点捕捉功能，绘制如图 6-123 所示的轮廓线。

制作拱形底座侧面造型。

Step 14　执行菜单栏中的【绘图】/【面域】命令，选择如图 6-124 所示的轮廓线，将其转化为面域。

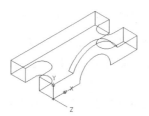　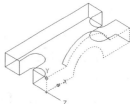

图 6-123　绘制图线　　图 6-124　创建面域

Step 15　使用系统变量 surftab1 和 surftab2，修改曲面模型的表面显示密度。命令行操作如下。

命令：surftab1　　　　　　　// Enter

　　输入 SURFTAB1 的新值 <6>：//24 Enter

　　命令：surftab2　　　　　　// Enter

　　输入 SURFTAB2 的新值 <6>：//24 Enter

Step 16　执行菜单栏中的【绘图】/【建模】/【网格】/【平移网格】命令，创建底座的网格曲面模型。命令行操作如下。

命令：_tabsurf

　　当前线框密度：SURFTAB1=24

　　选择用作轮廓曲线的对象：　//选择图 6-125 所示的虚显轮廓线

　　选择用作方向矢量的对象：　//在图 6-125 所

示位置单击左键，结果如图 6-126 所示。

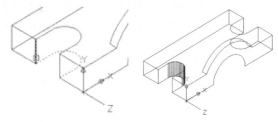

图 6-125　选择方向矢量　　图 6-126　创建平移曲面

Step 17　重复上一操作步骤，使用【平移网格】命令创建另一侧的曲面，结果如图 6-127 所示。

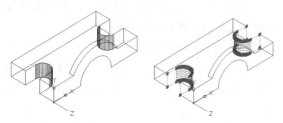

图 6-127　创建右侧曲面　　图 6-128　曲面的夹点显示

Step 18　在无命令执行的前提下，选择刚创建的两个网格曲面，使其夹点显示，如图 6-128 所示。

Step 19　展开【图层控制】列表，单击"底座面"层，同时关闭该图层，此时两个曲面被隐藏，结果如图 6-129 所示。

Step 20　执行【UCS】命令，使用"三点"方式重新定义用户坐标系。命令行操作如下。

命令: ucs

　　当前 UCS 名称:*没有名称*

　　指定 UCS 的原点或 [面(F)/命名(NA)/对象(OB)/上一个(P)/视图(V)/世界(W)/X/Y/Z/Z 轴(ZA)] <世界>://捕捉图 6-129 所示的 a 点

　　指定 X 轴上的点或 <接受>:　　//捕捉 b 点

　　指定 XY 平面上的点或 <接受>: //捕捉 c 点，结果如图 6-130 所示。

Step 21　执行【面域】命令，选择如图 6-131 所示的对象，将其转换为面域。

Step 22　执行菜单栏中的【修改】/【复制】命令，选择刚创建的面域，对其进行多重复制。

命令行操作如下。

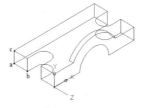
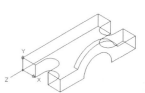

图 6-129　隐藏后的效果　　图 6-130　定义 UCS

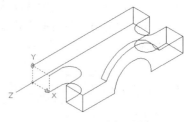

图 6-131　选择对象

命令: _copy

　　选择对象: //选择刚创建的面域

　　选择对象: //Enter

　　当前设置:　复制模式 = 多个

　　指定基点或 [位移(D)/模式(O)] <位移>:

　　//捕捉图 6-132 所示的端点

　　指定第二个点或[阵列(A)] <使用第一个点作为位移>: //捕捉图 6-132 所示的 a 点

　　指定第二个点或 [阵列(A)/ 退出(E)/放弃(U)] <退出>: //捕捉图 6-132 所示的 b 点

　　指定第二个点或 [阵列(A)/ 退出(E)/放弃(U)] <退出>: //捕捉图 6-132 所示的 c 点

　　指定第二个点或 [阵列(A)/ 退出(E)/放弃(U)] <退出>: //Enter，结束命令制作拱型底座上侧曲面造型

Step 23　执行菜单栏中的【绘图】/【建模】/【网格】/【平移网格】命令，创建网格曲面。命令行操作如下。

命令: _tabsurf

　　当前线框密度: SURFTAB1=24

　　选择用作轮廓曲线的对象: //选择图 6-133 所示的虚显圆弧

　　选择用作方向矢量的对象: //选择图 6-133 所示的方向矢量，结果创建出图 6-134 所示的曲面。

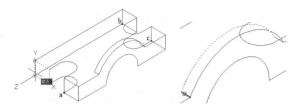

图 6-132　端点捕捉　　图 6-133　定义方向矢量

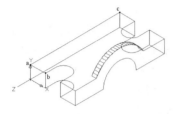

图 6-134　创建曲面

Step 24　执行【UCS】命令，使用"三点"方式重新定义用户坐标系。命令行操作如下。

命令: ucs

　当前 UCS 名称: *没有名称*

　指定 UCS 的原点或 [面(F)/命名(NA)/对象(OB)/上一个(P)/视图(V)/世界(W)/X/Y/Z/Z 轴(ZA)] <世界>: //捕捉图 6-134 所示的 a 点

　指定 X 轴上的点或 <接受>://捕捉图 6-134 所示的 b 点

　指定 XY 平面上的点或 <接受>:　　// 捕捉图 6-134 所示的 c 点，结果如图 6-135 所示。

Step 25　将刚创建的网格曲面放置在"底座面"图层上，然后执行【延伸】命令，以图 6-136 所示的图线作为边界，对圆弧两侧的水平边进行延伸，结果如图 6-137 所示。

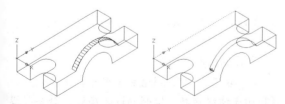

图 6-135　定义坐标系　　图 6-136　选择延伸对象

Step 26　使用快捷键"L"激活【直线】命令，分别连接图 6-138 所示的点 1 和点 2、点 3 和点 4、点 5 和点 6，绘制三段轮廓线。

Step 27　执行菜单栏中的【绘图】/【边界】

命令，在如图 6-139 所示的 A、B 区域内单击左键，创建两个闭合的面域。

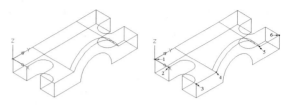

图 6-137　延伸结果　　图 6-138　定位点

Step 28　夹点显示刚创建的两个闭合面域，将其放置到"底座面"图层上。

制作上侧的柱体曲面造型。

Step 29　执行菜单栏中的【工具】/【新建 UCS】/【Y】命令，将当前坐标系绕 Y 轴旋转−90 度，如图 6-140 所示。

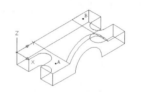 

图 6-139　指定边界区域　　图 6-140　旋转坐标系

Step 30　单击【绘图】工具栏或面板上的 ⊙ 按钮，以"55,60,0"作为圆心，绘制直径分别为 38 和 22 的两个同心圆,如图 6-141 所示。

Step 31　执行菜单栏中的【修改】/【复制】命令，选择刚绘制的两个圆心圆沿 Z 轴负方向复制 22 个绘图单位，结果如图 6-142 所示。

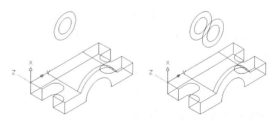

图 6-141　绘制同心圆　　图 6-142　复制结果

Step 32　执行菜单中的【绘图】/【建模】/【网格】/【直纹网格】命令，选择外侧的两个大圆，将其创建为柱体的表面模型。命令行操作如下。

命令:_rulesurf

　当前线框密度: SURFTAB1=24

选择第一条定义曲线： //选择图6-143所示的圆图形

选择第二条定义曲线： //选择图6-144所示的圆图形，结果创建出图6-145所示的网格曲面。

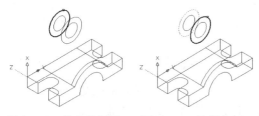

图 6-143　选择外侧圆　　图 6-144　选择内侧圆

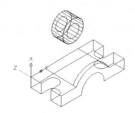

图 6-145　创建结果

Step 33　展开【图层控制】列表，关闭"柱体面"层，并将刚创建的网格曲面放置到"柱体面"层上，将其隐藏。

Step 34　执行菜单中的【工具】/【新建UCS】/【三点】命令，配合圆心和象限点捕捉功能，重新定义新的用户坐标系。命令行操作如下。

命令：_ucs

当前 UCS 名称：*没有名称*

指定 UCS 的原点或 [面(F)/命名(NA)/对象(OB)/上一个(P)/视图(V)/世界(W)/X/Y/Z/Z 轴(ZA)] <世界>：_3

指定新原点 <0,0,0>://捕捉内侧同心圆的圆心

在 正 X 轴范围上指定点 <1.0000, 0.0000, 0.0000>://捕捉内侧同心圆的右象限点

正在检查 666 个交点...

在 UCS XY 平面的正 Y 轴范围上指定点 <0.0000, 1.0000,0.0000>：

//捕捉内侧同心圆的上象限点，结果创建出如图6-146所示的坐标系。

Step 35　执行菜单栏中的【绘图】/【面域】

命令，将四个圆图形转化为四个圆形面域。

> **小技巧：** 在创建面域对象时，必须进行定义新的用户坐标系，以使坐标系平面与面域处在同一个面上，否则系统不能创建面域，或创建出来的面域不能被着色显示。

Step 36　执行菜单中的【修改】/【实体编辑】/【差集】命令，分别用外侧的两个大的圆形面域，减掉内部的两个小圆形面域，以创建组合面域。命令行操作如下。

命令：_subtract

选择要从中减去的实体或面域...

选择对象：//选择图 6-147 所示的圆形面域 1

选择对象：//选择图 6-147 所示的圆形面域 3

选择对象：//Enter

选择要减去的实体或面域 ..

选择对象：//选择图 6-147 所示的圆形面域 2

选择对象：//选择图 6-147 所示的圆形面域 4

选择对象：//Enter，结束命令，结果内部的圆形面域被减掉。

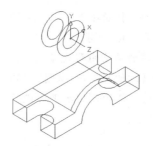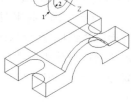

图 6-146　定义坐标系　　图 6-147　创建组合面域

制作肋板曲面造型

Step 37　使用【直线】命令，配合端点捕捉和切点捕捉功能，绘制肋板轮廓线，命令行操作如下。

命令：_line

指定第一点： //捕捉如图 6-148 所示的端点

指定下一点或 [放弃(U)]： //捕捉如图 6-149 所示的切点

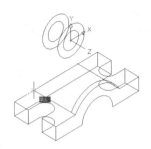

图 6-148　捕捉端点

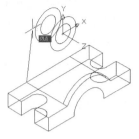

图 6-149　捕捉切点

指定下一点或 [放弃(U)]: //Enter, 绘制结果如图 6-150 所示。

命令: //Enter, 重复执行画线命令

　　LINE 指定第一点: //捕捉如图 6-151 所示的端点

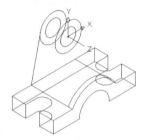

图 6-150　绘制结果

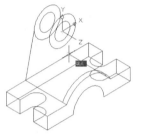

图 6-151　捕捉端点

指定下一点或 [放弃(U)]: //捕捉如图 6-152 所示的象限点

指定下一点 [放弃(U)]: //Enter, 绘制结果如图 6-153 所示。

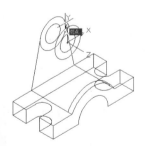

图 6-152　捕捉切点

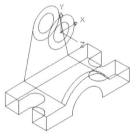

图 6-153　绘制结果

Step 38　执行【复制】命令，选择刚绘制的两条肋板轮廓线，将其沿 Z 轴正方向复制 18 个绘图单位，结果如图 6-154 所示。

Step 39　使用快捷键 "L" 激活【直线】命令，配合端点捕捉功能，绘制肋板上端的轮廓线，

结果如图 6-155 所示。

Step 40　单击【绘图】工具栏上的◎按钮，配合【捕捉自】功能，绘制肋板与柱体的连接圆。命令行操作如下。

命令: _circle

　　指定圆的圆心或 [三点(3P)/两点(2P)/切点、切点、半径(T)]: //激活【捕捉自】功能

　　_from 基点: //0,0,0 Enter

　　<偏移>: //@0,0,-4 Enter

　　指定圆的半径或 [直径(D)] <10.0000>: //d Enter

　　指定圆的直径 <38.0000>: //38 Enter, 绘制结果如图 6-156 所示。

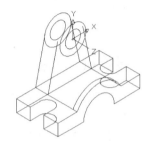

图 6-154　复制结果

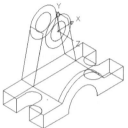

图 6-155　绘制线

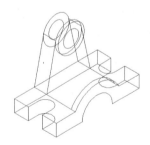

图 6-156　绘制圆

Step 41　执行【修剪】命令，以内侧肋板轮廓线作为剪切边界，对刚绘制的圆进行修剪，结果如图 6-157 所示。

Step 42　执行菜单中的【绘图】/【建模】/【网格】/【直纹网格】命令，创建肋板的网格曲面。命令行操作如下。

命令: _rulesurf

　　当前线框密度: SURFTAB1=24

　　选择第一条定义曲线: //选择如图 6-157 所示的轮廓线 1

选择第二条定义曲线://选择如图 6-157 所示的轮廓线 2

命令: //Enter，重复执行命令

RULESURF 当前线框密度: SURFTAB1=24

选择第一条定义曲线://选择如图 6-157 所示的轮廓线 3

选择第二条定义曲线://选择如图 6-157 所示的轮廓线 4，结果创建出如图 6-158 所示的网格曲面。

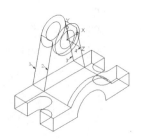 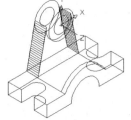

图 6-157　修剪结果　　图 6-158　创建曲面

Step 43　关闭"肋板面"图层，并将刚创建的两个网格曲面放置到此图层上。

Step 44　执行菜单中的【工具】/【UCS】/【世界】命令，将当前坐标系恢复为世界坐标系，如图 6-159 所示。

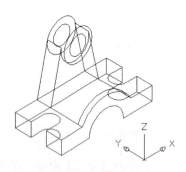

图 6-159　世界坐标系

制作凸台内孔曲面造型

Step 45　使用快捷键"C"激活【圆】命令，配合圆心捕捉功能，绘制凸台顶面的圆形轮廓。命令行操作如下。

命令:　//Enter 激活圆命令

CIRCLE 指定圆的圆心或 [三点(3P)/两点(2P)/切点、切点、半径(T)]: //激活【捕捉自】功能

_from //捕捉图 6-160 所示的圆心

基点: <偏移>://@0,-14,-26 Enter

指定圆的半径或 [直径(D)] <10.0000>:　//Enter，绘制结果如图 6-161 所示。

Step 46　使用【直线】命令，以刚绘制的圆的圆心作为起点，沿 Z 轴负方向绘制长度为 24 的垂直线段，如图 6-162 所示。

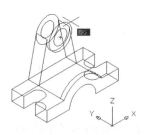 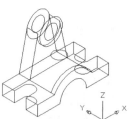

图 6-160　捕捉圆心　　图 6-161　绘制圆

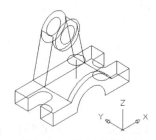

图 6-162　绘制垂直线段

Step 47　执行【平移网格】命令，以刚绘制的圆作为轮廓曲线，以线段作为方向矢量，创建凸台内侧的柱体面。命令行操作如下。

命令: _tabsurf

当前线框密度: SURFTAB1=24

选择用作轮廓曲线的对象://选择如图 6-163 所示的圆图形

选择用作方向矢量的对象://在　图 6-164 所示位置单击直段，结果创建出如图 6-165 所示的柱体面。

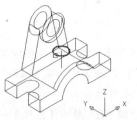 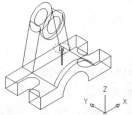

图 6-163　选择曲线　　图 6-164　定位方向矢量

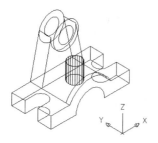

图 6-165　创建柱体面

Step 48　关闭"凸台面"图层，并将刚创建的网格曲面放置到该层上，进行隐藏。

绘制凸台线架轮廓造型

Step 49　执行菜单栏中的【绘图】/【直线】命令，配合捕捉追踪功能，绘制凸台的段面轮廓线。命令行操作如下。

命令: _line

指定第一点:　//通过如图 6-166 所示的端点引出垂直追踪虚线，然后输入 18 Enter 定位起点

指定下一点或 [放弃(U)]:　//打开极轴追踪功能，引出图 6-167 所示的水平追踪虚线，然后捕捉虚线与肋板轮廓线的交点

图 6-166　引出 90°　　图 6-167　引出 0° 极
　　追踪虚线　　　　　　轴虚线

指定下一点或 [放弃(U)]:　//引出如图 6-168 所示的极轴追踪虚线，然后输入 36 Enter

指定下一点或 [闭合(C)/放弃(U)]://Enter，绘制结果如图 6-169 所示。

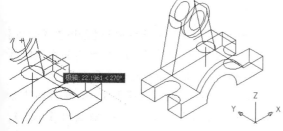

图 6-168　引出 270° 极轴虚线　图 6-169　绘制结果

Step 50　敲击 Enter 键重复执行【直线】命令，配合捕捉与追踪功能，绘制另一半轮廓线。命令行操作如下。

命令://Enter，重复画线命令

LINE 指定第一点:　//捕捉如图 6-170 所示的端点

指定下一点或 [放弃(U)]:　//引出图 6-171 所示的极轴虚线，然后捕捉追踪线与轮廓线的交点

指定下一点或 [放弃(U)]:　//引出图 6-172 所示的极轴虚线，输入 36 Enter

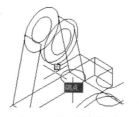　

图 6-170　捕捉端点　　图 6-171　捕捉交点

图 6-172　引出 270° 极轴虚线

指定下一点或 [闭合(C)/放弃(U)]: //捕捉如图 6-173 所示的端点

指定下一点或 [闭合(C)/放弃(U)]:// Enter，绘制结果如图 6-174 所示。

　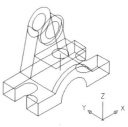

图 6-173　捕捉端点　　图 6-174　绘制结果

Step 51　重复执行【直线】命令，配合端点捕捉功能绘制凸台的边棱。命令行操作如下。

命令:_line

　　指定第一点://捕捉如图 6-175 所示的端点

　　指定下一点或 [放弃(U)]: //捕捉如图 6-176 所示的端点

　　指定下一点或 [放弃(U)]://Enter

　　命令: //Enter，重复执行命令

　　LINE 指定第一点: //捕捉如图 6-177 所示的端点

　　指定下一点或 [放弃(U)]: //捕捉如图 6-178 所示的端点

　　指定下一点或 [放弃(U)]: //Enter，绘制结果如图 6-179 所示。

修剪，结果如图 6-183 所示。

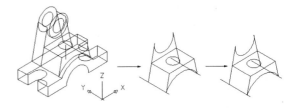

图 6-181　复制结果

图 6-175　捕捉端点　　　图 6-176　捕捉端点

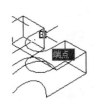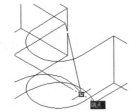

图 6-177　绘制结果　　　图 6-178　捕捉端点

Step 52　执行【复制】命令，选择如图 6-180 所示的凸台轮廓线和肋板轮廓线，进行外移复制，结果如图 6-181 所示。

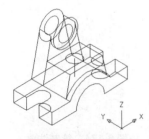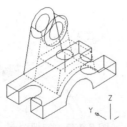

图 6-179　绘制边棱　　图 6-180　选择复制对象

Step 53　执行【修剪】命令，以如图 6-182 所示的轮廓线作为修剪边界，对顶面轮廓线进行

图 6-182　选择剪切边界　　图 6-183　修剪结果

Step 54　单击【修改】工具栏上的 ⌐ 按钮，激活【打断于点】命令，分别将肋板边棱轮廓线截为两部分，其中断点分别为图 6-184、图 6-185、图 6-186、图 6-187 所示的端点。

图 6-184　指定断点　　　图 6-185　指定断点

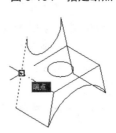

图 6-186　指定断点　　　图 6-187　指定断点

制作凸台面造型

Step 55　执行菜单栏中的【绘图】/【面域】命令，选择如图 6-188 和图 6-189 所示的虚显轮廓线，将其转化为圆形面域和四边形面域。

Step 56　执行【差集】命令，选择四边形面域，将内部的圆形面域减掉，并使用【UCS】命令，将当前坐标系统 X 轴旋转 90 度。

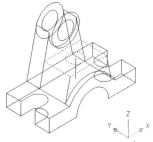

图 6-188　创建面域　　　　图 6-189　选择对象

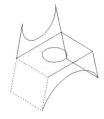

Step 57　再次执行【面域】命令，分别将图 6-190 和图 6-191 所示的虚显闭合轮廓线转化为面域。

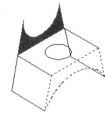

图 6-190　选择对象　　　　图 6-191　选择对象

Step 58　在命令行输入 "Shade" 后按 Enter 键，对当前视图进行平面显示。

Step 59　执行菜单栏中的【工具】/【新建 UCS】/【三点】命令，创建新的用户坐标系，命令行操作如下。

命令: _ucs

　　当前 UCS 名称: *没有名称*

　　指定 UCS 的原点或 [面(F)/命名(NA)/对象(OB)/上一个(P)/视图(V)/世界(W)/X/Y/Z/Z 轴(ZA)] <世界>: _3

　　指定新原点 <0,0,0>: //捕捉如 图 6-192 所示的端点

　　在正 X 轴范围上指定点 <1.0000,0.0000, 0.0000>: //捕捉如图 6-193 所示的端点

　　在 UCS XY 平面的正 Y 轴范围上指定点 <-1.0000, 0.0000,0.0000>:

　　//捕捉如 图 6-194 所示的端点，创建结果如图 6-195 所示。

Step 60　执行菜单栏中的【绘图】/【面域】命令，选择如图 6-196 所示的轮廓边，将其转化为

面域，结果如图 6-197 所示。

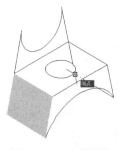
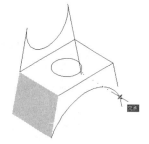

图 6-192　定位原心　　　　图 6-193　定位 X 轴正方向

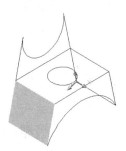

图 6-194　定位 Y 轴正方向　　　图 6-195　定义结果

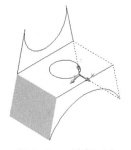
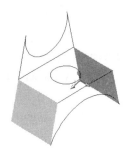

图 6-196　选择对象　　　　图 6-197　面域的显示结果

Step 61　对模型进行概念着色，然后使用【移动】命令，将凸台各面和面模型进行组合，结果如图 6-198 所示。

Step 62　打开所有被关闭的图层，完整的立体效果如图 6-199 所示。

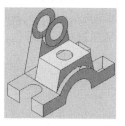

图 6-198　组合结果　　　　图 6-199　完整效果

Step 63 单击【视图】菜单中的【渲染】/【渲染】命令,对模型进行简单的渲染,效果如图 6-200 所示。

图 6-200 面模型的简单渲染

Step 64 最后执行【保存】命令,将图形命名存储为"制作机座零件立体造型.dwg"。

6.6 课后练习

1. 填空题

(1)( ) 被称为"视点"。在 AutoCAD 中,视点的设置主要有( )和( )两种方式。

(2)AutoCAD 共为用户提供了( )、( )、( )( )、( )和( )六个基本视图;提供了( )、( )、( )和( )四个轴测视图。

(3)使用( )命令可以将轨迹线绕一指定的轴进行空间旋转,生成回转体空间网格;使用( )命令可以将四条首尾相连的空间直线创建成空间曲面。

(4)AutoCAD 为用户提供了三种动态观察功能,分别是( )、( )和( )。

(5)( )命令仅将对象的各多边形面进行平面着色,而不对面边界作光滑处理;( )命令不仅可以将对象的各多边形面进行平面着色,还可以对面边界作光滑处理。

(6)使用( )命令可以将闭合或非闭合的二维图形按照指定的高度拉伸成曲面;使用( )命令可以将闭合或非闭合的二维图形绕坐标轴旋转为曲面。

2. 实训操作题

(1)运用本章所学知识,绘制如图 6-201 所示的零件模型。

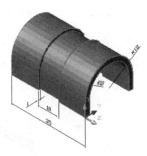

图 6-201 操作题一

(2)运用本章所学知识,根据零件三视图制作零件的立体模型。三视图与立体模型如图 6-202 所示。

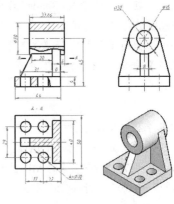

图 6-202 操作题二

第**7**章

绘制机械零件实体造型

📖 **学习目标**

本章通过制作机械零件的三维实体造型，使大家了解和掌握基本几何体和复杂几何体的创建技术、掌握三维基本操作技术以及三维实体的面边编辑技术等，培养大家使用基本的实体建模工具和三维编辑工具，制作各类机械产品三维实体造型的基本能力。

📖 **学习重点**

掌握各类几何实体的建模技能、组合体的建模技能、实体的面边编辑技能以及三维基本操作技能。

📖 **主要内容**

- 基本几何实体建模
- 复杂几何实体建模
- 组合实体的建模技能
- 三维基本操作
- 编辑实体面与边
- 制作分流器零件立体造型
- 制作箱体零件的立体造型

7.1 基本几何实体建模

本节主要学习各类基本几何实体的创建功能，具体有【多段体】、【长方体】、【圆柱体】、【圆环体】、【圆锥体】、【棱锥体】、【楔体】、【球体】等命令，这些实体建模工具按钮位于【建模】工具栏和【建模】面板上，其菜单位于【绘图】/【建模】子菜单上。

7.1.1 多段体

【多段体】命令用于创建三维多段体，在创建多段体时，不仅可以设置多段体的截面宽度，还可以设置多段体的高度，如图 7-1 所示。执行【多段体】命令主要有以下几种方法：

图 7-1　多段体示例

- 执行菜单栏中的【绘图】/【建模】/【多段体】命令。
- 单击【建模】工具栏或面板上的 按钮。
- 在命令行输入 Polysolid 后按 Enter 键。

【任务 1】：创建高度为 80、宽度为 4 的多段体。

Step 1　新建文件。

Step 2　执行【西南等轴测】命令，将视图切换为西南视图。

Step 3　单击【建模】工具栏或面板上的 按钮，激活【多段体】命令，根据命令行提示进行创建多段体。命令行操作如下。

命令:_Polysolid 高度 = 80.0000, 宽度 = 80.0000, 对正 = 居中

指定起点或 [对象(O)/高度(H)/宽度(W)/对正(J)] <对象>://h Enter

指定高度<80.0000>: //80 Enter

高度 = 80.0000, 宽度 = 80.0000, 对正 = 居中

指定起点或 [对象(O)/高度(H)/宽度(W)/对正(J)] <对象>://w Enter

指定高度<80.0000>: //4 Enter

高度 = 80.0000, 宽度 = 4.0000, 对正 = 居中

指定起点或 [对象(O)/高度(H)/宽度(W)/对正(J)] <对象>: //在绘图区拾取一点

指定下一个点或 [圆弧(A)/放弃(U)]: //@100,0 Enter

指定下一个点或 [圆弧(A)/闭合(U)]: //@0,-60 Enter

指定下一个点或 [圆弧(A)/闭合(C)/放弃(U)]: //@100,0 Enter

指定下一个点或 [圆弧(A)/闭合(C)/放弃(U)]: //a Enter

指定圆弧的端点或 [闭合(C)/方向(D)/直线(L)/第二个点(S)/放弃(U)]: //@0,-150 Enter

指定下一个点或 [圆弧(A)/闭合(C)/放弃(U)]:指定圆弧的端点或 [闭合(C)/方向(D)/直线(L)/第二个点(S)/放弃(U)]: //在绘图区拾取一点

指定下一个点或 [圆弧(A)/闭合(C)/放弃(U)]:指定圆弧的端点或[闭合(C)/方向(D)/直线(L)/第二个点(S)/放弃(U)]: // Enter，结束命令，绘制结果如图 7-2 所示

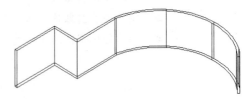

图 7-2　绘制结果

📖 选项解析

- 【对象】选项可以将现有的直线、圆弧、圆、矩形以及样条曲线等二维对象，转化为具有一定宽度和高度的三维实心体，如图 7-3 所示。
- 【高度】选项用于设置多段体的高度。
- 【宽度】选项用于设置多段体的宽度。

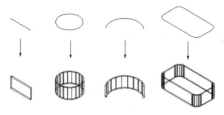

图 7-3　选项示例

- 【对正】选项用于设置多段体的对正方式，具体有"左对正"、"居中"和"右对正"三种方式。

7.1.2　长方体

【长方体】命令是一个非常常用的实体建模工具，此命令主要用于创建长方体模型或立方体模型，如图 7-4 所示。执行此命令主要有以下几种方法：

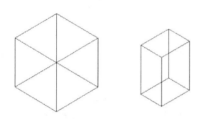

图 7-4　长方体示例

- 执行菜单栏中的【绘图】/【建模】/【长方体】命令。
- 单击【建模】工具栏或面板上的□按钮。
- 在命令行输入 Box 后按 Enter 键。

【任务 2】：创建长度为 150、宽度为 100、高度为 200 的长方体

Step 1　新建绘图文件。

Step 2　执行【西南等轴测】命令，将视图切换为西南视图。

Step 3　单击【建模】工具栏或面板上的□按钮，激活【长方体】命令，根据命令行提示进行创建长方体。命令行操作如下。

命令：_box

　　指定第一个角点或 [中心(C)]：//在绘图区拾取一点

　　指定其他角点或 [立方体 (C)/ 长度 (L)]：

//@150,100 Enter

　　指定高度或 [两点(2P)]：//200 Enter，创建结果如图 7-5 所示

Step 4　使用快捷键"HI"激活【消隐】命令，效果如图 7-6 所示。

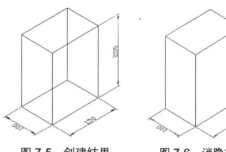

图 7-5　创建结果　　图 7-6　消隐效果

选项解析

- 【立方体】选项用于创建长宽高都相等的正立方体。
- 【中心点】选项用于根据长方体的正中心点位置进行创建长方体，即首先定位长方体的中心点位置。
- 【长度】选项用于直接输入长方体的长度、宽度和高度等参数，即可生成相应尺寸的长方体模型。

7.1.3　圆柱体

【圆柱体】命令主要用于创建圆柱实心体或椭圆柱实心体模型，执行【圆柱体】命令主要有以下几种方法：

- 执行菜单栏中的【绘图】/【建模】/【圆柱体】命令。
- 单击【建模】工具栏或面板上的□按钮。
- 在命令行输入 Cylinder 后按 Enter 键。

【任务 3】：创建底面半径为 100、高度为 240 的圆柱体。

Step 1　新建绘图文件。

Step 2　执行【西南等轴测】命令，将视图切换为西南视图。

Step 3　单击【建模】工具栏或面板上的□

按钮，激活【圆柱体】命令，根据命令行提示创建圆柱体。命令行操作如下。

命令: _cylinder

指定底面的中心点或 [三点(3P)/两点(2P)/ 切点、切点、半径(T)/椭圆(E)] //在绘图区拾取一点

指定底面半径或 [直径(D)]>://100 [Enter]，输入底面半径

指定高度或 [两点(2P)/轴端点(A)] <100.0000>: //240 [Enter]，结果如图 7-7 所示

Step 4 使用快捷键 "HI" 激活【消隐】命令，效果如图 7-8 所示。

图 7-7 创建结果　　图 7-8 消隐效果

> **小技巧**：变量 FACETRES 用于设置实体消隐或渲染后表面的光滑度，值越大表面越光滑，如图 7-9 所示；变量 ISOLINES 用于设置实体线框的表面密度，值越大网格线就越密集，如图 7-10 所示。

 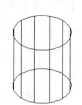

图 7-9 FACETRES = 5　　图 7-10 ISOLIENS = 12
　　的消隐效果　　　　　　的线框效果

📖 **选项解析**

- 【三点】选项用于指定圆上的三个点定位圆柱体的底面。
- 【两点】选项用于指定圆直径的两个端点定位圆柱体的底面。
- 【切点、切点、半径】选项用于绘制与已

知两对象相切的圆柱体。

- 【椭圆】选项用于绘制底面为椭圆的椭圆柱体，如图 7-11 所示。

图 7-11 椭圆柱体示例

7.1.4 圆环体

【圆环体】命令用于创建圆环实心体模型，如图 7-12 所示。执行【圆环体】命令主要有以下几种方法：

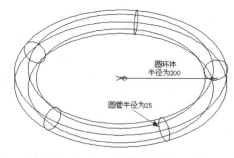

图 7-12 圆环示例

- 执行菜单栏中的【绘图】/【建模】/【圆环体】命令。
- 单击【建模】工具栏或面板上的◎按钮。
- 在命令行输入 Torus 后按 [Enter] 键。

【任务 4】：创建圆环体。

Step 1 新建绘图文件。

Step 2 执行【西南等轴测】命令，将视图切换为西南视图。

Step 3 单击【建模】工具栏或面板上的◎按钮，激活【圆环体】命令，根据命令行提示创建圆环体。命令行操作如下。

命令: _torus

指定中心点或 [三点(3P)/两点(2P)/切点、切点、半径(T)]: //定位环体的中心点

指定半径或 [直径(D)] <120.0000>://200 Enter

指定圆管半径或 [两点(2P)/直径(D)]: //20 Enter，输入圆管半径，

Step 4 使用快捷键 "HI" 激活【消隐】命令，效果如图 7-13 所示。

图 7-13 消隐着色

> **小技巧**：如果圆环半径小于圆管半径时，圆环体将没有中间的空洞，如图 7-14（左）所示；若圆环半径为负数，即 "-n,且 n>0"，圆管半径为正数，且圆管半径大于 n 时，系统将创建橄榄球状的对象，如图 7-14（右）所示。

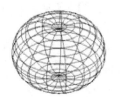

图 7-14 特殊环体

7.1.5 圆锥体

【圆锥体】命令用于创建圆锥体或椭圆锥体模型，如图 7-15 所示。执行【圆锥体】命令主要有以下几种方法：

图 7-15 圆锥体与椭圆锥体

- 执行菜单栏中的【绘图】/【建模】/【圆锥体】命令。

- 单击【建模】工具栏或面板上的 △ 按钮。
- 在命令行输入 Cone 后按 Enter 键。

【任务 5】：创建底面半径为 100、高度为 150 的圆锥体。

Step 1 首先新建空白文件。

Step 2 单击【视图】菜单中的【三维视图】/【西南等轴测】命令，将当前视图切换为西南视图。

Step 3 单击【建模】工具栏或面板上的 △ 按钮，执行【圆锥体】命令，根据命令行提示进行创建锥体。具体操作如下：

命令: _cone

指定底面的中心点或 [三点(3P)/两点(2P)/切点、切点、半径(T)/椭圆(E)]: //拾取一点作为底面中心点

指定底面半径或 [直径(D)] <261.0244>: //100 Enter，输入底面半径

指定高度或 [两点(2P)/轴端点(A)/顶面半径(T)] <120.0000>: //150 Enter，输入锥体的高度，结果如图 7-16 所示。

图 7-16 创建圆锥体

> **小技巧**：【椭圆】选项用于创建底面为椭圆的椭圆锥体，如图 7-15（右）所示。

7.1.6 棱锥体

【棱锥体】命令用于创建三维实体棱锥，如底面为四边形、五边形、六边形等的多面棱锥，如图 7-17 所示。

图 7-17 棱锥体

执行【棱锥体】命令主要有以下几种方法：

- 执行菜单栏中的【绘图】/【建模】/【棱锥体】命令。
- 单击【建模】工具栏或面板上的 △ 按钮。
- 在命令行输入 Pyramid 后按 Enter 键。

【任务6】： 创建六面棱锥体和棱台体。

Step 1 新建绘图文件。

Step 2 执行【西南等轴测】命令，将视图切换为西南视图。

Step 3 单击【建模】工具栏或面板上的 △ 按钮，激活【棱锥体】命令，根据命令行提示创建六面棱锥体，命令行操作如下。

命令：_pyramid

4 个侧面 外切

指定底面的中心点或 [边(E)/侧面(S)]：

//s Enter，激活【侧面】选项

输入侧面数 <4>： //6 Enter，设置侧面数

指定底面的中心点或 [边(E)/侧面(S)]：

//在绘图区拾取一点

指定底面半径或 [内接(I)] <72.0000>：

//120 Enter

指定高度或 [两点(2P)/轴端点(A)/顶面半径(T)] <10.0000>： //500 Enter，结果如图 7-18 所示

Step 4 使用快捷键 "VS" 激活【视觉样式】命令，对模型进行灰度着色，效果如图 7-19 所示。

图 7-18 创建结果

图 7-19 概念着色

Step 5 接下来重复执行【棱锥体】命令，使用命令中的【顶面半径】选项创建棱台模型，命令行操作如下。

命令：_pyramid

4 个侧面 外切

指定底面的中心点或 [边(E)/侧面(S)]：

//在绘图区拾取一点

指定底面半径或 [内接(I)] <101.9720>：

//100 Enter，内切圆半径

指定高度或 [两点(2P)/轴端点(A)/顶面半径(T)] <224.1528>：//T Enter，激活【顶面半径】选项

指定顶面半径 <0.0000>： //20 T Enter，设置顶面半径

指定高度或 [两点(2P)/轴端点(A)] <224.1528>：

//指定高度，结果如图 7-20 所示。

图 7-20 创建棱台

7.1.7 楔体

【楔体】命令主要用于创建三维楔体模型，如图 7-21 所示。执行【楔体】命令主要有以下几种方法：

- 执行菜单栏中的【绘图】/【建模】/【楔体】命令。
- 单击【建模】工具栏或面板上的 △ 按钮。
- 在命令行输入 Wedge 后按 Enter 键。

下面通过创建长度为 120、宽度为 20、高度为 150 的楔体模型，学习【楔体】命令的使用方法和技巧。

【任务7】： 创建长度为 120、宽度为 20、高度为 150 的楔体。

Step 1 新建绘图文件。

Step 2 执行【西南等轴测】命令，将视图切换为西南视图。

Step 3 单击【建模】工具栏或面板上的 △ 按钮，激活【楔体】命令，根据命令行提示创建楔体。命令行操作如下。

命令：_wedge

指定第一个角点或 [中心(C)]： //在绘图区拾取一点

指定其他角点或 [立方体(C)/长度(L)]：

//@120,20 Enter

指定高度或 [两点(2P)] <10.52>://150 [Enter]，创建结果如图 7-21 所示。

Step 4　使用快捷键 "HI" 激活【消隐】命令，效果如图 7-22 所示。

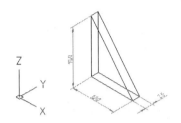
图 7-21　创建楔体

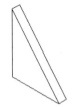
图 7-22　消隐效果

📖　**选项解析**

● 【中心点】选项用于定位楔体的中心点，其中心点为斜面正中心点。

● 【立方体】选项用于创建长、宽、高都相等的楔体。

7.1.8　球体

【球体】命令主要用于创建三维球体模型，如图 7-23 所示。执行【球体】命令主要有以下几种方法：

● 执行菜单栏中的【绘图】/【实体】/【球体】命令。

● 单击【建模】工具栏或面板上的 ◯ 按钮。

● 在命令行输入 Sphere 后按 [Enter] 键。

【任务 8】：创建半径为 120 的球体模型。

Step 1　新建绘图文件。

Step 2　执行【西南等轴测】命令，将视图切换为西南视图。

Step 3　单击【建模】工具栏或面板上的 ◯ 按钮，激活【球体】命令，创建半径为 120 的球体模型。命令行操作如下。

命令：_sphere

指定中心点或 [三点(3P)/两点(2P)/切点、切点、半径(T)]：

//拾取一点作为球体的中心点

指定半径或 [直径(D)] <10.36>://120 Enter，创建结果如图 7-23 所示

Step 4　执行【视觉样式】命令，对球体进行概念着色，效果如图 7-24 所示。

图 7-23　创建球体

图 7-24　概念着色

7.2　复杂几何实体建模

本节主要学习【拉伸】、【旋转】、【剖切】、【扫掠】、【抽壳】、【干涉检查】六个命令，以创建较为复杂的几何实体。

7.2.1　拉伸实体

【拉伸】命令不但可以将闭合或非闭合的二维图形按照指定的高度拉伸成曲面，还可以将闭合的二维图形拉伸为三维实体。下面通过典型的实例，主要学习拉伸实体的创建技能。

【任务 9】：创建拉伸实体

Step 1　打开 "/素材文件/拉伸实体.dwg"，如图 7-25 所示。

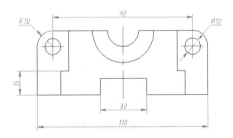
图 7-25　打开结果

Step 2　使用快捷键 "E" 激活【删除】命令，删除尺寸及中心线，结果如图 7-26 所示。

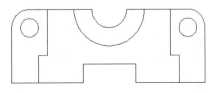
图 7-26　删除结果

Step 3 使用快捷键"REG"激活【面域】命令，选择如图 7-27 所示的图形，将其转化为三个面域。

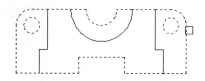

图 7-27　创建面域

Step 4 使用快捷键"BO"激活【边界】命令，在如图 7-28 所示的虚线区域拾取点，提取一条多段线边界。

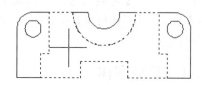

图 7-28　提取边界

Step 5 执行【西南等轴测】命令，将当前视图切换为西南视图，并调整边界的位置，如图 7-29 所示。

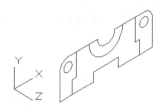

图 7-29　切换视图

Step 6 单击【建模】工具栏或面板上的 按钮，激活【拉伸】命令，将提取的多段线边界和面域拉伸为三维实体。命令行操作如下。

命令:_extrude

当前线框密度:　ISOLINES=4，闭合轮廓创建模式 = 实体

选择要拉伸的对象或 [模式(MO)]: _MO 闭合轮廓创建模式 [实体(SO)/曲面(SU)] <实体>: _SO

选择要拉伸的对象或 [模式(MO)]://选择如图 7-30 所示的三个面域

选择要拉伸的对象或 [模式(MO)]: //Enter

指定拉伸的高度或 [方向(D)/路径(P)/倾斜角(T)/表达式(E)] <0.0>: //@0,0,-15 Enter

命令:_extrude

当前线框密度:　ISOLINES=4，闭合轮廓创建模式 = 实体

选择要拉伸的对象或 [模式(MO)]: _MO 闭合轮廓创建模式 [实体(SO)/曲面(SU)] <实体>: _SO

选择要拉伸的对象或 [模式(MO)]://选择如图 7-31 所示的边界

选择要拉伸的对象或 [模式(MO)]: //Enter

指定拉伸的高度或 [方向(D)/路径(P)/倾斜角(T)/表达式(E)] <-15.0>:

//@0,0,35 Enter，拉伸结果如图 7-32 所示。

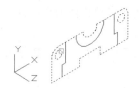 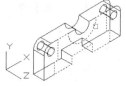

图 7-30　选择面域　　　图 7-31　选择边界

Step 7 使用快捷键"VS"激活【视觉样式】命令，对拉伸实体进行灰度着色，效果如图 7-33 所示。

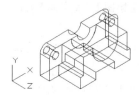 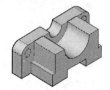

图 7-32　拉伸结果　　　图 7-33　着色效果

📖　选项解析

- 【模式】选项用于设置拉伸对象是生成实体还是曲面。
- 【倾斜角】选项用于将闭合或非闭合对象按照一定的角度进行拉伸，如图 7-34 所示。
- 【方向】选项用于将闭合或非闭合对象按光标指引的方向进行拉伸，如图 7-35 所示。
- 【路径】选项用于将闭合或非闭合对象按照指定的直线或曲线路径进行拉伸，如图 7-36 所示。

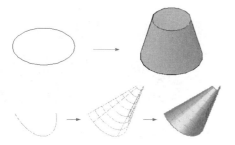

图 7-34 角度拉伸示例

图 7-35 方向拉伸示例

图 7-36 路径拉伸

- 【表达式】选项用于输入公式或方程式以指定拉伸高度。

7.2.2 旋转实体

【旋转】命令不但可以将闭合或非闭合的二维图形绕坐标轴旋转为曲面，还可以将闭合二维图形旋转为三维实体。下面学习旋转实体的创建技能。

【任务 10】：创建旋转实体。

Step 1 打开 "/素材文件/旋转实体.dwg"，并综合使用【修剪】和【删除】命令，将图形编辑成图 7-37 所示的结构。

Step 2 使用快捷键 "PE" 激活【编辑多段线】命令，将闭合轮廓线编辑为一条闭合边界，然后，将当前视图切换为西南视图，结果如图 7-38 所示。

图 7-37 编辑结果

图 7-38 切换视图

Step 3 单击【建模】工具栏或面板上的 按钮，激活【旋转】命令，将闭合边界旋转为三维实心体。命令行操作如下。

命令: _revolve

当前线框密度: ISOLINES=12，闭合轮廓创建模式 = 实体

选择要旋转的对象或 [模式(MO)]: _MO 闭合轮廓创建模式 [实体(SO)/曲面(SU)] <实体>: _SO 选择要旋转的对象或 [模式(MO)]: //选择闭合边界

选择要旋转的对象或 [模式(MO)]: Enter

指定轴起点或根据以下选项之一定义轴 [对象(O)/X/Y/Z] <对象>:

//捕捉中心线的左端点

指定轴端点: //捕捉中心线另一端端点

指定旋转角度或 [起点角度(ST)/反转(R)/表达式(EX)] <360>:

// Enter，结束命令，旋转结果如图 7-39 所示。

Step 4 使用快捷键 "HI" 激活【消隐】命令，对模型进行消隐，效果如图 7-40 所示。

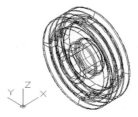

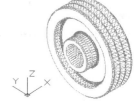

图 7-39 旋转结果　　　图 7-40 消隐效果

Step 5 修改旋转实体的颜色为青色，然后使用快捷键 "VS" 激活【视觉样式】命令，对模型进行着色，结果如图 7-41 所示。

图 7-41 着色效果

📖 选项解析

- 【模式】选项用于设置旋转对象是生成实

体还是曲面。

- 【对象】选项用于选择现有的直线或多段线等作为旋转轴，轴的正方向是从这条直线上的最近端点指向最远端点。
- 【X 轴】选项主要使用当前坐标系的 x 轴正方向作为旋转轴的正方向。
- 【Y 轴】选项使用当前坐标系的 y 轴正方向作为旋转轴的正方向。

7.2.3　剖切实体

【剖切】命令不但可以切开现有曲面，也可以对实体进行剖切，移去不需要的部分，保留指定的部分。下面学习实体的剖切技能。

【任务 11】：创建剖切实体。

Step 1　打开"/素材文件/剖切实体.dwg"。

Step 2　将对象捕捉模式设置为端点捕捉和象限点捕捉。

Step 3　单击【常用】选项卡/【实体编辑】面板上的⬚按钮，对旋转实心体进行剖切。命令行操作如下。

命令: _slice

　　选择要剖切的对象: //选择如图 7-42 所示的回转体

　　选择要剖切的对象: // Enter，结束选择

　　指定 切面 的起点或 [平面对象(O)/曲面(S)/Z 轴(Z)/视图(V)/XY(XY)/YZ(YZ)/ZX(ZX)/三点(3)] <三点>: //XY 激活【XY 平面】选项

　　指定 XY 平面上的点 <0,0,0>: //捕捉如图 7-43 所示的端点

　　在所需的侧面上指定点或 [保留两个侧面()] <保留两个侧面>: //捕捉如图 7-44 所示的象限点

Step 4　剖切后的结果如图 7-45 所示。

图 7-42　选择回转体

图 7-43　捕捉端点

图 7-44　捕捉象限点

图 7-45　剖切结果

📖　**选项解析**

- 【三点】选项是系统默认的一种剖切方式，用于通过指定三个点，以确定剖切平面。
- 【平面对象】选项用于选择一个目标对象，如以圆、椭圆、圆弧、样条曲线或多段线等，作为实体的剖切面，进行剖切实体。
- 【曲面】选项用于选择现在的曲面进行剖切对象。
- 【Z 轴】选项用于通过指定剖切平面的法线方向来确定剖切平面，即 XY 平面上 Z 轴（法线）上指定的点定义剖切面。
- 【视图】选项也是一种剖切方式，该选项所确定的剖切面与当前视口的视图平面平行，用户只需指定一点，即可确定剖切平面的位置。
- 【XY】/【YZ】/【ZX】选项三个选项分别代表三种剖切方式，分别用于将剖切平面与当前用户坐标系的 XY 平面/YZ 平面/ZX 平面对齐，用户只需指定点即可定义剖切面的位置。XY 平面、YZ 平面、ZX 平面位置，是根据屏幕当前的 UCS 坐标系情况而定的。

7.2.4　扫掠实体

【扫掠】命令不担可以将闭合或非闭合的二维图形沿路径扫掠为曲面，还可以将闭合二维图形沿路径扫掠为三维实体。下面学习扫掠实体的创建技能。

【任务 12】：创建扫掠实体。

Step 1　新建文件并将当前视图切换为西

南视图。

Step 2　使用快捷键 "C" 激活【圆】命令，绘制半径为 6 的圆。

Step 3　执行菜单栏中的【绘图】/【螺旋】命令，绘制圈数为 6 的螺旋线。命令行操作如下。

命令:_Helix

　　圈数 = 3.0000　　　扭曲=CCW

　　指定底面的中心点:　//在绘图区拾取点

　　指定底面半径或 [直径(D)] <53.0000>://45 Enter

　　指定顶面半径或 [直径(D)] <45.0000>://45 Enter

　　指定螺旋高度或 [轴端点(A)/圈数(T)/圈高(H)/扭曲(W)] <130.33>://t Enter

　　输入圈数 <3.0000>:　　　　　　//5 Enter

　　指定螺旋高度或 [轴端点(A)/圈数(T)/圈高(H)/扭曲(W)] <130.33>://120 Enter，结果如图 7-46 所示。

Step 4　单击【建模】工具栏或面板上的⬚按钮，激活【扫掠】命令，创建扫掠实体。命令行操作如下。

命令:_sweep

　　当前线框密度:ISOLINES=12

　　选择要扫掠的对象://选择刚绘制的圆图形。

　　选择要扫掠的对象:　// Enter

　　选择扫掠路径或 [对齐(A)/基点(B)/比例(S)/扭曲(T)]: //选择螺旋作为路径，结果如图 7-47 所示

图 7-46　绘制螺旋　　　图 7-47　扫掠结果

Step 5　执行【视觉样式】命令，对模型进行着色显示，效果如图 7-48 所示。

图 7-48　着色效果

7.2.5　抽壳实体

【抽壳】命令用于将三维实心体按照指定的厚度，创建为一个空心的薄壳体，或将实体的某些面删除，以形成薄壳体的开口，如图 7-49 所示。

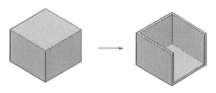

图 7-49　抽壳示例

执行【抽壳】命令主要有以下几种方法：

● 执行菜单栏中的【修改】/【实体编辑】/【抽壳】命令。

● 单击【实体编辑】工具栏或面板上的⬚按钮。

● 在命令行输入 Solidedit 按 Enter 键。

【任务 13】：创建抽壳实体。

Step 1　新建文件并将视图切换为西南视图。

Step 2　执行【长方体】命令，创建长宽都为 200、高度为 150 的长方体，如图 7-50 所示。

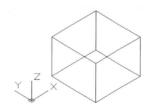

图 7-50　创建长方体

Step 3　单击【实体编辑】工具栏或面板上的⬚按钮，激活【抽壳】命令，对长方体进行抽壳。命令行操作如下。

命令:_solidedit

　　实体编辑自动检查: SOLIDCHECK=1

　　输入实体编辑选项 [面(F)/边(E)/体(B)/放弃(U)/退出(X)] <退出>:_body

　　输入体编辑选项[压印(I)/分割实体(P)/抽壳(S)/清除(L)/检查(C)/放弃(U)/退出(X)] <退出>:_shell

　　选择三维实体:　//选择长方体

删除面或 [放弃(U)/添加(A)/全部(ALL)]: //在如图 7-51 所示的位置单击

删除面或 [放弃(U)/添加(A)/全部(ALL)]: //在如图 7-52 所示的位置单击

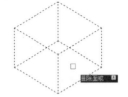

图 7-51　指定单击位置　　图 7-52　指定单击位置

删除面或 [放弃(U)/添加(A)/全部(ALL)]: // Enter，结束面的选择

输入抽壳偏移距离://10 Enter，设置抽壳距离

已开始实体校验。

已完成实体校验。

输入体编辑选项[压印(I)/分割实体(P)/抽壳(S)/清除(L)/检查(C)/放弃(U)/退出(X)] <退出>:// X Enter，退出实体编辑模式

输入实体编辑选项 [面(F)/边(E)/体(B)/放弃(U)/退出(X)] <退出>:

// X Enter，结束命令，抽壳后的效果如图 7-53 所示。

Step 4　执行【视觉样式】命令，对抽壳实体进行灰度着色，结果如图 7-54 所示。

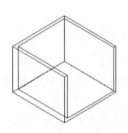
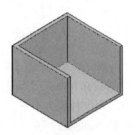

图 7-53　抽壳结果　　图 7-54　灰度着色

7.2.6　干涉检查

【干涉检查】命令用于检测各实体之间是否存在干涉现象，如果所选择的实体之间存在有干涉（即相交）情况，可以将干涉部分提取出来，创建成新的实体，而源实体依然存在。执行【干涉】命令主要有以下几种方法：

- 执行菜单栏中的【修改】/【三维操作】/【干涉检查】命令。
- 在命令行输入 Interfere。
- 单击【默认】选项卡/【实体编辑】面板上的 按钮。

【任务 14】：创建干涉实体。

Step 1　打开 "/素材文件/干涉实体.dwg" 文件，如图 7-55 所示。

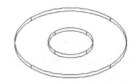

图 7-55　打开结果

Step 2　执行菜单栏中的【修改】/【移动】命令，或使用快捷键 "M" 激活【移动】命令，对两图形进行移动。命令行操作如下。

命令：_move

选择对象: //选择如图 7-56 所示的对象

选择对象: // Enter，结束选择

指定基点或 [位移(D)] <位移>://捕捉如图 7-57 所示的圆心

指定第二个点或 <使用第一个点作为位移>://捕捉如图 7-58 所示的圆心，移动结果如图 7-59 所示

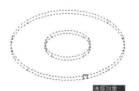
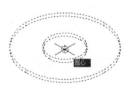

图 7-56　定位基点　　图 7-57　定位目标点

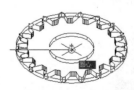

图 7-58　选择对象　　图 7-59　移动结果

Step 3　执行菜单栏中的【修改】/【三维操

作】/【干涉检查】命令，对位移后两个实体模型进行干涉。命令行操作如下。

命令：_interfere

　　选择第一组对象或 [嵌套选择(N)/设置(S)]: //选择如图 7-60 所示的实体模型选择第一

　　组对象或 [嵌套选择(N)/设置(S)]: // Enter，结束选择

　　选择第二组对象或 [嵌套选择(N)/检查第一组(K)] <检查>: //选择如图 7-61 所示的实体模型

　　选择第二组对象或 [嵌套选择(N)/检查第一组(K)] <检查>:

　　//Enter，此时系统亮显干涉实体，如图 7-62 所示，同时打开如图 7-63 所示的【干涉检查】对话框。

图 7-60　选择对象　　　　图 7-61　选择对象

图 7-62　亮显干涉实体

图 7-63　【干涉检查】对话框

图 7-64　选择对象

Step 4　在【干涉检查】对话框中取消【关闭时删除已创建的干涉对象】复选项，然后单击 关闭(C) 按钮，结束命令。

Step 5　执行菜单栏中的【修改】/【移动】命令，将干涉后产生的实体进行移动。命令行操作如下。

命令：_move

　　选择对象： //选择如图 7-64 所示的干涉实体

　　选择对象： // Enter

　　指定基点或 [位移(D)] <位移>: //捕捉圆心作为基点

　　指定第二个点或 <使用第一个点作为位移>: //在适当位置指定目标点，位移结果如图 7-65 所示

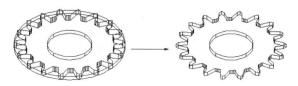

图 7-65　位移结果

Step 6　执行菜单栏中的【视图】/【消隐】命令，将干涉后的实体进行消隐，结果如图 7-66 所示。

Step 7　执行菜单栏中的【视图】/【视觉样式】/【着色】命令，结果如图 7-67 所示。

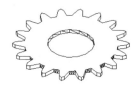 

图 7-66　消隐着色　　　　图 7-67　着色效果

7.2.7　组合体建模

本节主要学习【并集】、【差集】和【交集】三个命令，以快速创建并集实体、差集实体和交集实体等，将多个实体创建为一个组合实体等。

1. 并集

【并集】命令用于将多个实体、面域或曲面组合成一个实体、面域或曲面。执行【并集】命令主要有以下几种方法：

● 执行菜单栏中的【修改】/【实体编辑】/

【并集】命令。

- 单击【建模】工具栏或【实体编辑】面板的 ◎ 按钮。
- 在命令行输入 Union 后按 Enter 键。
- 使用快捷键 UNI。

执行【并集】命令，将图 7-68（左）所示拉伸实体创建为一个组合实体，命令行操作如下：

命令：_union

 选择对象： //选择前端的拉伸实体

 选择对象： //选择后端的拉伸实体

 选择对象： // Enter，结果如图7-68（右）所示。

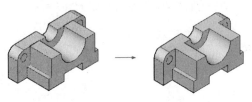

图 7-68 并集示例

2. 差集

【差集】命令用于从一个实体（或面域）中移去与其相交的实体（或面域），从而生成新的实体（或面域、曲面）。执行【差集】命令主要有以下几种方法：

- 执行菜单栏中的【修改】/【实体编辑】/【差集】命令。
- 单击【建模】工具栏或【实体编辑】面板上的 ◎ 按钮。
- 在命令行输入 Subtract 后按 Enter 键。
- 使用快捷键 SU。

执行【差集】命令，将图 7-69（右）所示圆柱孔，命令行操作如下：

命令：_subtract

 选择要从中减去的实体、曲面和面域...

 选择对象： //选择左侧的并集实体

 选择对象： // Enter，结束选择

 选择要减去的实体、曲面和面域...

 选择对象： //选择两个小圆柱体

 选择对象： // Enter，差集结果如图7-69

（右）所示

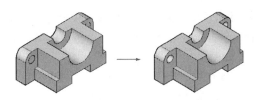

图 7-69 差集示例

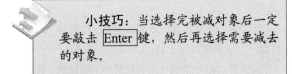

小技巧：当选择完被减对象后一定要敲击 Enter 键，然后再选择需要减去的对象。

3. 交集

【交集】命令用于将多个实体（或面域、曲面）的公有部分，提取出来形成一个新的实体（或面域、曲面），同时删除公共部分以外的部分。执行【交集】命令主要有以下几种方法：

- 执行菜单栏中的【修改】/【实体编辑】/【交集】命令。
- 单击【建模】工具栏或【实体编辑】面板上的 ◎ 按钮。
- 在命令行输入 Intersect 后按 Enter 键。
- 使用快捷键 IN 后。

创建图 7-70（左）所示的两个长方体，然后执行【交集】命令后，对两个长方体进行交集。命令行操作如下：

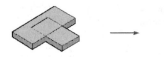

图 7-70 交集示例

命令：_intersect

 选择对象： //选择大长方体

 选择对象： //选择小长方体

 选择对象： // Enter，交集结果如图7-70（右）

所示

7.3 三维基本操作

本节学习三维模型的基本操作功能，具体有

【三维移动】、【三维旋转】、【三维对齐】、【三维镜像】和【三维阵列】等。

7.3.1　三维移动

【三维移动】命令用于在三维视图中将选择的三维对象在操作空间内进行移动。执行【三维移动】命令主要有以下几种方法：

- 单击菜单【修改】/【三维操作】/【三维移动】命令。
- 单击【建模】工具栏或【修改】面板上的⊕按钮。
- 在命令行输入 3dmove 后按 Enter 键。
- 使用快捷键 3m。

执行【三维移动】命令后，其命令行操作提示如下：

命令：_3dmove

　　选择对象：//选择移动对象

　　选择对象：// Enter ，结束选择

　　指定基点或 [位移(D)] <位移>：　//定位基点

　　指定第二个点或 <使用第一个点作为位移>：

　　　　　　//定位目标点正在重生成模型。

7.3.2　三维旋转

【三维旋转】命令用于在三维空间内按照指定的坐标轴，围绕基点旋转三维模型。执行【三维旋转】命令主要有以下几种方法：

- 单击菜单【修改】/【三维操作】/【三维旋转】命令。
- 单击【建模】工具栏或上【修改】面板上的◉按钮。
- 在命令行输入 3drotate 后按 Enter 键。

【任务 15】：对三维实体进行旋转。

Step 1　打开 "/素材文件/三维旋转示例.dwg"，如图 7-71 所示。

Step 2　使用快捷键 "VS" 激活【视觉样式】命令，对模型进行着色显示，效果如图 7-72 所示。

Step 3　单击【建模】工具栏或面板上的◉按钮，激活【三维旋转】命令，将模型进行旋转。

命令行操作如下。

图 7-71　打开结果　　　图 7-72　着色效果

命令：_3drotate

　　UCS 当前的正角方向：ANGDIR=逆时针　ANGBASE=0

　　选择对象：　//选择如图 7-73 所示的模型

　　选择对象：　// Enter ，结束选择

　　指定基点：　//捕捉如图 7-74 所示的端点作为基点旋转

　　拾取旋转轴：　//在图 7-75 所示轴方向上单击左键，定位旋转轴

　　指定角的起点或键入角度：//90 Enter ，结束命令。

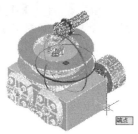

图 7-73　选择对象　　　图 7-74　定位其点

Step 4　旋转结果如图 7-76 所示。

图 7-75　定位旋转轴　　　图 7-76　旋转结果

7.3.3 三维对齐

【三维对齐】命令主要以定位源平面和目标平面的形式，将两个三维对象在三维操作空间中进行对齐。执行【三维对齐】命令主要有以下几种方法：

- 单击菜单【修改】/【三维操作】/【三维对齐】命令。
- 单击【建模】工具栏或【修改】面板上的 按钮。
- 在命令行输入 3dalign 后按 Enter 键。

【任务 16】：将三维实体进行对齐。

Step 1 打开 "/素材文件/三维对齐示例.dwg"，如图 7-77 所示。

图 7-77 打开结果

Step 2 单击【建模】工具栏或面板上的 按钮，激活【三维对齐】命令，对模型进行空间对齐，命令行操作如下。

命令：_3dalign

　　选择对象：//选择左侧的三维模型

　　选择对象：// Enter，结束选择

　　指定源平面和方向 ...

　　指定基点或 [复制(C)]：　//捕捉如图 7-78 所示的圆心

　　指定第二个点或 [继续(C)] <C>：//捕捉如图 7-79 所示的中点

图 7-78 捕捉圆心　　图 7-79 捕捉中点

图 7-80 捕捉端点

　　指定第三个点或 [继续(C)] <C>：//捕捉如图 7-80 所示的端点

　　指定目标平面和方向 ...

　　指定第一个目标点：　//捕捉如图 7-81 所示的圆心

　　指定第二个目标点或 [退出(X)] <X>：　// 捕捉如图 7-82 所示的中点

图 7-81 捕捉圆心

图 7-82 捕捉中点

　　指定第三个目标点或 [退出(X)] <X>：
　　//捕捉如图 7-83 所示的端点

　　小技巧：【复制】选项用于复制源对象，然后再与目标对象进行对齐，而源对象保持不变。

Step 3 对齐结果如图 7-84 所示。

图 7-83 捕捉端点　　　图 7-84 对齐结果

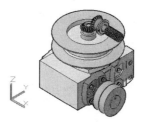
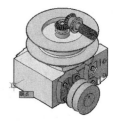

图 7-85 打开结果　　　图 7-86 捕捉端点

7.3.4 三维镜像

【三维镜像】命令用于在三维空间内将选定的三维模型按照指定的镜像平面进行镜像，以创建结构对称的三维模型。执行【三维镜像】命令主要有以下几种方法：

- 单击菜单【修改】/【三维操作】/【三维镜像】命令。
- 在命令行输入 Mirror3D 后按 Enter 键。
- 单击【常用】选项卡/【修改】面板上的 ⅍ 按钮。

下面通过典型的实例学习【三维镜像】命令的使用方法和操作技巧。具体操作步骤如下：

【任务17】：将三维实体进行镜像。

Step 1 打开"/素材文件/三维镜像示例.dwg"，如图 7-85 所示。

Step 2 单击菜单【修改】/【三维操作】/【三维镜像】命令，配合端点捕捉功能对模型进行镜像。命令行操作如下。

命令：_mirror3d

选择对象：//选择图 7-85 所示的对象

选择对象：// Enter ，结束选择

指定镜像平面（三点）的第一个点或 [对象(O)/最近的(L)/Z 轴(Z)/视图(V)/XY 平面(XY)/YZ 平面(YZ)/ZX 平面(ZX)/三点(3)] <三点>：//ZX Enter ，激活【ZX 平面】选项

指定 YZ 平面上的点 <0,0,0>://捕捉如图 7-86 所示的端点

是否删除源对象？[是(Y)/否(N)] <否>:// Enter ，结束命令。

Step 3 镜像结果如图 7-87 所示。

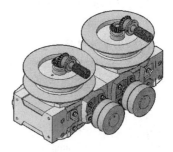

图 7-87 镜像结果

📖 选项解析

- 【对象】选项用于选定某一对象所在的平面作为镜像平面，该对象可以是圆弧或二维多段线。
- 【最近的】选项用于以上次镜像使用的镜像平面作为当前镜像平面。
- 【Z 轴】选项用于在镜像平面及镜像平面的 Z 轴法线指定定位点。
- 【视图】选项用于在视图平面上指定点，进行空间镜像。
- 【XY 平面】选项用于以当前坐标系的 XY 平面作为镜像平面。
- 【YZ 平面】选项用于以当前坐标系的 YZ 平面作为镜像平面。
- 【ZX 平面】选项用于以当前坐标系的 ZX 平面作为镜像平面。
- 【三点】选项用于指定三个点，以定位镜像平面。

7.3.5 三维阵列

【三维阵列】命令用于将三维模型按照矩形或

环形的方式，在三维空间中进行规则排列。执行【三维阵列】命令主要有以下几种方法：

- 单击菜单【修改】/【三维操作】/【三维阵列】命令。
- 单击【建模】工具栏或面板上的或【修改】面板上的 ⊞ 按钮。
- 在命令行输入 3Darray 后按 Enter 键。

【任务 18】：将三维实体进行空间阵列。

Step 1 打开调用 "/素材文件/三维阵列示例.dwg"，如图 7-88 所示。

Step 2 单击菜单【修改】/【三维操作】/【三维阵列】命令，对模型进行阵列。命令行操作如下。

命令: _3darray
  选择对象: //选择圆柱体
  选择对象: // Enter
  输入阵列类型 [矩形(R)/环形(P)] <矩形>:// Enter
  输入行数 (---) <1>: //2 Enter
  输入列数 (|||) <1>: //2 Enter
  输入层数 (...) <1>: //2 Enter
  指定行间距 (---):   //-29 Enter
  指定列间距 (|||):   //13 Enter。
  指定层间距 (...):   //-5.9 Enter，阵列结果如图 7-89 所示。

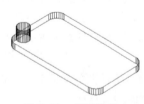
图 7-88　打开结果

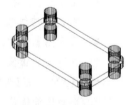
图 7-89　阵列结果

Step 3 使用快捷键 "HI" 激活【消隐】命令，对镜像后的模型进行消隐显示，结果如图 7-90 所示。

小技巧：使用命令中的【环形】选项用于将选择的三维模型在三维空间内进行环形阵列，如图 7-91 所示。

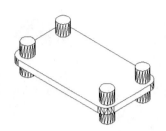
图 7-90　消隐效果

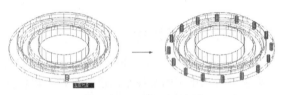
图 7-91　三维环形阵列

7.4 编辑实体面与边

AutoCAD 为用户提供了较为完善的实体面与边的编辑功能，这些功能位于菜单【修改】/【实体编辑】菜单栏上，其工具按钮位于【实体编辑】工具栏或面板上。本节主要学习实体边与面的常用编辑功能。

7.4.1 编辑实体边

1. 倒角边

【倒角边】命令主要用于将实体的棱边按照指定的距离进行倒角编辑。执行【倒角边】命令主要有以下几种方法：

- 单击菜单【修改】/【实体编辑】/【倒角边】命令。
- 单击【实体编辑】工具栏或面板上的 ⌗ 按钮。
- 在命令行输入 Chamferedge 后按 Enter 键。

【任务 19】：对实体的棱边进行倒角。

Step 1 执行【打开】命令，打开 "/素材文件/倒角边示例.dwg" 文件，如图 7-92 所示。

Step 2 使用快捷键 "HI" 激活【消隐】

命令，对模型进行消隐显示，结果如图 7-93 所示。

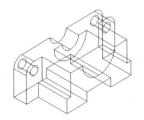
图 7-92　打开结果

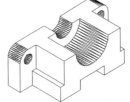
图 7-93　消隐效果

Step 3　单击【实体编辑】工具栏或面板上的◎按钮，激活【倒角边】命令，对实体边进行倒角编辑。命令行操作如下。

命令: _CHAMFEREDGE 距离 1 = 1.0000，距离 2 = 1.0000

选择一条边或[环(L)/距离(D)]://选择如图 7-94 所示的边

选择属于同一个面的边或[环(L)/距离(D)]://d Enter

指定距离 1 或[表达式(E)] <1.0000>://4 Enter

指定距离 2 或[表达式(E)] <1.0000>://4 Enter

选择属于同一个面的边或 [环(L)/距离(D)]:// Enter

按 Enter 键接受倒角或 [距离(D)]: // Enter，结束命令

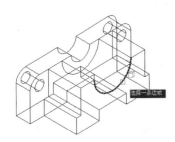
图 7-94　选择倒角边

Step 4　倒角后的结果如图 7-95 所示。

Step 5　使用快捷键"HI"激活【消隐】命令，对模型进行消隐显示，结果如图 7-96 所示。

📖　**选项解析**

● 【环】选项用于一次选中倒角基面内的所有棱边。

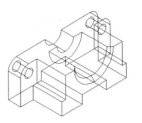
图 7-95　倒角结果

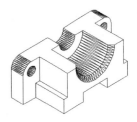
图 7-96　消隐效果

● 【距离】选项用于设置倒角边的倒角距离。

● 【表达式】选项用于输入倒角距离的表达式，系统会自动计算出倒角距离值。

2. 圆角边

【圆角边】命令主要用于将实体的棱边按照指定的半径进行圆角编辑。执行【圆角边】命令主要有以下几种方法：

● 单击菜单【修改】/【实体编辑】/【圆角边】命令。

● 单击【实体编辑】工具栏或面板上的◎按钮。

● 在命令行输入 Filletedge 后按 Enter 键。

【任务 20】：将实体的棱边进行圆角。

Step 1　打开"/素材文件/圆角边示例.dwg"文件，如图 7-97 所示。

Step 2　使用快捷键"HI"激活【消隐】命令，对模型进行消隐显示，结果如图 7-98 所示。

图 7-97　打开结果

图 7-98　消隐效果

Step 3　单击【实体编辑】工具栏或面板上的◎按钮，激活【圆角边】命令，对实体边进行圆角编辑。命令行操作如下。

命令: _FILLETEDGE

半径 = 1.0000

选择边或 [链(C)/半径(R)]://选择如图 7-99 所示的边

选择边或 [链(C)/半径(R)]:// r Enter

输入圆角半径或 [表达式(E)] <1.0000>://1.5 Enter

选择边或 [链(C)/半径(R)]:// Enter，效果如图 7-100
所示

已选定 1 个边用于圆角。

按 Enter 键接受圆角或 [半径(R)]: // Enter，结束命令，
圆角结果如图 7-101 所示。

图7-99 选择倒角边　　图7-100 圆角边倒角预览效果

Step 4　使用快捷键"HI"激活【消隐】命
令，对模型进行消隐，结果如图 7-102 所示。

图7-101 圆角结果　　　图7-102 消隐结果

📖 **选项解析**

● 【链】选项。如果各棱边是相切的关系，
则选择其中的一个边，所有棱边都将被选
中，同时进行圆角。

● 【半径】选项用于为随后选择的棱边重新
设定圆角半径。

● 【表达式】选项用于输入圆角半径的表达
式，系统会自动计算出圆角半径。

3. 压印边

【压印边】命令用于将圆、圆弧、直线、多段

线、样条曲线或实体等对象，压印到三维实体上，
使其成为实体的一部分。执行【压印边】命令主
要有以下几种方法：

● 单击菜单【修改】/【实体编辑】/【压印
边】命令。

● 单击【实体编辑】工具栏或面板上的 🔲
按钮。

● 在命令行输入 Imprint 后按 Enter 键。

下面通过典型实例，主要学习【压印边】命
令的使用方法和技巧。具体操作步骤如下：

【任务 21】：将二维图线压印到实体的表面上。

Step 1　打开"/素材文件/压印边示例.dwg"
文件，如图 7-103 所示。

图7-103 打开结果

Step 2　使用快捷键"M"激活【移动】命
令，配合中点捕捉功能，选择右侧的三个二维闭
合图形进行移动，结果如图 7-104 所示，消隐效果
如图 7-105 所示。

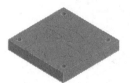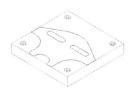

图7-104 位移效果　　　图7-105 消隐效果

Step 3　单击【实体编辑】工具栏或面板上
的 🔲 按钮，激活【压印边】命令，将右侧的三个
闭合边界压印到左侧方体模型的上表面。命令行
操作如下。

命令：_imprint

选择三维实体或曲面://选择如图 7-106 所示的模型

选择要压印的对象://选择如图 7-107 所示的二维
边界

是否删除源对象 [是(Y)/否(N)] <N>://Y Enter

选择要压印的对象://选择如图 7-108 所示的二维边界

是否删除源对象 [是(Y)/否(N)] <N>://Y Enter

选择要压印的对象://选择如图 7-109 所示的二维边界

是否删除源对象 [是(Y)/否(N)] <N>://Y Enter

选择要压印的对象:// Enter，结束命令。

图 7-106　选择三维实体　　图 7-107　选择压印对象

图 7-108　选择压印对象　　图 7-109　选择压印对象

Step 4　压印结果如图 7-110 所示。

Step 5　单击【实体编辑】工具栏或面板上的 按钮，对压印后产生的表面进行拉伸 4 个单位，其着色效果如图 7-111 所示。

图 7-110　压印结果　　图 7-111　面拉伸效果

7.4.2　编辑实体面

1．拉伸面

【拉伸面】命令用于对实心体的表面进行编辑，将实体面按照指定的高度或路径进行拉伸，以创建出新的形体。执行【拉伸面】命令主要有以下几种方法：

- 单击菜单【修改】/【实体编辑】/【拉伸面】命令。
- 单击【实体编辑】工具栏或面板上的 按钮。
- 在命令行输入 Solidedit 后按 Enter 键。

【任务 22】：拉伸实体表面。

Step 1　打开 "\素材文件\拉伸面示例.dwg"，如图 7-112 所示。

图 7-112　打开结果

Step 2　单击【实体编辑】工具栏或面板上的 按钮，激活【拉伸面】功能，对实体的上表面向内锥化。锥化高度为 10、角度为 5°，命令行操作如下。

命令: _solidedit

实体编辑自动检查:SOLIDCHECK=1

输入实体编辑选项 [面(F)/边(E)/体(B)/放弃(U)/退出(X)] <退出>: _face

输入面编辑选项[拉伸(E)/移动(M)/旋转(R)/偏移(O)/倾斜(T)/删除(D)/复制(C)/颜色(L)/材质(A)/放弃(U)/退出(X)] <退出>:

_extrude

选择面或 [放弃(U)/删除(R)]: //在实体的上表面单击，选择如图 7-113 所示的实体面

选择面或[放弃(U)/删除(R)/全部(ALL)]: //Enter，结束选择

指定拉伸高度或 [路径(P)]: //10 Enter，输入拉伸高度

指定拉伸的倾斜角度 <0>://5 Enter，输入角度

已开始实体校验。

已完成实体校验。

输入面编辑选项[拉伸(E)/移动(M)/旋转(R)/偏移(O)/倾斜(T)/删除(D)/复制(C)/颜色(L)/材质(A)/放弃(U)/退出(X)] <退出>: //X Enter，退出编辑过程

实体编辑自动检查:SOLIDCHECK=1

输入实体编辑选项 [面(F)/边(E)/体(B)/放弃(U)/退出(X)] <退出>:

//X Enter，结束命令，拉伸结果如图 7-114 所示

图 7-113　选择实体上表面　　图 7-114　向内锥化

> **小技巧**：在选择实体表面时，如果不慎选择了多余的面，可以按住 Shift 键单击，即可将多余的面从选择集中删除。

Step 3　重复执行【拉伸面】命令，继续对实体的上表面进行锥化，锥化高度为 10、角度为 -5°，命令行操作如下。

命令：_solidedit

实体编辑自动检查:SOLIDCHECK=1

输入实体编辑选项 [面(F)/边(E)/体(B)/放弃(U)/退出(X)] <退出>: _face

输入面编辑选项[拉伸(E)/移动(M)/旋转(R)/偏移(O)/倾斜(T)/删除(D)/复制(C)/颜色(L)/材质(A)/放弃(U)/退出(X)] <退出>:

_extrude

选择面或 [放弃(U)/删除(R)]:　//在实体的上表面单击，选择如图 7-115 所示的实体面

选择面或 [放弃(U)/删除(R)/全部(ALL)]: //Enter，结束选择

指定拉伸高度或 [路径(P)]://10 Enter，输入拉伸高度

指定拉伸的倾斜角度 <0>://-5 Enter，输入角度

> **小技巧**：如果输入的角度值为正值时，实体面将实体的内部倾斜（锥化）；如果输入的角度为负值时，实体面将向实体的外部倾斜（锥化）。

已开始实体校验。

已完成实体校验。

输入面编辑选项[拉伸(E)/移动(M)/旋转(R)/偏移(O)/倾斜(T)/删除(D)/复制(C)/颜色(L)/材质(A)/放弃(U)/退出(X)] <退出>:　//X Enter，退出编辑过程

实体编辑自动检查:SOLIDCHECK=1

输入实体编辑选项 [面(F)/边(E)/体(B)/放弃(U)/退出(X)] <退出>: //X Enter，结果如图 7-116 所示

 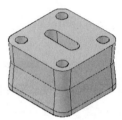

图 7-115　选择实体上表面　　图 7-116　锥化结果

> **小技巧**：在面拉伸过程中，如果用户输入的高度值和锥度值都较大时，可能会使实体面到达所指定的高度之前，就已缩小成为一个点，此时 AutoCAD 将会提示拉伸操作失败。

2. 移动面

【移动面】命令是通过移动实体的表面，进行修改实体的尺寸或改变孔或槽的位置等，如图 7-117 所示。执行【移动面】命令主要有以下几种方法：

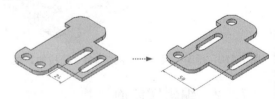

图 7-117　移动面示例

- 单击菜单【修改】/【实体编辑】/【移动面】命令。
- 单击【实体编辑】工具栏或面板上的 按钮。
- 在命令行输入 Solidedit 后按 Enter 键。

3. 偏移面

【偏移面】命令主要通过偏移实体的表面来改变实体及孔、槽等特征的大小，如图 7-118 所示。执行【偏移面】命令主要有以下几种方法：

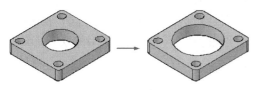

图 7-118 偏移面

● 单击菜单【修改】/【实体编辑】/【偏移面】命令。
● 单击【实体编辑】工具栏或面板上的 ⬜ 按钮。
● 在命令行输入 Solidedit 后按 Enter 键。

> **小技巧**：在偏置实体面时，当输入的偏移距离为正值时，AutoCAD 将使表面向其外法线方向偏移；若输入的距离为负值时，被编辑的表面将向相反的方向偏移。

4. 倾斜面

【倾斜面】命令主要用于通过倾斜实体的表面，使实体表面产生一定的锥度，如图 7-119 所示。执行【倾斜面】命令主要有以下几种方法：

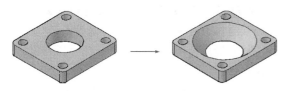

图 7-119 倾斜面示例

● 单击菜单【修改】/【实体编辑】/【倾斜面】命令。
● 单击【实体编辑】工具栏或面板上的 ⬜ 按钮。
● 在命令行输入 Solidedit 后按 Enter 键。

【任务 23】：倾斜实体面。

Step 1　打开 "\素材文件\倾斜面示例.dwg"，如图 7-119（左）所示。

Step 2　单击【实体编辑】工具栏或面板上的 ⬜ 按钮，激活【倾斜面】命令，对实体面进行倾斜。命令行操作如下。

命令：_solidedit
　实体编辑自动检查:SOLIDCHECK=1
　输入实体编辑选项 [面(F)/边(E)/体(B)/放弃(U)/退出(X)] <退出>: _face
　输入面编辑选项[拉伸(E)/移动(M)/旋转(R)/偏移(O)/倾斜(T)/删除(D)/复制(C)/颜色(L)/材质(A)/放弃(U)/退出(X)] <退出>: _taper
　选择面或 [放弃(U)/删除(R)]:　　//将光标放在圆孔边沿上单击左键，如图 7-120 所示
　选择面或 [放弃(U)/删除(R)/全部(ALL)]: 找到 2 个面，已删除 1 个
　//按住 Shfit 键在大面的边沿上单击左键，将此面排除在选择集之外，如图 7-121 所示
　选择面或[放弃(U)/删除(R)/全部(ALL)]:　　// Enter
　指定基点://捕捉如图 7-122 所示的圆心
　指定沿倾斜轴的另一个点://捕捉如图 7-123 所示的圆心
　指定倾斜角度：//45 Enter
　已开始实体校验。
　已完成实体校验。
　输入面编辑选项[拉伸(E)/移动(M)/旋转(R)/偏移(O)/倾斜(T)/删除(D)/复制(C)/颜色(L)/材质(A)/放弃(U)/退出(X)] <退出>:　　//X Enter
　实体编辑自动检查:SOLIDCHECK=1
　输入实体编辑选项 [面(F)/边(E)/体(B)/放弃(U)/退出(X)] <退出>:　//X Enter

Step 3　倾斜结果如图 7-124 所示。

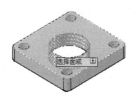

图 7-120　选择面　　图 7-121　删除面

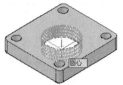

图 7-122　捕捉圆心

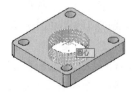

图 7-123　捕捉圆心

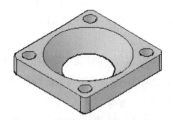

图 7-124　倾斜结果

小技巧：在倾斜面时，倾斜的方向是由锥角的正负号及定义矢量时的基点决定的。如果输入的倾角为正值，则AutoCAD 将已定义的矢量绕基点向实体内部倾斜，否则向实体外部倾斜。

7.5 上机实训——制作箱体零件的立体造型

1. 实训目的

本实训要求绘制箱体零件的三维实体造型图，通过本例的操作，需要熟练掌握基本几何实心体和复杂实心体的创建技能、掌握用户坐标系的定义与应用技能以及实体模型的编辑细化技能等，具体实训目的如下。

- 掌握基本几何实体的创建技能。
- 掌握复杂几何实体的创建技能。
- 掌握组合实体的创建技能。
- 掌握三维基本操作技能和实体的面边编辑技能。
- 掌握 UCS 的定义与应用技能。

2. 实训要求

首先新建文件并绘制零件的二维俯视图轮廓，然后根据零件俯视图将其创建为三维造型图，最后综合实体的创建技能和三维基本操作技能，对零件造型图进行编辑和完善。在具体的绘制过程中要注意配合使用坐标系的定义、视图的切换以及模型的着色等技能。本例最终效果如图 7-125 所示。

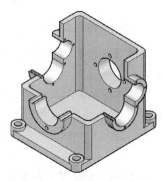

图 7-125　实体效果

具体要求如下。

（1）启动 AutoCAD 程序，并调用"机械绘图.dwt"样板文件。

（2）设置视图高度、捕捉模式与追踪模式，使其满足绘图要求。

（3）综合使用【矩形】、【圆】、【偏移】、【矩形阵列】等命令在俯视内绘制零件俯视图主体结构。

（4）综合使用【拉伸】、【圆柱体】、【三维阵列】、【三维镜像】、UCS】、【三维移动】、【剖切】等命令在等轴测视图内制作零件的立体造型图。

（5）最后使用【保存】命令将绘制的图形命名保存。

3. 完成实训

样板文件：	样板文件\机械样板.dwt
效果文件：	效果文件\第 8 章\制作箱体零件立体造型.dwg
视频文件：	视频文件\第 8 章\制作箱体零件立体造型.avi

Step 1　执行【新建】命令，调用"\样板文件\机械样板.dwt"文件。

Step 2 打开【对象捕捉】和【对象追踪】功能，并设置捕捉模式为圆心捕捉、象限点捕捉和中点捕捉、端点捕捉等。

Step 3 在命令行设置系统变量 ISOLINES 的值为 24、设置系统变量 FACETRES 的值为 10。

Step 4 执行菜单栏中的【绘图】/【矩形】命令，配合坐标输入功能绘制箱体底座的外轮廓边。命令行操作如下。

命令: _rectang

指定第一个角点或 [倒角(C)/标高(E)/圆角(F)/厚度(T)/宽度(W)]: //f Enter

指定矩形的圆角半径 <0.0>: //7 Enter

指定第一个角点或 [倒角(C)/标高(E)/圆角(F)/厚度(T)/宽度(W)]: // Enter

指定另一个角点或 [面积(A)/尺寸(D)/旋转(R)]: //@114,94 Enter，绘制结果如图 7-126 所示。

Step 5 使用快捷键 "C" 激活【圆】命令，配合圆心捕捉功能绘制 1 个半径为 4 和 7 的同心圆，结果如图 7-127 所示。

图 7-126 绘制结果

图 7-127 绘制同心圆

Step 6 执行菜单栏中的【修改】/【阵列】/【矩形阵列】命令，对刚绘制的同心圆进行阵列。命令行操作如下。

命令: _arrayrect

选择对象: //选择刚绘制的同心圆

选择对象: // Enter

类型 = 矩形 关联 = 是

为项目数指定对角点或 [基点(B)/角度(A)/计数(C)] <计数>: // Enter

输入行数或 [表达式(E)] <4>://2 Enter

输入列数或 [表达式(E)] <4>://2 Enter

指定对角点以间隔项目或 [间距(S)] <间距>: // Enter

指定行之间的距离或 [表达式(E)] <21>: //80 Enter

指定列之间的距离或 [表达式(E)] <21>: //100 Enter

按 Enter 键接受或 [关联(AS)/基点(B)/行(R)/列(C)/层(L)/退出(X)] <退出>: //AS Enter

创建关联阵列 [是(Y)/否(N)] <是>: //N Enter

按 Enter 键接受或 [关联(AS)/基点(B)/行(R)/列(C)/层(L)/退出(X)] <退出>: // Enter，阵列结果如图 7-128 所示。

Step 7 执行菜单栏中的【绘图】/【矩形】命令，配合【捕捉自】功能绘制内部的圆角矩形。命令行操作如下。

命令: _rectang

当前矩形模式: 圆角=7.0000

指定第一个角点或 [倒角(C)/标高(E)/圆角(F)/厚度(T)/宽度(W)]: //f Enter

指定矩形的圆角半径 <7.0000>: //5 Enter

指定第一个角点或 [倒角(C)/标高(E)/圆角(F)/厚度(T)/宽度(W)]://激活【捕捉自】功能

_from 基点: //捕捉左下侧同心圆的圆心

<偏移>: //@9,-7 Enter

指定另一个角点或 [面积(A)/尺寸(D)/旋转(R)]: //@82,94 Enter，结果如图 7-129 所示

Step 8 使用快捷键 "O" 激活【偏移】命令，将刚绘制的圆角矩形向内偏移 5 个单位，结果如图 7-130 所示。

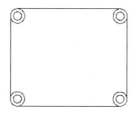

图 7-128 阵列结果

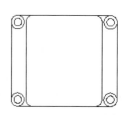

图 7-129 绘制结果

Step 9 执行菜单栏中的【修改】/【圆角】命令，对偏移出的矩形进行倒圆角，圆角半径为 5，结果如图 7-131 所示。

Step 10 执行菜单栏中的【视图】/【三维

视图】/【东南等轴测】命令，将当前视图切换为东南视图。

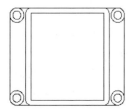
图 7-130　偏移结果

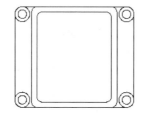
图 7-131　圆角结果

Step 11　单击【建模】工具栏或面板上的 按钮，激活【拉伸】命令，将内侧的两个圆角矩形拉伸为三维实体，命令行操作如下。

命令：_extrude

当前线框密度： ISOLINES=24，闭合轮廓创建模式 = 实体

选择要拉伸的对象或 [模式(MO)]：_MO 闭合轮廓创建模式 [实体(SO)/曲面(SU)] <实体>：_SO

选择要拉伸的对象或 [模式(MO)]：//选择内侧的两个圆角矩形

选择要拉伸的对象或 [模式(MO)]：　//Enter

指定拉伸的高度或 [方向(D)/路径(P)/倾斜角(T)/表达式(E)] <93.1007>：

//94 Enter，拉伸结果如图 7-132 所示

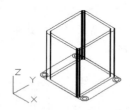
图 7-132　拉伸结果

Step 12　使用快捷键"SU"激活【差集】命令，将两个拉伸实体进行差集运算，命令行操作如下。

命令：su　//Enter

SUBTRACT 选择要从中减去的实体、曲面和面域...

选择对象：//选择外侧的拉伸实体

选择对象：//Enter

选择要减去的实体、曲面和面域...

选择对象：//选择内侧的拉伸实体

选择对象：//Enter，结束命令，差集后的消隐效果如图 7-133 所示。

Step 13　单击菜单【工具】/【新建 UCS】/【三点】命令，配合中点捕捉和端点捕捉功能创建如图 7-134 所示的用户坐标系。

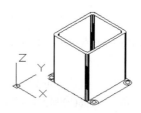
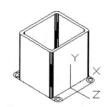
图 7-133　消隐效果　　图 7-134　定义坐标系

Step 14　使用快捷键"C"激活【圆】命令，配合坐标输入功能绘制半径分别为 24、16 和 2 的圆图形，命令行操作如下。

命令：c　//Enter

CIRCLE 指定圆的圆心或 [三点(3P)/两点(2P)/切点、切点、半径(T)]：//0,47 Enter

指定圆的半径或 [直径(D)] <7.0000>：//24 Enter

命令：

CIRCLE 指定圆的圆心或 [三点(3P)/两点(2P)/切点、切点、半径(T)]：//@ Enter

指定圆的半径或 [直径(D)] <24.0000>：//16 Enter

命令：

CIRCLE 指定圆的圆心或 [三点(3P)/两点(2P)/切点、切点、半径(T)]：//0,67 Enter

指定圆的半径或 [直径(D)] <16.0000>：　//2 Enter，绘制结果如图 7-135 所示。

Step 15　使用快捷键"AR"激活【阵列】命令，以大同心圆作为中心点，将半径为 2 的圆环形阵列。命令行操作如下。

命令：AR　　//Enter

ARRAY 选择对象：//选择半径为 2 的小圆

选择对象：　//Enter

输入阵列类型 [矩形(R)/路径(PA)/极轴(PO)] <矩形>：　//PO Enter

类型 = 极轴　关联 = 是

指定阵列的中心点或 [基点(B)/旋转轴(A)]: //捕捉大同心圆的圆心

输入项目数或 [项目间角度(A)/表达式(E)] <4>: //4 Enter

指定填充角度(+=逆时针、-=顺时针)或 [表达式(EX)] <360>: //Enter

按 Enter 键接受或 [关联(AS)/基点(B)/项目(I)/项目间角度(A)/填充角度(F)/行(ROW)/层(L)/旋转项目(ROT)/退出(X)] <退出>: // AS Enter

创建关联阵列 [是(Y)/否(N)] <是>: //N Enter

按 Enter 键接受或 [关联(AS)/基点(B)/项目(I)/项目间角度(A)/填充角度(F)/行(ROW)/层(L)/旋转项目(ROT)/退出(X)] <退出>: // Enter，阵列结果如图 7-136 所示。

图 7-135　绘制结果　　　　图 7-136　阵列结果

Step 16　单击【建模】工具栏或面板上的按钮，激活【拉伸】命令，将六个圆沿 Z 轴正方向拉伸，命令行操作如下。

命令: _extrude

当前线框密度：ISOLINES=24，闭合轮廓创建模式 = 实体

选择要拉伸的对象或 [模式(MO)]: _MO 闭合轮廓创建模式 [实体(SO)/曲面(SU)] <实体>: _SO

选择要拉伸的对象或 [模式(MO)]: //选择内侧的两个圆角矩形

选择要拉伸的对象或 [模式(MO)]: // Enter

指定拉伸的高度或 [方向(D)/路径(P)/倾斜角(T)/表达式(E)] <93.1007>:

//15 Enter，拉伸结果如图 7-137 所示。

Step 17　执行菜单栏中的【修改】/【三维操作】/【三维移动】命令，将拉伸后的六个

柱体沿 Z 轴负方向移动 5 个单位，命令行操作如下。

命令: _3dmove

选择对象: //选择拉伸后的六个圆柱形拉伸实体

选择对象: // Enter

指定基点或 [位移(D)] <位移>://拾取任一点

指定第二个点或 <使用第一个点作为位移>: //@0,0,-5 Enter

正在重生成模型。

Step 18　执行【UCS】命令，配合对象捕捉功能新建如图 7-138 所示的用户坐标系。

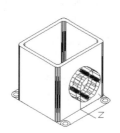 

图 7-137　拉伸结果　　　　图 7-138　定义 UCS

Step 19　单击【建模】工具栏或面板上的按钮，激活【圆柱体】命令，创建三个圆柱体。命令行操作如下。

命令: _cylinder

指定底面的中心点或 [三点(3P)/两点(2P)/切点、切点、半径(T)/椭圆(E)]: //0,47 Enter

指定底面半径或 [直径(D)] <190.1726>://18 Enter

指定高度或 [两点(2P)/轴端点(A)] <15.0000>: //@0,0,-15 Enter

命令: _cylinder

指定底面的中心点或 [三点(3P)/两点(2P)/切点、切点、半径(T)/椭圆(E)]: //@ Enter

指定底面半径或 [直径(D)] <18.0000>://14 Enter

指定高度或 [两点(2P)/轴端点(A)] <-15.0000>: //@0,0,-15 Enter

命令: // Enter

CYLINDER 指定底面的中心点或 [三点(3P)/两点(2P)/切点、切点、半径(T)/椭圆(E)]: //0,63,0 Enter

指定底面半径或 [直径(D)] <14.0000>: //1 Enter

指定高度或 [两点(2P)/轴端点(A)] <-15.0000>: //@0,0,-15 Enter，结果如图 7-139 所示

Step 20 执行菜单栏中的【修改】/【三维操作】/【三维阵列】命令，对半径为 1 的小圆柱体进行阵列，命令行操作如下。

命令：_3darray

正在初始化... 已加载 3DARRAY。

选择对象： //选择半径为 1 的小圆柱体

选择对象： //

输入阵列类型[矩形(R)/环形(P)] <矩形>://P

输入阵列中的项目数目： //4

指定要填充的角度 (+=逆时针, -=顺时针) <360>://

旋转阵列对象？ [是(Y)/否(N)] <Y>： //

指定阵列的中心点： //捕捉同心圆柱体的底面圆心

指定旋转轴上的第二点： //捕捉同心圆柱体另一底面圆心，阵称后的效果效果如图 7-140 所示。

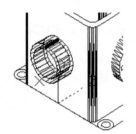 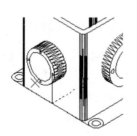

图 7-139 创建结果　　图 7-140 阵列结果

Step 21 执行菜单栏中的【修改】/【三维操作】/【三维移动】命令，将六个圆柱体沿 Z 轴正方向移动 5 个单位，命令行操作如下。

命令：_3dmove

选择对象： //选择六个圆柱形拉伸实体

选择对象： // Enter

指定基点或 [位移(D)]<位移>://拾取任一点

指定第二个点或 <使用第一个点作为位移>： //@0,0, 5 Enter

正在重生成模型。

Step 22 使用快捷键"VS"激活【视觉样式】命令，对模型进行灰度着色，然后将当前视

图切换为俯视图，结果如图 7-141 所示。

Step 23 使用快捷键"MI"激活【镜像】命令，配合中点捕捉功能对两侧的柱形拉伸实体镜像，结果如图 7-142 所示。

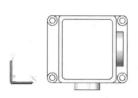 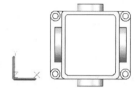

图 7-141 切换俯视图　　图 7-142 镜像结果

Step 24 执行【东南等轴测】命令，将视图恢复到东南视图，结果如图 7-143 所示。

Step 25 使用快捷键"UNI"激活【并集】命令，将外侧的四个大圆柱和中间的差集拉伸实体进行合并；将内部的 20 个小圆柱体进行合并。

Step 26 使用快捷键"SU"激活【差集】命令，将两个并集实体进行差集，结差集后的灰度着色效果如图 7-144 所示。

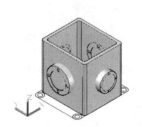 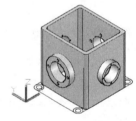

图 7-143 切换视图　　图 7-144 差集结果

Step 27 使用快捷键"VS"激活【视觉样式】命令，将模型进行二维线框着色，然后执行菜单栏中的【绘图】/【建模】/【拉伸】命令，将底板圆角矩形拉伸 7 个单位，将四组同心圆拉伸 11 个单位，结果如图 7-145 所示。

Step 28 使用快捷键"VS"激活【视觉样式】命令，对模型进行灰度着色，效果如图 7-146 所示。

Step 29 执行【圆】命令，配合【捕捉自】功能和圆心捕捉功能绘制半径为 10 的圆。命令行操作如下。

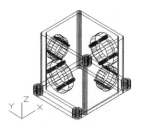

图 7-145 拉伸结果

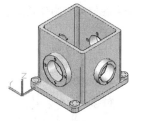

图 7-146 概念着色

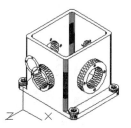

图 7-151 消隐效果

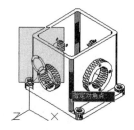

图 7-152 窗口选择

命令: _circle

指定圆的圆心或 [三点(3P)/两点(2P)/切点、切点、半径(T)]: //激活【捕捉自】功能

_from 基点://捕捉如图 7-147 所示的圆心

<偏移>: //@-16,16 Enter

指定圆的半径或 [直径(D)] <1.0000>: //10 Enter，绘制结果如图 7-148 所示。

Step 30 执行【偏移】命令，将刚绘制的圆向外偏移 4 个单位，然后配合【两点之间的中点】和象限点捕捉功能，绘制半径为 1 的小圆，如图 7-149 所示。

图 7-147 捕捉圆心

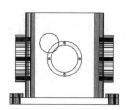

图 7-148 绘制结果

Step 31 执行菜单栏中的【视图】/【三维视图】/【东南等轴测】命令，将视图切换到东南视图，结果如图 7-150 所示。

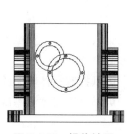

图 7-149 操作结果

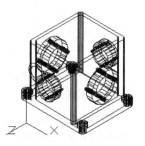

图 7-150 切换视图

Step 32 使用快捷键 "HI" 激活【消隐】命令，对模型进行消隐，结果如图 7-151 所示。

Step 33 单击【建模】工具栏或面板上的 按钮，激活【拉伸】命令，窗口选择如图 7-152 所示的四个圆图形，沿 Z 轴负方向拉伸 15 个单位。命令行操作如下。

命令: _extrude

当前线框密度: ISOLINES=4，闭合轮廓创建模式 = 实体

选择要拉伸的对象或 [模式(MO)]: _MO 闭合轮廓创建模式 [实体(SO)/曲面(SU)] <实体>: _SO

选择要拉伸的对象或 [模式(MO)]:

//窗口选择如图 7-152 所示的四个圆图形

选择要拉伸的对象或 [模式(MO)]: //Enter

指定拉伸的高度或 [方向(D)/路径(P)/倾斜角(T)/表达式(E)] <0.0>:

//@0,0,-15 Enter，拉伸后的消隐效果如图 7-153 所示。

Step 34 单击菜单【修改】/【三维操作】/【三维镜像】命令，选择四个圆柱形拉伸实体进行镜像。命令行操作如下。

命令: _mirror3d

选择对象: //选择四个圆柱形拉伸实体

选择对象: // Enter

指定镜像平面 (三点) 的第一个点或 [对象(O)/最近的(L)/Z 轴(Z)/视图(V)/XY 平面(XY)/YZ 平面(YZ)/ZX 平面(ZX)/三点(3)] <三点>: //XY Enter

指定 XY 平面上的点<0,0,0>://捕捉如图 7-154 所示的中点

是否删除源对象？[是(Y)/否(N)] <否>: // Enter，镜像结果如图 7-155 所示。

Step 35 使用快捷键 "UNI" 激活【并集】命令，选择壳体模型和两个外侧的大圆柱形拉伸

实体进行并集。

图 7-153　拉伸效果　　图 7-154　捕捉中点

Step 36　使用快捷键"SU"激活【差集】命令，选择并集实体，对内侧的 6 个柱形拉伸实体进行差集，差集后的消隐效果如图 7-156 所示。

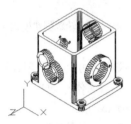

图 7-155　镜像结果　　图 7-156　差集后的消隐效果

Step 37　执行【长方体】命令，配合捕捉追踪功能创建如图 7-157 所示的长方体，并对其进行消隐。

Step 38　使用快捷键"VS"激活【视觉样式】命令，对模型进行概念着色，效果如图 7-158 所示。

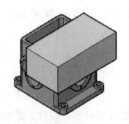

图 7-157　创建长方体　　图 7-158　概念着色

Step 39　使用快捷键"SU"激活【差集】命令，对长方体进行差集，差集结果如图 7-159 所示，其消隐效果如图 7-160 所示，概念着色效果如图 7-161 所示。

Step 40　将视图切换到东北视图，然后对模型进行灰度着色，最后执行【保存】命令，将模型

命名存储为"制作箱体零件的立体造型.dwg"。

图 7-159　差集结果　　图 7-160　消隐效果

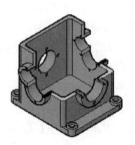

图 7-161　概念着色

▌7.6▌课后练习

1. 填空题

（1）在使用实体拉伸工具时，如果用于拉伸的对象为单个闭合对象，则可以创建出（　　）模型；如果用于拉伸的对象为非闭合的图线，如直线、圆弧等，那么拉伸的结果仅能生成（　　）模型。

（2）在创建拉伸实体时，具体有（　　）和（　　）两种创建方式。

（3）如果需要创建回转特征的实心模型，则可以使用（　　）工具；如果需要删除实体模型中的一部分，则可以使用（　　）工具。

（4）系统变量（　　）可以控制实体表面的网格线数量；变量（　　）可以设置实体消隐或渲染后的表面网格密度。

（5）使用（　　）命令可以对实体的棱边进行倒角；而使用（　　）命令可以对实体的棱边进行圆角。

（6）如果将实心体模型编辑为一个空心的薄壳体，可以使用（　　）命令；如果将一段圆弧沿着样条曲线路径创建为三维曲面，可以使用（　　）命令。

（7）使用（　　）命令可以改变零件模型中孔或槽的位置；而使用（　　）命令可以改变零件模型中孔或槽的大小。

2. 实训操作题

根据图示尺寸制作如图 7-162 所示零件三维实体造型图。

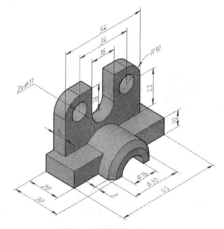

图 7-162　零件三视图

第**8**章

绘制机械零件装配图

📖 学习目标

本章通过绘制机械零件装配图，读者应了解和掌握图块的定义与应用、设计中心的资源管理与共享、工具选项板的创建与应用、图形特性的修改匹配以及图形对象的快速选择等技能，了解和掌握机械零件装配图的各种组装方法、技术要领和具体的操作技巧，培养大家绘制零件装配图的能力。

📖 学习重点

掌握制作图块、创建外部图块、查看图形资源、共享图形资源、对象的快速选择以及对称特性和特性的匹配技能。

📖 主要内容

● 关于机械零件装配图
● 制作与使用机械图块资源
● 查看与共享机械图形资源
● 对象特性与快速选择
● 绘制二维零件装配图
● 绘制三维零件装配图

8.1 关于机械零件装配图

8.1.1 机械零件装配图及其作用

在机械设计中，用于表达机器或部件的各零件间装配连接关系的图样被称为装配图，它可以反映出机器或部件的构造特点、工作原理和各零件间的装配、连接关系，同时也是制订装配工艺规程，指导装配、检验、安装和维修的重要技术依据。

由于装配图表达的是主体零件的内部结构，所以此种图样往往比较复杂，在绘制时，可先将各零部件逐一画出，然后再进行组装。

8.1.2 机械零件装配图制图规定

与零件图一样，绘制装配图也应按照机械制图国家标准的规定，将装配体的内外结构和形状表达清楚，但是，由于装配图和零件图所需表达的侧重点不同，因此，制图标准对装配图的表达方法，另有相应的规定，具体如下：

- 装配图一般采用剖视图作为主要表达方法。因为组装成装配体的各零件，往往都集中在一个主体零件内，仅靠一个或多个视图，是不可能将其内部结构及装配关系表达清楚的。
- 相邻两个零件的剖面线方向应相反或间隔相异，这样可以明显区别相邻的零件。
- 对于相接触和相配合的零件表面接触处，规定只画一条线，而当相邻零件的基本尺寸不同时，即使间隙很小，也必须画成两条线。
- 当剖切面通过实心件和标准件的轴线时，需按不剖画出，如果这些零件上有孔或槽，可使用局部剖视画出。

8.2 制作与使用机械图块资源

本节主要学习机械图块资源的制作与使用技能，具体有【创建块】、【写块】、【插入块】和【附着 DWG 参照】等命令。

8.2.1 了解图块资源

所谓"图块"，指的就是将多个图形对象组合在一起，形成一个整体的图形单元。用户可以将这个图形集合单元作为单一的图形对象进行编辑和使用。图块主要有块名、组成块的对象、用于插入块的基点坐标值或相关的属性数据等组成元素构成，其主要功能特点如下：

- 由于图形块是多个图形对象的集合，所以这些图形对象一旦被转化图块之后，可以大大节省文件的存储空间，而且选择起来也比较方便。
- 用户可以使用块的创建与插入功能，将图样上经常使用的相同结构的图形制作成图块或图块库，然后在具体使用时，只需插入这些块，而不必重复绘制，不但可以提高绘图速度，还可以使图样标准化和规范化。
- 图块可以是绘制在几个图层上的不同颜色、线型和线宽特性的对象的组合。在插入图块后 AutoCAD 会自动引入这些图层，并且块中的每个图形对象都可以保留原有的颜色、线型等特性信息。
- 用户可以在一个图块中引用其他图块，称之为"嵌套块"，AutoCAD 对嵌套块的复杂程度没有限制，只是不可以引用自身。
- 如果所插入的图块是由多个位于不同图层上的对象组成的，那么当冻结某一个对象所在的图层后，此图层上属于图块上的对象就会不可见，其余对象仍然显示；但是当冻结插入图块的当前图层时，不管图块中各对象处于哪一个图层，整个图块中的所有对象都是不可见的。
- 另外用户还可以通过对图块属性的处理，灵活地标注各种变化的文本，如标高值、轴线编号等，还可以将属性提取出来传送到数据库。

8.2.2 创建内部块资源

所谓内部块是指将单个或多个图形集合成为一个整体单元，保存于当前文件内，称为"内部块"，此类图块文件只能供当前文件重复使用，而不能用于其他文件。在 AutoCAD 中，【创建块】命令就是用于创建内部图块的命令，执行此命令主要有以下几种方法：

● 执行菜单栏中的【绘图】/【块】/【创建】命令。

● 单击【绘图】工具栏或【块】面板上的 按钮。

● 在命令行输入 Block 后按 Enter 键。

● 使用快捷键 B。

下面通过创建"A3-H"内部块，学习【创建块】命令的使用方法和操作技巧。

【任务1】：创建"A3-H"内部块。

Step 1 打开"\素材文件\A3-H.dwg"，如图 8-1 所示。

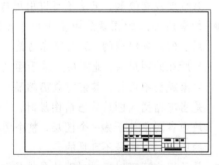

图 8-1　打开结果

Step 2 单击【绘图】工具栏或【块】面板上的 按钮，激活【创建块】命令，打开如图 8-2

所示的【块定义】对话框。

图 8-2　【块定义】对话框

Step 3 定义块名。在【名称】文本列表框内输入"A3-H"作为块的名称，在【对象】组合框激活【保留】单选项，其他参数采用默认设置。

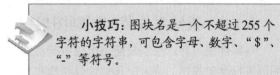

Step 4 定义基点。在【基点】组合框中，单击【拾取点】按钮 ，返回绘图区捕捉如图 8-3 所示的端点作为块的基点。

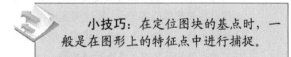

Step 5 选择块对象。单击【选择对象】按钮 ，返回绘图区框选所有的图形对象。

Step 6 预览效果。敲击 Enter 键返回到【块定义】对话框，则在此对话框内出现图块的预览图标，如图 8-4 所示。

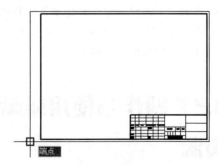

图 8-3　捕捉端点

图 8-4　参数设置

> **小技巧**：如果在定义块时，勾选了【按照统一比例缩放】复选项，那么在插入块时，仅可以对块进行等比缩放。

Step 7　单击 确定 按钮关闭【块定义】对话框，结果所创建的图块保存在当前文件内，此块将会与文件一起存盘。

📖 选项解析

- 【名称】下拉列表框用于为新块赋名。
- 【基点】选项组主要用于确定图块的插入基点。在定义基点时，用户可以直接在【X】、【Y】、【Z】文本框中键入基点坐标值，也可以在绘图区直接捕捉图形上的特征点。AutoCAD 默认基点为原点。
- 单击按钮 🔳【快速选择】，将弹出【快速选择】对话框，用户可以按照一定的条件定义一个选择集。
- 【转换为块】单选项用于将创建块的源图形转化为图块。
- 【删除】单选项用于将组成图块的图形对象从当前绘图区中删除。
- 【在块编辑器中打开】复选项用于定义完块后自动进入块编辑器窗口，以便对图块进行编辑管理。

8.2.3　创建外部块资源

由于"内部块"仅供当前文件所引用，为了弥补内部块的这一缺陷，AutoCAD 为用户提供了【写块】命令，使用此命令可以定义外部块，所定义的外部块不但可以被当前文件所使用，还可以供其他文件进行重复引用，下面学习外部块的具体定义过程。

【任务 2】：将"A3-H"内部块创建为外部块资源。

Step 1　继续任务 1 操作。

Step 2　在命令行输入 Wblock 或 W 后敲击 Enter 键，激活【写块】命令，打开【写块】对话框。

Step 3　在【源】选项组内激活【块】选项，然后展开【块】下拉列表框，选择"A3-H"内部块，如图 8-5 所示。

图 8-5　选择块

> **小技巧**：【块】单选项用于将当前文件中的内部图块转换为外部块，进行存盘。当激活该选项时，其右侧的下拉文框被激活，可从中选择需要被写入块文件的内部图块。

Step 4　在【文件名或路径】文本列表框内，设置外部块的存盘路径、名称和单位，如图 8-6 所示。

图 8-6　创建外部块

Step 5　单击 确定 按钮，结果"A3-H"内部块被转化为外部图块，以独立文件形式存盘。

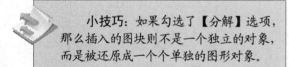

小技巧：【整个图形】单选项用于将当前文件中的所有图形对象，创建为一个整体图块进行存盘；【对象】单选项是系统默认选项，用于有选择性的，将当前文件中的部分图形或全部图形创建为一个独立的外部图块。具体操作与创建内部块相同。

8.2.4 应用图块资源

当创建图块资源之后，不管是内部块资源还是外部块资源，都可以将其引用到当前的绘图文件中。在 AutoCAD 中，【插入块】命令就是用于将内部块、外部块和以存盘的 DWG 文件，引用到当前图形文件中，以组合更为复杂的图形结构。

执行【插入块】命令主要有以下几种方法：

● 执行菜单栏中的【插入】/【块】命令。

● 单击【绘图】工具栏或【块】面板上的 按钮。

● 在命令行输入 Insert 后按 Enter 键。

● 使用快捷键 I。

下面以不同的缩放比例和旋转角度，引用刚定义的"A3-H"图块资源，学习图块资源的引用技巧。

【任务3】：向当前文件中引用图块资源。

Step 1 继续任务 1 操作。

Step 2 单击【绘图】工具栏或【块】面板上的 按钮，激活【插入块】命令，打开【插入】对话框。

Step 3 展开【名称】下拉列表，选择"A3-H"作为需要插入块的图块。

Step 4 在【缩放比例】选项组中勾选下侧的【统一比例】复选项，同时设置图块的缩放比例为 0.6，如图 8-7 所示。

小技巧：如果勾选了【分解】选项，那么插入的图块则不是一个独立的对象，而是被还原成一个个单独的图形对象。

Step 5 其他参数采用默认设置，单击 确定 按钮返回绘图区，在命令行"指定插入点

或 [基点(B)/比例(S)/旋转(R)]:"提示下，拾取一点作为块的插入点，结果如图 8-8 所示。

图 8-7 设置参数

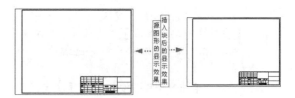

图 8-8 插入结果

📖 **选项解析**

● 【名称】下拉文本框用于设置需要插入的内部块。

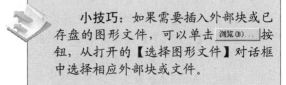

小技巧：如果需要插入外部块或已存盘的图形文件，可以单击 浏览(B)… 按钮，从打开的【选择图形文件】对话框中选择相应外部块或文件。

● 【插入点】选项组用于确定图块插入点的坐标。用户可以勾选【在屏幕上指定】选项，直接在屏幕绘图区拾取一点，也可以在【X】、【Y】、【Z】三个文本框中输入插入点的坐标值。

● 【比例】选项组是用于确定图块的插入比例。

● 【旋转】选项组用于确定图块插入时的旋转角度。用户可以勾选【在屏幕上指定】选项，直接在绘图区指定旋转的角度，也可以在【角度】文本框中输入图块的旋转角度。

8.2.5 附着 DWG 参照

【DWG 参照】命令用于为当前文件中的图形附着外部参照，使附着的对象与当前图形文件存在一

种参照关系。执行此命令主要有以下几种方法：

- 执行菜单栏中的【插入】/【DWG 参照】命令。
- 单击【参照】工具栏上的 按钮。
- 在命令行输入 Xattach 后按 Enter 键。
- 使用快捷键 XA。

激活【外部参照】命令后，从打开的【选择参照文件】对话框中选择所要附着的图形文件，如图 8-9 所示，然后单击 打开⑩ 按钮，系统将打开如图 8-10 所示的【外部参照】对话框。

图 8-9 【选择参照文件】对话框

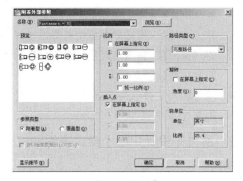

图 8-10 【外部参照】对话框

当用户附着了一个外部参照后，该外部参照的名称将出现在此文本框内，并且此外部参照文件所在的位置及路径都显示在文本框的下部。如果在当前图形文件中含有多个参照时，这些参照的文件名都排列在此下拉文本框中。单击【名称】文本框右侧的 浏览⑧... 按钮，可以打开【选择参照文件】对话框，用户可以从中为当前图形选择新的外部参照。

【参照类型】选项组用于指定外部参照图形文件的引用类型。引用的类型主要影响嵌套参照图形的显

示。系统提供了【附着型】和【覆盖型】两种参照类型。如果在一个图形文件中以"附着型"的方式引用了外部参照图形，当这个图形文件又被参照在另一个图形文件中时，AutoCAD 仍显示这个图形文件中的嵌套的参照图形；如果在一个图形文件中以"覆盖型"的方式引用了外部参照图形，当这个图形文件又被参照在另一个图形文件中时，AutoCAD 将不再显示这个图形文件中的嵌套的参照图形。

【路径类型】下拉列表用于指定外部参照的保存路径的，AutoCAD 提供了【完整路径】、【相对路径】和【无路径】三种路径类型。将路径类型设置为【相对路径】之前，必须保存当前图形。对于嵌套的外部参照，相对路径通常是指其直接宿主的位置，而不一定是当前打开的图形的位置。如果参照的图形位于另一个本地磁盘驱动器或网络服务器上，【相对路径】选项不可用。

小技巧：一个图形可以作为外部参照同时附着到多个图形中。同样，也可以将多个图形作为外部参照附着到单个图形中。如果一个被定义属性的图形以外部参照的形式引用到另一个图形中，那么 AutoCAD 将把参照的属性忽略掉，仅显示参照图形，不显示图形的属性。

8.3 查看与共享机械图形资源

前面章节主要学习了绘制内部块资源以及创建外部块资源的相关知识，这一节继续学习查看与共享机械图形资源的相关方法与技巧。

8.3.1 使用设计中心窗口查看与共享设计资源

【设计中心】窗口与 Windows 的资源管理器界面功能相似，如图 8-11 所示，但它却是一个直观、高效的制图工具，主要用于对 AutoCAD 的图形资

源进行管理、查看与共享等，执行【设计中心】命令即可打开该窗口。

图 8-11 【设计中心】窗口

执行【设计中心】命令主要有以下几种方法：
- 执行菜单栏中的【工具】/【选项板】/【设计中心】命令。
- 单击【标准】工具栏或【选项板】面板上的 按钮。
- 在命令行输入 Adcenter 后按 Enter 键。
- 使用快捷键 ADC。
- 按组合键 Ctrl+2 。

1. 认识【设计中心】窗口

在打开的【设计中心】窗口中共包括【文件夹】、【打开的图形】、【历史记录】三个选项卡，分别用于显示计算机和网络驱动器上的文件与文件夹的层次结构、打开图形的列表、自定义内容等，具体如下。
- 在【文件夹】选项卡中，左侧为"树状管理视窗"，用于显示计算机或网络驱动器中文件和文件夹的层次关系；右侧为"控制面板"，用于显示在左侧树状视窗中选定文件的内容。
- 【打开的图形】选项卡用于显示 AutoCAD 任务中当前所有打开的图形，包括最小化的图形。
- 【历史记录】选项卡用于显示最近在设计中心打开的文件的列表。它可以显示【浏览 Web】对话框最近连接过的 20 条地址的记录。

📖 选项解析

- 单击 【加载】按钮，将弹出【加载】对话框，以方便浏览本地和网络驱动器或 Web 上的文件，然后选择内容加载到内容区域。
- 单击 【上一级】按钮，将显示活动容器的上一级容器的内容。容器可以是文件夹也可以是一个图形文件。
- 单击 【搜索】按钮，可弹出【搜索】对话框，用于指定搜索条件，查找图形、块以及图形中的非图形对象，如线型、图层等，还可以将搜索到的对象添加到当前文件中，为当前图形文件所使用。
- 单击 【收藏夹】按钮，将在设计中心右侧窗口中显示 "Autodesk Favorites" 文件夹内容。
- 单击 【主页】按钮，系统将设计中心返回到默认文件夹。安装时，默认文件夹被设置为...\Sample\DesignCenter。
- 单击 【树状图切换】按钮，设计中心左侧将显示或隐藏树状管理视窗。如果在绘图区域中需要更多空间，可以单击该按钮隐藏树状管理视窗。
- 【预览】按钮用于显示和隐藏图像的预览框。当预览框被打开时，在上部的面板中选择一个项目，则在预览框内将显示出该项目的预览图像。如果选定项目没有保存的预览图像，则该预览框为空。
- 【说明】按钮用于显示和隐藏选定项目的文字信息。

2. 通过【设计中心】窗口查看和打开设计资源

通过【设计中心】窗口，不但可以方便查看本机或网络机上的 AutoCAD 资源，还可以将设计资源直接引用到绘图文件中。

【任务 4】：通过【设计中心】窗口查看和打开设计资源。

Step 1 单击【标准】工具栏或【选项板】面板上的 按钮，执行【设计中心】命令，打开【设计中心】窗口。

Step 2 查看文件夹资源。在左侧树状窗口中定位并展开需要查看的文件夹，那么在右侧窗口中，即可查看该文件夹中的所有图形资源，如图 8-12 所示。

Step 3 查看文件内部资源。在左侧树状窗口中定位需要查看的文件，在右侧窗口中即可显示出文件内部的所有资源，如图 8-13 所示。

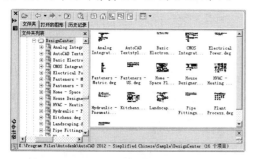

图 8-12 查看文件夹资源

图 8-13 查看文件内部资源

Step 4 如果用户需要进一步查看某一类内部资源，如文件内部的所有图块，可以在右侧窗口中双击块的图标，即可显示出所有的图块，如图 8-14 所示。

Step 5 打开 CAD 文件。如果用户需要打开某 CAD 文件，可以在该文件图标上单击右键，然后选择右键菜单上的【在应用程序窗口中打开】选项，即可打开此文件，如图 8-15 所示。

图 8-14 查看块资源

图 8-15 图标右键菜单

小技巧：在窗口中按住 Ctrl 键定位文件，按住左键不动将其拖动到绘图区域，即可打开此图形文件；将图形图标从设计中心直接拖曳到应用程序窗口，或绘图区域以外的任何位置，即可打开此图形文件。

3. 通过【设计中心】窗口共享设计资源

在【设计中心】窗口中不但可以查看本机上的所有设计资源，还可以将有用的图形资源以及图形的一些内部资源应用到自己的图纸中。

【任务 5】：通过【设计中心】窗口共享图形资源。

Step 1 继续任务 4 操作。

Step 2 在左侧的设计中心树状窗口中查找并定位所需文件的上一级文件夹，然后在右侧窗口中定位所需文件。

Step 3 此时在定位的文件图标上单击右键，从弹出的右键菜单中选择【插入为块】选项，如图 8-16 所示。

Step 4 此时打开【插入】对话框，根据实际需要设置参数，然后单击 确定 按钮，即可将选择的图形以块的形式共享到当前文件中。

Step 5 共享文件内部资源。在【设计中心】窗口中定位并打开所需文件的所有内部资源，如图 8-17 所示。

Step 6 在设计中心右侧窗口中选择某一图块，单击右键，从弹出的右键菜单中的选择【插入块】选项，就可以将此图块插入到当前图形文件中。

小技巧：用户也可以共享图形文件内部的文字样式、尺寸样式、图层以及线型等资源。

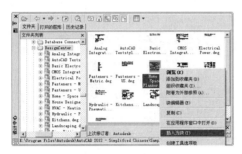

图 8-16　共享文件

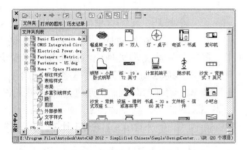

图 8-17　浏览图块资源

8.3.2　通过【工具选项板】窗口应用图形资源

【工具选项板】主要用于组织、共享图形资源和高效执行命令等，执行【工具选项板】命令主要有以下几种方法：

- 执行菜单栏中的【工具】/【选项板】/【工具选项板】命令。
- 单击【标准】工具栏或【选项板】面板上的 按钮。
- 在命令行输入 Toolpalettes 后按 Enter 键。
- 按组合键 Ctrl+3。

执行【工具选项板】命令后，可打开图 8-18 所示的【工具选项板】窗口，该窗口主要有各选项卡和标题栏两部分组成，在窗口标题栏上单击右键，可打开标题栏菜单以控制窗口及工具选项卡的显示状态等。在选项板中单击右键，可打开如图 8-19 所示的右键菜单，通过此右键菜单，也可以控制工具面板的显示状态、透明度，还可以很方便地创建、删除和重命名工具面板等。

1. 通过【工具选项板】命令引用图形资源

下面通过向图形文件中插入图块及填充图案

为例，学习【工具选项板】命令的使用方法和图形资源的引用技能。

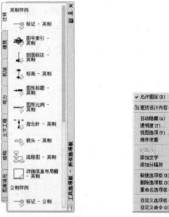

图 8-18　【选项板】窗口　　图 8-19　右键菜单

【任务6】：通过【工具选项板】命令引用图形资源。

Step 1　新建空白文件。

Step 2　单击【标准】工具栏或【选项板】面板上的 按钮，打开【工具选项板】窗口，然后展开【机械】选项卡，选择如图 8-20 所示图例。

Step 3　在选择的图例上单击左键，然后在命令行"指定插入点或 [基点(B)/比例(S)/X/Y/Z/旋转(R)]："提示下，在绘图区拾取一点，将此图例插入到当前文件内，结果如图 8-21 所示。

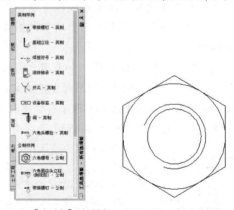

图 8-20　【机械】选项卡　　图 8-21　插入结果

　小技巧：用户也可以将光标定位到所需图例上，然后按住左键不放，将其拖入到当前图形中。

2.　自定义【工具选项板】

除了引用【工具选项板】中系统提供的一些图形资源外，用户还可以将已定义的图块文件创建为新的【工具选项板】，以方便查看和调用。

【任务7】：将已有图形资源定义为新的工具选项板。

Step 1　首先打开【设计中心】窗口和【工具选项板】窗口。

Step 2　定义选项板内容。在设计中心窗口中定位需要添加到选项板中的图形、图块或图案填充等内容，然后按住左键不放，将选择的内容直接拖到选项板中，即可添加这些项目，如图8-22所示，添加结果如图8-23所示。

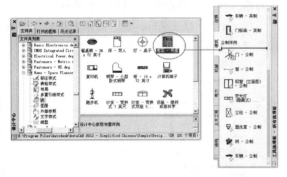

图 8-22　向工具选项板中添加内容

图 8-23　添加结果

Step 3　定义选项板。在【设计中心】左侧窗口中选择文件夹，然后单击右键，选择如图8-24所示的【创建块的工具选项板】选项。

Step 4　系统将此文件夹中的所有图形文件创建为新的工具选项板，选项板名称为文件的名称，如图8-25所示。

图 8-24　定位文件

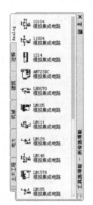

图 8-25　定义选项板

8.4 对象特性与快速选择

这一节继续学习对象特性、特性匹配与快速选择三个命令，以方便用户查看、修改图形对象的内部特性，达到快速修整和完善图形的目的。

8.4.1　对象特性

对象图形是指CAD图元的基本特性、几何特性以及其他特性等，例如线型、线宽、颜色、厚度等。在无任何命令发出的情况下，当选择图形后，在如图8-26所示的【特性】窗口将会显示图形的这些基本特性，用户可以通过此窗口，进行查看和修改图形对象的内部特性。

执行【特性】命令主要有以下几种方法：

● 执行菜单栏中的【工具】/【选项板】/【特性】命令。

● 执行菜单栏中的【修改】/【特性】命令。

● 单击【标准】工具栏或选项板上的▦按钮。

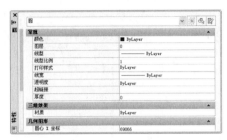

图 8-26 【特性】窗口

- 在命令行输入 Properties 后按 Enter 键。
- 使用快捷键 PR。
- 按组合键 Ctrl+1。

【特性】窗口由标题栏、工具栏和特性窗口三部分组成，标题栏位于窗口的一侧，其中 按钮用于控制特性窗口的显示与隐藏状态；单击标题栏底端的按钮，可弹出一个按钮菜单，用于改变特性窗口的尺寸大小、位置以及窗口的显示与否等。

小技巧：在标题栏上按住左键不放，可以将特性窗口拖至绘图区的任意位置；双击左键，可以将此窗口固定在绘图区的一端。

工具栏位于【特性】窗口的上方，用于显示被选形名称，以及用于构建新的选择集。其中：

- 无选择 下拉列表框用于显示当前绘图窗口中所有被选择的图形名称。
- 此按钮用于切换系统变量 PICKADD 的参数值。
- 【快速选择】按钮 用于快速构造选择集。
- 【选择对象】按钮用于在绘图区选择一个或多个对象，单击 Enter 键，选择的图形对象名称及所包含的实体特性都显示在特性窗口内，以便对其进行编辑。

系统默认的特性窗口共包括【常规】、【三维效果】、【打印样式】、【视图】和【其他】五个组合框，分别用于控制和修改所选对象的各种特性。下面通过典型的实例，学习【特性】命令的使用方法和编辑技巧。

【任务 8】：修改对象特性。

Step 1 新建绘图文件。

Step 2 使用快捷键"REC"激活【矩形】命令，绘制长度为 200、宽度为 120 的矩形。

Step 3 执行菜单栏中的【视图】/【三维视图】/【东南等轴测】命令，将视图切换为东南视图。

Step 4 在无命令执行的前提下单击刚绘制的矩形，使其夹点显示，如图 8-27 所示。

图 8-27 夹点效果

Step 5 打开【特性】窗口，然后在【厚度】选项上单击左键，此时该选项以输入框形式显示，然后输入厚度值为 100，如图 8-28 所示。

Step 6 敲击 Enter 键，结果矩形的厚度被修改变为 100，如图 8-29 所示。

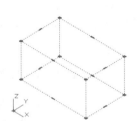

图 8-28 修改厚度特性　　图 8-29 修改后的效果

Step 7 继续在【全局宽度】选项框内单击左键，输入 25，修改边的宽度参数，如图 8-30 所示。

图 8-30 修改宽度特性

Step 8 关闭【特性】窗口，取消图形夹点，修改结果如图 8-31 所示。

Step 9　执行菜单栏中的【视图】/【消隐】命令，结果如图 8-32 所示。

命令，图形的显示效果如图 8-35 所示。

图 8-33　绘制结果

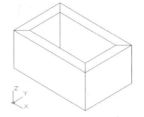

图 8-31　消隐效果　　图 8-32　消隐效果

图 8-34　匹配结果　　图 8-35　特性匹配结果

8.4.2　特性匹配

与【特性】命令不同，【特性匹配】命令主要用于将图形对象的某些内部特性匹配给其他图形，使这些图形拥有相同的内部特性。执行【特性匹配】命令主要有以下几种方法：

- 执行菜单栏中的【修改】/【特性匹配】命令。
- 单击【标准】工具栏或【剪贴板】面板上的按钮。
- 在命令行输入 Matchpropr 后按 Enter 键。
- 使用快捷键 MA。

下面通过匹配图形的内部特性，学习【特性匹配】命令的使用方法和操作技巧。

【任务 9】：匹配图形内部特性。

Step 1　继续任务 9 的操作。

Step 2　执行菜单栏中的【绘图】/【正多边形】命令，绘制边长为 120 的正六边形，如图 8-33 所示。

Step 3　单击【标准】工具栏或【剪贴板】面板上的按钮，激活【特性匹配】命令，匹配宽度和厚度特性。命令行操作如下。

命令:'_matchprop

　　选择源对象:　　　　　　//选择左侧的矩形

　　当前活动设置: 颜色 图层 线型 线型比例 线宽 透明度 厚度 打印样式 标注 文字 填充图案 多段线 视口 表格材质 阴影显示 多重引线

　　选择目标对象或 [设置(S)]: //选择右侧的矩形

　　选择目标对象或 [设置(S)]://Enter,把矩形的宽度和厚度特性复制给正六边形，如图 8-34 所示。

Step 4　执行菜单栏中的【视图】/【消隐】

📖 选项解析

- 【设置】选项用于设置需要匹配的对象特性。在命令行 "选择目标对象或 [设置(S)]:" 提示下，输入 "S" 并单击 Enter 键，可打开如图 8-36 所示的【特性设置】对话框，用户可以根据自己的需要选择需要匹配的基本特性和特殊特性。在默认设置下，AutoCAD 将匹配此对话框中的所有特性，如果用户需要有选择性的进行匹配某些特性，可以在此对话框内进行设置。

图 8-36　【特性设置】对话框

- 【颜色】和【图层】选项适用于除 OLE（对象链接嵌入）对象之外的所有对象。
- 【线型】选项适用于除了属性、图案填充、多行文字、OLE 对象、点和视口之外的所有对象。
- 【线型比例】选项适用于除了属性、图案填充、多行文字、OLE 对象、点和视口之外的所有对象。

8.4.3 快速选择

【快速选择】命令是一个快速构造选择集的高效制图工具，此工具用于根据图形的类型、图层、颜色、线型、线宽等内部特性设定过滤条件，AutoCAD 将自动进行筛选，最终过滤出符合设定条件的所有图形对象。 执行【快速选择】命令主要有以下几种方式。

● 执行菜单栏中的【工具】/【快速选择】命令。
● 在命令行输入 Qselect 后按 Enter 键。
● 在绘图区单击右键，选择右键菜单中的【快速选择】选项。
● 单击【常用】选项卡/【实用工具】面板上的 按钮。

执行【快速选择】命令后，将打开【快速选择】对话框，如图 8-37 所示。该对话框有三级过滤功能，用于过滤以选择图形对象。

图 8-37 【快速选择】对话框

1. 一级过滤功能

在【快速选择】对话框中，【应用到】列表框属于一级过滤功能，用于指定是否将过滤条件应用到整个图形或当前选择集（如果存在的话），此时使用【选择对象】按钮 完成对象选择后，敲击 Enter 键重新显示该对话框。AutoCAD 将【应用到】设置为【当前选择】，对当前已有的选择集进行过滤，只有当前选择集中符合过滤条件的对象才能被选择。

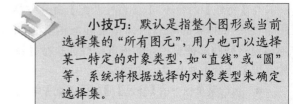

小技巧：如果勾选对话框下方的【附加到当前选择集】，那么 AutoCAD 将该过滤条件应用到整个图形，并将符合过滤条件的对象添加到当前选择集中。

2. 二级过滤功能

【对象类型】列表框属于快速选择的二级过滤功能，用于指定要包含在过滤条件中的对象类型。如果过滤条件正应用于整个图形，那么【对象类型】列表包含全部的对象类型，包括自定义；否则，该列表只包含选定对象的对象类型。

小技巧：默认是指整个图形或当前选择集的"所有图元"，用户也可以选择某一特定的对象类型，如"直线"或"圆"等，系统将根据选择的对象类型来确定选择集。

3. 三级过滤功能

【特性】文本框属于快速选择的三级过滤功能，三级过滤功能共包括【特性】、【运算符】和【值】三个选项，分别如下：

● 【特性】选项用于指定过滤器的对象特性。在此文本框内包括选定对象类型的所有可搜索特性，选定的特性确定【运算符】和【值】中的可用选项。例如在【对象类型】下拉文本框中选择圆，【特性】窗口的列表框中就列出了圆的所有特性，从中选择一种用户需要的对象的共同特性。
● 【运算符】下拉列表用于控制过滤器值的范围。根据选定的对象属性，其过滤的值的范围分别是"=等于"、"<>不等于"、">大于"、"<小于"和"*通配符匹配"。对于某些特性"大于"和"小于"选项不可用。

小技巧："*通配符匹配"只能用于可编辑的文字字段。

● 【值】列表框用于指定过滤器的特性值。如果选定对象的已知值可用，那么"值"成为一个列表，可以从中选择一个值；如果选定对象的已知值不存在或者没有达到绘图的要求，就可以在【值】文本框中输入一个值。

除了以上三种过滤功能外，在【如何应用】选项组还包括【如何应用】复选项和【附加到当前选择集】复选项。【如何应用】复选项用于指定是否将符合过滤条件的对象包括在新选择集内或是排除在新选择集之外；而【附加到当前选择集】复选项用于指定创建的选择集是替换当前选择集还是附加到当前选择集。

4. 快速选择实例

下面通过快速删除零件三视图中的尺寸，学习【快速选择】命令的使用方法和操作技巧。具体操作步骤如下。

【任务 10】：快速删除零件图尺寸。

Step 1 打开 "\素材文件\快速选择示例.dwg"，如图 8-38 所示。

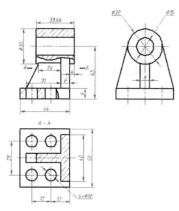

图 8-38 打开结果

Step 2 单击【常用】选项卡\【实用工具】面板上的 按钮，激活【快速选择】命令，打开【快速选择】对话框。

Step 3 该对话框中的【特性】文本框属于三级过滤功能，用于按照目标对象的内部特性设定过滤参数，在此选择"图层"选项。

Step 4 单击【值】下拉列表，在展开的下拉列表中选择"标注线"，其他参数使用默认设置，如图 8-39 所示。

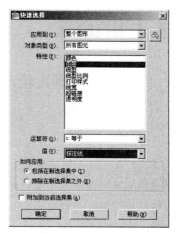

图 8-39 【快速选择】的过滤设置

Step 5 单击 确定 按钮关闭该对话框，结果在填充层中的所有符合过滤条件的图形都被选择，如图 8-40 所示。

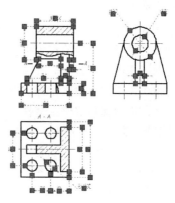

图 8-40 选择结果

Step 6 按下 Delete 键，将选择的对象删除，删除结果如图 8-41 所示。

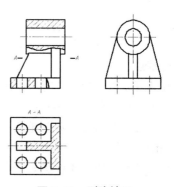

图 8-41 删除结果

8.5 上机实训

8.5.1 【实训1】绘制齿轮零件二维装配图

1. 实训目的

本实训要求绘制齿轮零件的二维装配图，通过本例的操作熟练掌握图块的定义、图块的插入以及二维零件的组合装配与修整完善技能，具体实训目的如下。

● 掌握图块的创建技能。
● 掌握基点的定义技能。
● 掌握图块的插入技能。
● 掌握二维零件的组装和修整技能。

2. 实训要求

本例绘制的零件装配图主要包括四部分，分别是阶梯轴、球轴承、大齿轮和定位套。在开始装配零件之前，事先要准备好需要装配的各零部件，然后定位出主零件和附属零件，以方便下一步的装配。在此以阶梯轴定位主零件，分别将其他三个零件装配到阶梯轴零件上。

在具体装配的过程中，可以使用三种方式进行装配，第一种方式就是使用"图块的定义与共享功能"进行装配零件图；第二种方式使用"设计中心的资源查看和共享功能"进行装配；第三种方式使用"工具选项板的定义与共享功能"进行装配零件图。本例将学习第一种方法的装配技能。本例最终效果如图8-42所示。

具体要求如下。

（1）首先使用【基点】命令定义"定位套"零件的装配基点。

（2）使用【垂直平铺】、【写块】命令将"球轴承"和"大齿轮"定义为外部块。

（3）使用【打开】、【删除】、【快速选择】等命令准备装配主零件。

（4）使用【插入块】、【移动】命令装配齿轮零件图。

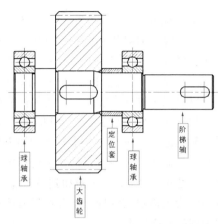

图 8-42　实体效果

（5）使用【修剪】、【删除】、【快速选择】、【图案填充】等命令修整和完善装配图。

（6）最后使用【另存为】命令将装配图另名保存。

3. 完成实训

素材文件：	素材文件\定位套.dwg、球轴承.dwg、大齿轮.dwg、阶梯轴.dwg
效果文件：	效果文件\第8章绘制齿轮零件二维装配图.dwg
视频文件：	视频文件\第8章绘制齿轮零件二维装配图.avi

准备装配附属素材。

Step 1　执行【打开】命令，打开"\素材文件\定位套.dwg"。

Step 2　执行菜单栏中的【绘图】/【块】/【基点】命令，根据命令行的提示，捕捉如图8-43所示的中点，作为图形的基点。

图 8-43　定义基点

Step 3　执行【保存】命令，将当前文件原名保存，并关闭此文件。

Step 4　再次执行【打开】命令，打开"\素材文件\"目录下的"球轴承.dwg"和"大齿轮.dwg"文件。

Step 5 执行菜单栏中的【窗口】/【垂直平铺】命令,将打开的两个图形文件进行垂直平铺,结果如图 8-44 所示。

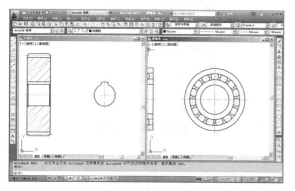

图 8-44 垂直平铺

Step 6 使用快捷键 "W" 激活【写块】命令,打开【写块】对话框,设置块参数如图 8-45 所示,然后单击【拾取点】按钮,返回绘图区拾取大齿轮左侧轮廓线与中心线的交点作为图块的基点,如图 8-46 所示。

图 8-45 设置参数 图 8-46 定义块基点

Step 7 敲击 Enter 键返回【写块】对话框,单击【选择对象】按钮,返回绘图区选择大齿轮主视图轮廓线,将其创建为外部块。

Step 8 激活 "球轴承.dwg" 文件,并调整视图,然后使用【写块】命令将球轴承主视图创建为外部块,块参数设置如图 8-47 所示,块基点如图 8-48 所示。

准备装配主零件。

Step 9 执行菜单栏中的【窗口】/【全部关闭】命令,关闭所有文件,然后打开 "/素材文件

/阶梯轴.dwg",如图 8-49 所示。

图 8-47 设置图块参数 图 8-48 定义基点

Step 10 将下侧的两个视图删除,然后执行菜单栏中的【工具】/【快速选择】命令,打开【快速选择】对话框,设置过滤参数如图 8-50 所示,选择所有位于 "轮廓线" 上的对象,结果如图 8-51 所示。

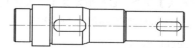

图 8-49 打开轴文件

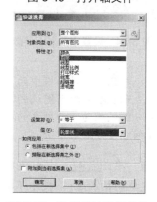

图 8-50 设置快速选择参数

Step 11 展开【特性】工具栏中的【颜色控制】下拉列表,将对象颜色修改为 "洋红",如图 8-52 所示。

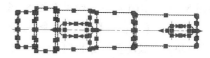

图 8-51 选择结果

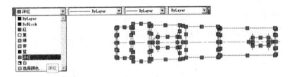

图 8-52 更改对象的颜色

Step 12 按下键盘上的 Esc 键，取消图线的夹点显示状态，修改后的效果如图 8-53 所示。

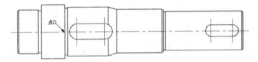

图 8-53 修改颜色

零件图的装配

Step 13 单击【绘图】工具栏上的 按钮，激活【插入块】命令，插入刚定义的"大齿轮.dwg"图块，其中块参数设置如图 8-54 所示。

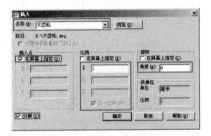

图 8-54 设置【插入】参数

> 小技巧：此对话框中的【分解】选项，表示在插入单个图块的过程中，将图块分解还原为各自独立的对象，此功能等同于【分解】命令。

Step 14 单击 确定 按钮返回绘图区，在命令行"指定块的插入点："提示下捕捉图 8-53 所示的点 O 作为插入点，插入大齿轮图形，结果如图 8-55 所示。

Step 15 重复执行【插入块】命令，插入"定位套.dwg"图形，参数设置如图 8-54 所示，插入点为图 8-55 所示的 A 点，结果如图 8-56 所示。

Step 16 重复执行【插入块】命令，插入"球轴承"外部块，参数设置如图 8-54 所示，插入点分别为图 8-56 所示的 B 和中点 C，结果如图 8-57 所示。

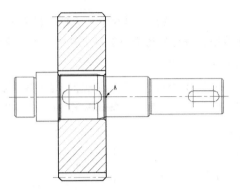

图 8-55 装配大齿轮

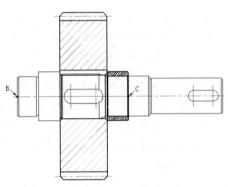

图 8-56 装配定位套

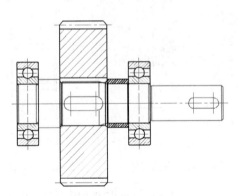

图 8-57 装配球轴承

装配图的修整与完善

Step 17 使用快捷键"TR"激活【修剪】命令，以"洋红"颜色显示的轮廓线作为边界，对装配后的各零件轮廓线进行修剪，然后执行【删除】命令，删除多余或重复的图线，操作后的结果如图 8-58 所示。

Step 18 单击【绘图】工具栏上的 按钮，激活【图案填充】命令，在打开的【图案填充和渐变色】对话框中，设置填充图案及填充参数如图 8-59 所示，对装配后的大齿轮填充剖面线，填充结果如图 8-60 所示。

选择所有颜色为"洋红"的图线，如图 8-62 所示。

Step 20 单击【标准】工具栏上的 按钮，或使用快捷键 "MAS" 激活【特性】命令，在打开的【特性】窗口中设置参数如图 8-63 所示，修改所选图线的颜色为"随层"，并取消对象的夹点显示，结果如图 8-64 所示。

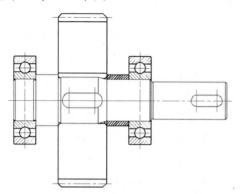

图 8-58　完善结果

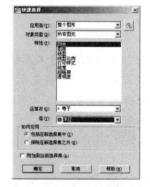

图 8-61　设置快速选择参数

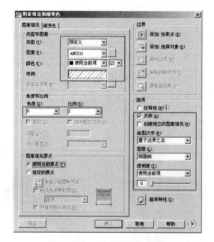

图 8-59　设置填充参数

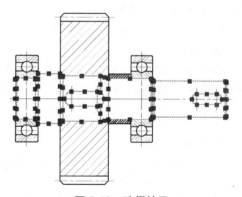

图 8-62　选择结果

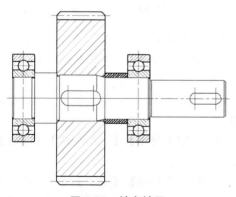

图 8-60　填充结果

Step 19　执行菜单栏中的【工具】/【快速选择】命令，在打开的对话框中设置参数如图 8-61 所示，

图 8-63　修改对象特性

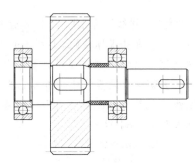

图 8-64　修改结果

Step 21　单击【标准】工具栏上的 A 按钮，激活【特性匹配】命令，修改定位套剖面线的图层特性。命令行操作如下。

命令: '_matchprop

　　选择源对象:　//选择如图 8-65 所示的对象作为源对象

　　当前活动设置: 颜色 图层 线型 线型比例 线宽 厚度 打印样式 标注 文字 填充图案 多段线 视口 表格材质 阴影显示 多重引线

　　选择目标对象或 [设置(S)]: //选择如图 8-66 所示的对象作为目标对象

　　选择目标对象或 [设置(S)]: // Enter，结束命令，匹配结果如图 8-67 所示。

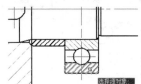
图 8-65　选择匹配源对象

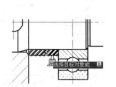
图 8-66　选择匹配目标对象

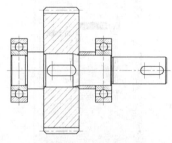

图 8-67　匹配结果

Step 22　最后删除重合的中心线，并执行【另存为】命令，将图形另名存储为"绘制齿轮零件二维装配图.dwg"。

8.5.2　【实训 2】绘制壳体零件三维装配图

1. 实训目的

本实训要求绘制壳体零件的三维装配图，通过本例的操作熟练掌握设计中心的资源查看和资源共享技能、掌握特征点的精确捕捉及三维零件的组合装配等技能，具体实训目的如下。

● 掌握设计中心的资源 查看技能。

● 掌握设计中心的资源共享技能。

● 掌握特征点的精确捕捉技能。

● 掌握三维模型的组合装配技能。

● 掌握图形文件的存储技能。

2. 实训要求

首先新建文件并使用设计中心的资源共享功能准备装配部件，然后使用【对齐】、【移动】命令组合装配图，最后对装配图进行剖切与着色等。本例最终效果如图 8-68 所示。

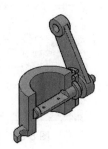

图 8-68　实例效果

具体要求如下:

（1）首先新建文件并在设计中心窗口中定位目标文件。

（2）使用设计中心的资源共享功能共享装配资源。

（3）使用【对齐】、【三维旋转】、【移动】等命令组合装配模型。

（4）使用【复制】、【剖切】、【视觉样式】等命令对装配模型进行剖切着色等。

（5）最后使用【保存】命令将绘制的图形命名保存。

3. 完成实训

素材文件：	素材文件\8-1.dwg、8-2.dwg、8-3.dwg、8-4.dwg
效果文件：	效果文件\第8章\绘制壳体零件三维装配图.dwg
视频文件：	视频文件\第8章\绘制壳体零件三维装配图.avi

Step 1　新建绘图文件。

Step 2　按下 F3 功能键，打开状态栏上的【对象捕捉】功能。

Step 3　执行菜单栏上的【工具】/【设计中心】命令，打开【设计中心】窗口，定位 "\素材文件\" 目标下的文件，如图 8-69 所示。

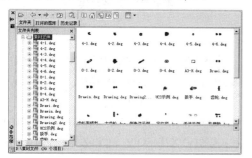

图 8-69　设计中心窗口

Step 4　在【设计中心】右侧窗口中定位 "8-4.dwg" 文件，然后单击右键，选择右键菜单上的【插入为块】选项，如图 8-70 所示。

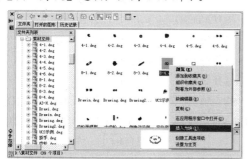

图 8-70　选择【插入为块】选项

Step 5　在弹出的【插入】对话框中，采用默认参数设置，将图形以块的形式插入到当前文档中，插入结果如图 8-71 所示。

Step 6　参照 3、4 操作步骤，分别将 8-1.dwg、8-2.dwg、8-3.dwg 三个文件，以块的形式插入到当前文档中，结果如图 8-72 所示。

图 8-71　插入结果　　　图 8-72　插入结果

Step 7　执行菜单栏中的【视图】/【三维视图】/【西北等轴测】命令，将当前视图切换至西北视图，如图 8-73 所示。

图 8-73　切换西北视图

Step 8　执行菜单栏中的【修改】/【三维操作】/【对齐】命令，将心轴装配到壳体模型上。命令行操作如下。

命令: _align

　　选择对象:　　　//选择心轴模型

　　选择对象:　　　// Enter

　　指定第一个源点:　//捕捉图 8-74 所示圆心 A 作为第一源点

　　指定第一个目标点: //捕捉圆心 a 作为第一目标点

　　指定第二个源点:　//捕捉圆心 B 作为第二源点

　　指定第二个目标点: //捕捉圆心 b 作为第二目标点

　　指定第三个源点或 <继续>: //捕捉象限点 C 作为第三源点

　　指定第三个目标点:　//捕捉象限点 c 作为第三源点，结果如图 8-75 所示

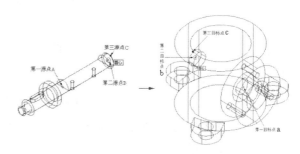

图 8-74　定位源点与目标点

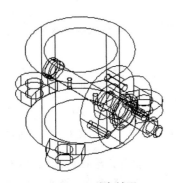

图 8-75　对齐结果

Step 9 重复执行【对齐】命令，将端盖模型与壳体模型装配到一起，并对模型进行视图消隐。命令行操作如下。

命令:_align

选择对象:　　　//选择端盖模型

选择对象:　　　// Enter

指定第一个源点:　//捕捉图 8-76 所示圆心 A 作为第一源点

指定第一个目标点:　//捕捉圆心 a 作为第一目标点

指定第二个源点:　//捕捉圆心 B 作为第二源点

指定第二个目标点:　//捕捉圆心 c 作为第二目标点

指定第三个源点或 <继续>:　//捕捉圆心 C 作为第三源点

指定第三个目标点:　//捕捉圆心 b 作为第目标点，对齐结果如图 8-77 所示

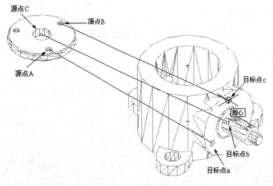

图 8-76　定位源点与目标点

Step 10 在命令行输入"Rotate3d"，激活

【三维旋转】命令，将连杆模型进行旋转。命令行操作如下。

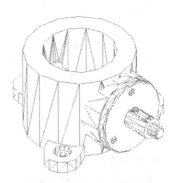

图 8-77　对齐结果

命令:_rotate3d

当前正向角度: ANGDIR=逆时针 ANGBASE=0

选择对象:　　　//选择连杆模型

选择对象:　　　// Enter

指定轴上的第一个点或定义轴依据　[对象(O)/最近的(L)/视图(V)/X 轴(X)/Y 轴(Y)/Z 轴(Z)/两点(2)]:

　　　　　//y Enter

指定 Y 轴上的点 <0,0,0>:　//在连杆模型上捕捉一点

指定旋转角度或 [参照®]:　//90 Enter

命令:　　　// Enter，重复执行命令

ROTATE3D

当前正向角度: ANGDIR=逆时针 ANGBASE=0

选择对象:　　　//选择连杆模型

选择对象:　　　// Enter

指定轴上的第一个点或定义轴依据　[对象(O)/最近的(L)/视图(V)/X 轴(X)/Y 轴(Y)/Z 轴(Z)/两点(2)]:

　　　　　//X Enter

指定 X 轴上的点 <0,0,0>:　//在连杆模型上捕捉一点

指定旋转角度或 [参照(R)]:　//-60 Enter，结果如图 8-78 所示

Step 11 执行【移动】命令，将旋转后的连杆模型进行位移，基点为圆心 A，目标点为圆心 B，结果如图 8-79 所示。

Step 12 执行菜单栏中的【修改】/【复制

命令，选择装配后的壳体模型复制一份，结果如图 8-80 所示。

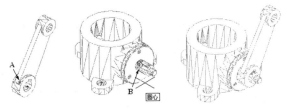

图 8-78　旋转结果　　　图 8-79　装配结果

Step 13　执行菜单栏中的【修改】/【三维操作】/【剖切】命令，选择复制出的装配模型进行剖切。命令行操作如下。

命令: _slice

　　选择要剖切的对象: //选择壳体和端盖模型

　　选择要剖切的对象: // Enter ，结束选择

　　指定 切面 的起点或 [平面对象(O)/曲面(S)/Z 轴(Z)/视图(V)/XY(XY)/YZ(YZ)/ZX(ZX)/三点(3)] <三点>:

　　　　　　　　　　　//ZX Enter

　　指定 ZX 平面上的点 <0,0,0>: //捕捉壳体上顶面的圆心

　　在所需的侧面上指定点或 [保留两个侧面(B)] <保留两个侧面>:

　　　　　　　　　　//在连杆上端捕捉一点，结果如图 8-81 所示

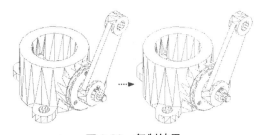

图 8-80　复制结果

图 8-81　剖切结果

Step 14　修改变量 FACETRES 的值为 10，并将视图切换到东北视图。

Step 15　使用快捷键 "VA" 激活【视觉样式】命令，对模型进行灰度着色显示，最终效果如图 8-68 所示。

Step 16　最后执行【保存】命令，将图形命名存储为 "绘制壳体零件三维装配图.dwg"。

8.6　课后练习

1．填空题

（1）使用（　　）工具创建的图块仅能供当前文件所使用；使用（　　）工具创建的图块可以应用所有的图形文件中；使用（　　）工具可以从现有的图形中提取一部分，作为一个独立的文件进行存盘。

（2）AutoCAD 提供了图块的插入功能，在具体插入图块时，用户不但可以修改图块的（　　），还可以修改块的（　　），而且在插入块的过程中，使用（　　）功能可以将块还原为各自独立的对象。

（3）设计中心是一个高级制图工具，使用此工具，用户可以（　　）、（　　）以及（　　）等。

（4）如果用户需要对某些复合图元（如块、矩形等）内部的组成元素进行编辑时，那么在编辑之前，需要执行（　　）操作。

（5）如果用户需要将某图形的颜色特性、图层特性以及线型特性快速的复制给另外一个图形，需要使用（　　）工具。

（6）使用（　　）命令可以以对象的图层、颜色、线型等内部特性为条件，快速选择具有同一共性的所有对象。

2．实训操作题

（1）将图 8-82 所示的零件图快速组合为图 8-83 所示的状态。

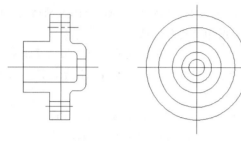

图 8-82　源图形

（2）将图 8-84 所示的各散装零件图进行组装为图 8-85 所示的状态。

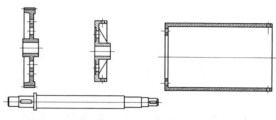

图 8-84　源图形

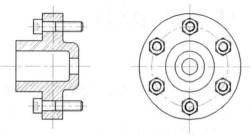

图 8-83　组合后的图形

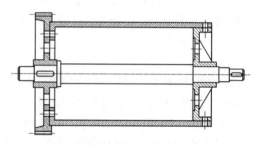

图 8-85　装配效果

操作提示：本例重点练习工具选项板的使用、特性的修改和图案的填充等功能。另外，图 8-82 所示的源图形收录在"素材文件"目录下，文件名为"8-5.dwg"，本例所需装配素材为软件随机素材。

操作提示：图 8-84 所示的各零件图都收录在"源文件"目录下，文件名分别为"8-6.dwg"、"8-7.dwg"、"8-8.dwg"和"8-9.dwg"。

第 **9** 章

标注机械零件尺寸与公差

📖 **学习目标**

本章通过标注零件图尺寸及公差，使大家掌握直线型尺寸、曲线型尺寸、复合尺寸、引线尺寸、公差尺寸以及尺寸的设置及协调技能，掌握零件图尺寸的标注方法、技术要领和具体的标注技巧，培养大家标注机械零件图尺寸及公差的能力。

📖 **学习重点**

掌握各类基本尺寸、复合尺寸、公差尺寸的标注技能以及尺寸标注的编辑完善技能。

📖 **主要内容**

- 标注直线型尺寸
- 标注曲线型尺寸
- 标注复合尺寸
- 标注公差与圆心标记
- 标注引线尺寸
- 编辑尺寸标注
- 标注涡轮轴零件尺寸和公差
- 标注机械零件轴测图投影尺寸

9.1 关于零件图尺寸标注

尺寸标注是机械制图中的一项必不可少的内容，是将图形进行参数化的最直接表现，也是构图的一个重要操作环节。通过各种几何图元的排列组合，仅能体现出零件的结构形态，而通过精确的尺寸标注，则可以表达出零件图各部件之间的实际大小及相互位置关系，以方便零件的现场加工。

一般情况下，尺寸标注包括尺寸文字、尺寸线、尺寸界线和箭头等四部分，如图9-1所示，其中尺寸文字用于表明对象的实际测量值，尺寸线用于表明尺寸标注的方向和范围，箭头用于指出测量的开始位置和结束位置，尺寸界线是从被标注的对象延伸到尺寸线的短线。

图 9-1　完整的尺寸对象

9.2 标注基本尺寸

所谓基本尺寸是指常见的一些尺寸。例如线性尺寸、对齐尺寸、半径尺寸、直径尺寸等，这一节首先学习这些基本尺寸的标注方法和技巧。

9.2.1　标注直线型尺寸

本将主要学习直线型尺寸的具体标注技能，具体有【线性】、【对齐】、【坐标】和【角度】四个命令。

1. 线性标注

【线性】命令主要用于标注两点之间的水平尺寸或垂直尺寸，它是一个常用的尺寸标注命令，执行【线性】命令主要有以下几种方法：

- 执行菜单栏中的【标注】/【线性】命令。
- 单击【标注】工具栏或面板上的 按钮。

- 在命令行输入 Dimlinear 或 Dimlin。

【任务1】： 标注线性尺寸。

Step 1　打开 "\素材文件\9-1.dwg" 文件，如图9-2所示。

Step 2　单击【标注】工具栏或面板上的 按钮，激活【线性】命令，配合端点捕捉功能标注下侧的长度尺寸。命令行操作如下。

命令：_dimlinear

指定第一个尺寸界线原点或 <选择对象>: //捕捉图9-3所示的端点

指定第二条尺寸界线原点://捕捉图 9-4 所示的端点

指定尺寸线位置或[多行文字(M)/文字(T)/角度(A)/水平(H)/垂直(V)/旋转(R)]: //向下移动光标，在适当位置拾取一点，以定位尺寸线的位置，标注结果如图9-5所示。

标注文字 = 156

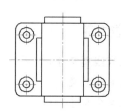

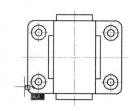

图 9-2　打开结果　　　图 9-3　捕捉端点

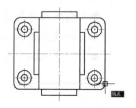

图 9-4　捕捉端点

Step 3　重复执行【线性】命令，配合端点捕捉功能标注零件图的宽度尺寸。命令行操作如下。

命令：　　　 // Enter，重复执行【线性】命令

DIMLINEAR 指定第一个尺寸界线原点或 <选择对象>:　　　 // Enter

选择标注对象: //单击如图9-6所示的垂直边

指定尺寸线位置或[多行文字(M)/文字(T)/角度(A)/水平(H)/垂直(V)/旋转(R)]: //水平向右移动光标，然后

在适当位置指定 尺寸线位置，标注结果如图 9-7 所示。

标注文字 = 118

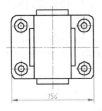

图 9-5 标注结果

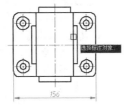

图 9-6 选择对象

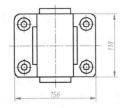

图 9-7 标注结果

📖 选项解析

● 【多行文字】选项主要是在如图 9-8 所示的【文字格式】编辑器内，手动输入尺寸的文字内容，或者为尺寸文字添加前后缀等。

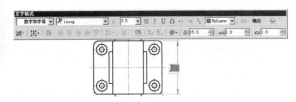

图 9-8 【文字格式】编辑器

● 【文字】选项用于通过命令行，手动输入尺寸文字的内容，以方便添加尺寸前缀和后缀。
● 【角度】选项用于设置尺寸文字的旋转角度。
● 【水平】选项用于标注两点之间的水平尺寸。
● 【垂直】选项用于标注两点之间的垂直尺寸。
● 【旋转】选项用于设置尺寸线的旋转角度。

2. 对齐标注

对齐标注是指标注平行于所选对象或平行于两尺寸界线原点连线的尺寸，此命令比较适合于标注倾斜图线的尺寸。执行【对齐】命令主要有以下几种方法：

● 执行菜单栏中的【标注】/【对齐】命令。
● 单击【标注】工具栏或面板上按钮。
● 在命令行输入 Dimaligned 或 Dimali。

【任务 2】：标注零件图对齐尺寸

Step 1 打开 "\素材文件\9-2.dwg"，如图 9-9 所示。

Step 2 单击【标注】工具栏或面板上的按钮，激活【对齐】命令，配合交点捕捉功能标注对齐线尺寸。命令行操作如下。

命令: _dimaligned
　　指定第一个尺寸界线原点或 <选择对象>: //捕捉如图 9-10 所示的交点
　　指定第二条尺寸界线原点: //捕捉如图 9-11 所示的交点
　　指定尺寸线位置或[多行文字(M)/文字(T)/角度(A)]: //在适当位置指定尺寸线位置
　　标注文字 = 44.08

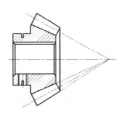

图 9-9 打开结果

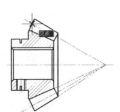

图 9-10 捕捉交点

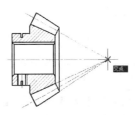

图 9-11 捕捉交点

Step 3 对齐尺寸的标注效果如图 9-12 所示。

Step 4 重复执行【对齐】命令，标注下侧的对齐尺寸，命令行操作如下。

命令: _dimaligned
　　指定第一个尺寸界线原点或 <选择对象>: //Enter
　　选择标注对象: //选择如图 9-13 所示的轮廓线

指定尺寸线位置或[多行文字(M)/文字(T)/角度(A)]:

//在适当位置指定尺寸线位置，标注结果如图 9-14 所示。

标注文字 = 14.04

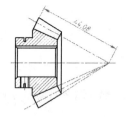

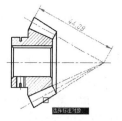

图 9-12　标注结果　　　图 9-13　选择对象

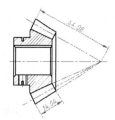

图 9-14　标注结果

提示：【对齐】命令中的三个选项功能与【线性】命令中的选项功能相同，故在此不再讲述。

3. 坐标标注

【坐标】命令用于标注点的 X 坐标值和 Y 坐标值，所标注的坐标为点的绝对坐标。执行【坐标】命令主要有以下几种方法：

● 执行菜单栏中的【标注】/【坐标】命令。
● 单击【标注】工具栏或面板上的 按钮。
● 在命令行输入 Dimordinate 或 Dimord 后按 Enter 键。

执行【坐标】命令后，命令行操作如下：

命令:_dimordinate

　　指定点坐标:　　　　　//捕捉点

　　指定引线端点或 [X 基准(X)/Y 基准(Y)/多行文字(M)/文字(T)/角度(A)]: //定位引线端点

小技巧：上下移动光标，则可以标注点的 X 坐标值；左右移动光标，则可以标注点的 Y 坐标值。另外，使用【X 基准】选项，可以强制性的标注点的 X 坐标，不受光标引导方向的限制；使用【Y 基准】选项可以标注点的 Y 坐标。

4. 角度标注

【角度】命令用于标注两条图线间的角度尺寸或者是圆弧的圆心角，执行【角度】命令主要有以下几种方法：

● 执行菜单栏中的【标注】/【角度】命令。
● 单击【标注】工具栏或面板上的 按钮。
● 在命令行输入 Dimangular 或 Angular 后按 Enter 键。

【任务 3】：标注零件图的角度尺寸。

Step 1　打开 "\素材文件\9-3.dwg"。

Step 2　单击【标注】工具栏或面板上的 按钮，激活【角度】命令后，标注零件图角度尺寸。命令行操作如下。

命令:_dimangular

　　选择圆弧、圆、直线或 <指定顶点>:　//选择如图 9-15 所示的图线

　　选择第二条直线:　　//选择如图 9-16 所示的图线

　　指定标注弧线位置或 [多行文字(M)/文字(T)/角度(A)/象限点(Q)]:

　　　　　　　　　　　　　　　　//在适当位置拾取一点，定位尺寸线位置。

Step 3　标注结果如图 9-17 所示。

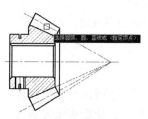

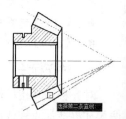

图 9-15　选择对象　　　图 9-16　选择对象

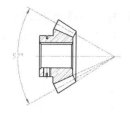

图 9-17　标注结果

9.2.2　标注曲线型尺寸

本小节主要学习曲线型尺寸的标注技能，具体有【半径】、【直径】、【弧长】和【折弯线性】四个命令。

1. 半径尺寸

【半径】命令用于标注圆、圆弧的半径尺寸，当用户采用系统的实际测量值标注文字时，系统会在测量数值前自动添加"R"，如图 9-18 所示。执行【半径】命令主要有以下几种方法：

- 执行菜单栏中的栏【标注】/【半径】命令。
- 单击【标注】工具栏或面板上的◎按钮。
- 在命令行输入 Dimradius 或 Dimrad 后按 Enter 键。

执行【半径】命令后，命令行操作如下：

命令：_dimradius

　　选择圆弧或圆：//选择需要标注的圆或弧对象

　　指定尺寸线位置或 [多行文字(M)/文字(T)/角度(A)]：//指定尺寸的位置

2. 直径尺寸

【直径】命令用于标注圆或圆弧的直径尺寸，当用户采用系统的实际测量值标注文字时，系统会在测量数值前自动添加"∅"符号，如图 9-19 所示。执行【直径】命令主要有以下几种方法：

- 执行菜单栏中的【标注】/【直径】命令。
- 单击【标注】工具栏或面板上的◎按钮。
- 在命令行输入 Dimdiameter 或 Dimdia 后按 Enter 键。

激活【直径】命令后，AutoCAD 命令行会出现如下操作提示：

命令：_dimdiameter

　　选择圆弧或圆：//选择需要标注的圆或圆弧

　　指定尺寸线位置或 [多行文字(M)/文字(T)/角度(A)]：//指定尺寸的位置。

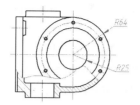 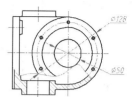

图 9-18　标注半径尺寸　　图 9-19　标注直径尺寸

3. 弧长尺寸

【弧长】命令用于标注圆弧或多段线弧的长度尺寸，默认设置下，会在尺寸数字的一端添加弧长符号。执行【弧长】命令主要有以下几种方法：

- 执行菜单栏中的【标注】/【弧长】命令。
- 单击【标注】工具栏或面板上的╱按钮。
- 在命令行输入 Dimarc 后按 Enter 键。

激活【弧长】命令后，AutoCAD 命令行会出现如下操作提示：

命令：_dimarc

　　选择弧线段或多段线弧线段:.//选择需要标注的弧线段

　　指定弧长标注位置或 [多行文字(M)/文字(T)/角度(A)/部分(P)/引线(L)]：

　　　　　　　　　　　//指定弧长尺寸的位置，结果如图 9-20 所示。

> **小技巧**：使用【部分】选项可以标注圆弧或多段线弧上的部分弧长，如图 9-21 所示；使用【引线】选项可以为圆弧的弧长尺寸添加指示线，如图 9-22 所示。

图 9-20　弧长标注　图 9-21　标注部分弧长　图 9-22　添加指示线的弧长标注

4. 折弯线性

【折弯线性】命令用于在线性标注或对齐标注

上添加或删除拆弯线，"折弯线"指的是所标注对象中的折断，标注值代表实际距离，而不是图形中测量的距离。执行【折弯线性】命令主要有以下几种方法：

- 执行菜单栏中的【标注】/【折弯线性】命令。
- 单击【标注】工具栏或面板上的 按钮。
- 在命令行输入 DIMJOGLINE 按 Enter 键。

执行【折弯线性】命令后，命令行操作如下：

命令: _DIMJOGLINE

选择要添加折弯的标注或 [删除(R)]: //选择需要添加折弯的标注

指定折弯位置 (或按 ENTER 键): //指定折弯线的位置，结果如图 9-23 所示。

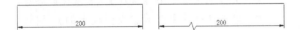

图 9-23　线性标注与折弯标注比较

小技巧：【删除】选项主要用于删除标注中的折弯线。

9.3 标注复合尺寸

除了前面所讲的常见的基本尺寸标注之外，还有【基线】标注、【连续】标注、【快速标注】三个标注命令，我们将其称之为复合尺寸标注，之所以将其称之为复合尺寸，是因为这些尺寸需要在现有的尺寸基础上，再进行标注，这一节就来学习这几个复合尺寸的标注方法和技巧。

9.3.1 标注基线尺寸

【基线】命令用于在现有尺寸的基础上，以选择的尺寸界线作为基线尺寸的尺寸界线，进行快速标注。执行【基线】命令主要有以下几种方法：

- 执行菜单栏中的【标注】/【基线】命令。
- 单击【标注】工具栏或面板上的 按钮。
- 在命令行输入 Dimbaseline 或 Dimbase 后按 Enter 键。

【任务 4】：标注零件图基线尺寸。

Step 1　打开 "\素材文件\ 9-4.dwg"，如图 9-24 所示。

图 9-24　打开结果

Step 2　单击【标注】工具栏或面板上的 按钮，标注线性尺寸作为基准尺寸。命令行操作如下。

命令: _dimlinear

指定第一个尺寸界线原点或 <选择对象>: //捕捉如图 9-25 的所示的端点

指定第二条尺寸界线原点: //捕捉如图 9-26 的所示的端点

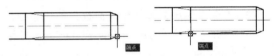

图 9-25　定位第一原点　　图 9-26　定位第二原点

指定尺寸线位置或[多行文字(M)/文字(T)/角度(A)/水平(H)/垂直(V)/旋转(R)]:

　　　　//向下移动光标，在适当位置指定尺寸线位置，结果如图 9-27 所示

标注文字 = 40

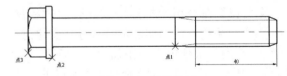

图 9-27　标注结果

Step 3　单击【标注】工具栏或面板上的 按钮，激活【基线】命令，标注零件图的基线尺寸。命令行操作如下。

命令: _dimbaseline

指定第二条尺寸界线原点或 [放弃(U)/选择(S)] <选择>:

　　　　//捕捉如图 9-27 所示的交点 1，系统自动测量并标注出如图 9-28 所示的基线尺寸小技巧：当激活【基线】命令后，AutoCAD 会自动以刚创建的线性尺寸作为基准尺寸，进入基线尺寸的标注状态。

标注文字 = 50

指定第二条尺寸界线原点或 [放弃(U)/选择(S)] <选择>: //捕捉如图 9-27 所示的交点 2

标注文字 = 110

指定第二条尺寸界线原点或 [放弃(U)/选择(S)] <选择>: //捕捉如图 9-27 所示的交点 3

标注文字 = 122

指定第二条尺寸界线原点或 [放弃(U)/选择(S)] <选择>: // Enter，

选择基准标注: // Enter，结束命令，标注结果如图 9-29 所示

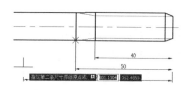

图 9-28　标注基线尺寸

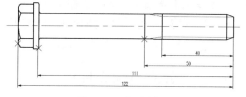

图 9-29　标注结果

小技巧：命令中的【选择】选项用于提示选择一个线性、坐标或角度标注作为基线标注的基准，【放弃】选项用于放弃所标注的最后一个基线标注。

9.3.2　标注连续尺寸

【连续】命令也是需要在现有的尺寸基础上创建连续的尺寸对象，所创建的连续尺寸位于同一个方向矢量上。执行【连续】命令主要有以下几种方法：

● 执行菜单栏中的【标注】/【连续】命令。
● 单击【标注】工具栏或面板上的 按钮。
● 在命令行输入 Dimcontinue 或 Dimcont 后

按 Enter 键。

【任务 5】：标注零件图连续尺寸。

Step 1　打开 "/素材文件/ 9-5.dwg"。

Step 2　执行【线性】命令，配合端点捕捉功能标注如图 9-30 所示的线性尺寸，作为基准尺寸。

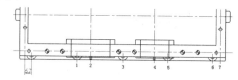

图 9-30　标注线性尺寸

Step 3　执行菜单栏中的【标注】/【连续】命令，根据命令行的提示标注连续尺寸。命令行操作如下。

命令: _dimcontinue

指定第二条尺寸界线原点或 [放弃(U)/选择(S)] <选择>: //捕捉图 9-30 所示的端点 1

标注文字 = 470

指定第二条尺寸界线原点或 [放弃(U)/选择(S)] <选择>: //捕捉端点 2

标注文字 = 140

指定第二条尺寸界线原点或 [放弃(U)/选择(S)] <选择>: //捕捉端点 3

标注文字 = 330

指定第二条尺寸界线原点或 [放弃(U)/选择(S)] <选择>: //捕捉端点 4

标注文字 = 330

指定第二条尺寸界线原点或 [放弃(U)/选择(S)] <选择>: //捕捉端点 5

标注文字 = 140

指定第二条尺寸界线原点或 [放弃(U)/选择(S)] <选择>: //捕捉端点 6

标注文字 = 470

指定第二条尺寸界线原点或 [放弃(U)/选择(S)] <选择>: //捕捉端点 7

标注文字 = 82

指定第二条尺寸界线原点或 [放弃(U)/选择(S)] <选择>: // Enter，退出连续尺寸状态

选择连续标注: // Enter，结束命令，标注结果

如图 9-31 所示。

图 9-31　连续标注示例

9.3.3　快速标注

【快速标注】命令用于一次标注多个对象间的水平尺寸或垂直尺寸，是一种比较常用的复合标注工具。执行【快速标注】命令主要有以下几种方法：

- 执行菜单栏中的【标注】/【快速标注】命令。
- 单击【标注】工具栏或面板上按钮。
- 在命令行输入 Qdim 后按 Enter 键。

【任务 6】：快速标注零件图尺寸。

Step 1　打开"\素材文件\9-6.dwg"文件。

Step 2　单击【标注】工具栏或面板上的按钮，激活【快速标注】命令后，根据命令行的提示快速标注尺寸。命令行操作如下。

命令：_qdim

选择要标注的几何图形：　//拉出图 9-32 所示的窗交选择框

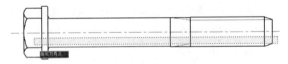

图 9-32　窗交选择

选择要标注的几何图形：　//单击最左端的垂直轮廓线，选择结果如图 9-33 所示

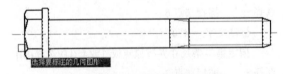

图 9-33　选择结果

选择要标注的几何图形：　//Enter

指定尺寸线位置或 [连续(C)/并列(S)/基线(B)/坐标(O)/半径(R)/直径(D)/基准点(P)/编辑(E)/设置(T)] <连

续>：　//向下引导光标，进入如图 9-34 所示标注状态，在适当位置单击，结果如图 9-35 所示

图 9-34　快速标注状态

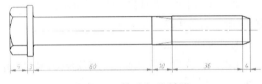

图 9-35　快速标注结果

选项解析

- 【连续】选项用于标注对象间的连续尺寸。
- 【并列】选项用于标注并列尺寸。
- 【坐标】选项用于标注对象的绝对坐标；【基线】选项用于标注基线尺寸。
- 【基准点】选项用于设置新的标注点；【编辑】选项用于添加或删除标注点。
- 【半径】选项用于标注圆或弧的半径尺寸；【直径】选项用于标注圆或弧的直径尺寸。

9.3.4　公差与圆心标记

本小节主要学习【公差】与【圆心标记】两个命令。

1. 公差

【公差】命令主要用于为零件图的标注形状公差和位置公差，如图 9-36 所示。执行【公差】命令主要有以下几种方法：

- 执行菜单栏中的【标注】/【公差】命令。
- 单击【标注】工具栏或面板中的按钮。
- 在命令行输入 Tolerance 后按 Enter 键。
- 使用快捷键 TOL。

激活【公差】命令后，可打开如图 9-37 所示的【形位公差】对话框，单击【符号】选项组中的颜色块，可以打开如图 9-38 所示的【特征符号】

对话框，用户可以选择相应的形位公差符号。

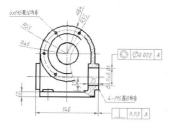

图 9-36 公差标注示例

图 9-37 【形位公差】对话框

在【公差 1】或【公差 2】选项组中单击右侧的颜色块，打开如图 9-39 所示的【附加符号】对话框，以设置公差的包容条件。

图 9-38 【特征符号】 图 9-39 【符加符号】
　　　对话框　　　　　　对话框

- 符号Ⓜ表示最大包容条件，规定零件在极限尺寸内的最大包容量。
- 符号Ⓛ表示最小包容条件，规定零件在极限尺寸内的最小包容量。
- 符号Ⓢ表示不考虑特征条件，不规定零件在极限尺寸内的任意几何大小。

2. 圆心标记

【圆心标记】命令主要用于标注圆或圆弧的圆心标记，也可以标注圆或圆弧的中心线，如图 9-40 和图 9-41 所示。执行【圆心标记】命令主要有以下几种方法：

- 执行菜单栏中的【标注】/栏的【圆心标记】命令。
- 单击【标注】工具栏或面板上的⊕按钮。
- 在命令行输入 Dimcenter 按 Enter 键。

图 9-40 标注圆心标记　　图 9-41 标注中心线

9.4 标注引线尺寸

所谓引线尺寸，指的就是一端带有引线、另一端带有注释的尺寸。本小节主要学习引线尺寸的标注工具，具体有【快速引线】和【多重引线】两个命令。

9.4.1 快速引线

【快速引线】命令用于创建一端带有箭头、另一端带有文字注释的引线尺寸，其中，引线可以为直线段，也可以为平滑的样条曲线，如图 9-42 所示。

图 9-42 引线标注示例

在命令行输入 Qleader 或 LE 后按 Enter 键，激活【快速引线】命令，然后在命令行"指定第一个引线点或 [设置(S)] <设置>："提示下，激活【设置】选项，打开【引线设置】对话框，如图 9-43 所示，在该对话框中设置引线参数。

1. 【注释】选项卡

在【引线设置】对话框中展开【注释】选项卡，如图 9-44 所示，此选项卡主要用于设置引线文字的注释类型及其相关的一些选项功能。

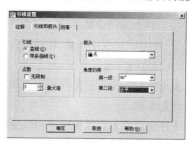

图 9-43 【引线设置】对话框

图 9-44 【注释】选项卡

【注释类型】选项组

- 【多行文字】选项用于在引线末端创建多行文字注释。
- 【复制对象】选项用于复制已有引线注释作为需要创建的引线注释。
- 【公差】选项用于在引线末端创建公差注释。
- 【块参照】选项用于以内部块作为注释对象。
- 【无】选项表示创建无注释的引线。

【多行文字选项】选项组

- 【提示输入宽度】复选项用于提示用户，指定多行文字注释的宽度。
- 【始终左对齐】复选项用于自动设置多行文字使用左对齐方式。
- 【文字边框】复选项主要用于为引线注释添加边框。
- 【重复使用注释】选项组。
- 【无】选项表示不对当前所设置的引线注释进行重复使用。
- 【重复使用下一个】选项用于重复使用下一个引线注释。
- 【重复使用当前】选项用于重复使用当前的引线注释。

2. 【引线和箭头】选项卡

进入【引线和箭头】选项卡，如图 9-45 所示，该选项卡主要用于设置引线的类型、点数、箭头以及引线段的角度约束等参数。

- 【直线】选项用于在指定的引线点之间创建直线段。
- 【样条曲线】选项用于在引线点之间创建样条曲线，即引线为样条曲线。

- 【箭头】选项组用于设置引线箭头的形式。
- 【无限制】复选框表示系统不限制引线点的数量，用户可以通过敲击 Enter 键，手动结束引线点的设置过程。
- 【最大值】选项用于设置引线点数的最多数量。
- 【角度约束】选项组用于设置第一条引线与第二条引线的角度约束。

图 9-45 【引线和箭头】选项卡

3. 【附着】选项卡

进入【附着】选项卡，如图 9-46 所示。该选项卡主要用于设置引线和多行文字注释之间的附着位置，只有在【注释】选项卡内勾选了【多行文字】选项时，此选项卡才可用。

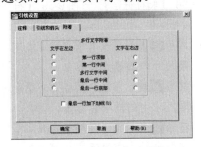

图 9-46 【附着】选项卡

- 【第一行顶部】单选项用于将引线放置在多行文字第一行的顶部。
- 【第一行中间】单选项用于将引线放置在多行文字第一行的中间。
- 【多行文字中间】单选项用于将引线放置在多行文字的中部。
- 【最后一行中间】单选项用于将引线放置在多行文字最后一行的中间。
- 【最后一行底部】单选项用于将引线放置

在多行文字最后一行的底部。

● 【最后一行加下划线】复选项用于为最后一行文字添加下划线。

> **提示**：由于篇幅所限，有关快速引线的应用实例，将在后面通过具体案例进行讲解。

9.4.2 多重引线

与快速引线相同，【多重引线】命令也可以创建具有多个选项的引线对象，只是其选项没有快速引线那么直观，需要通过命令行进行设置。

执行【多重引线】命令主要有以下方法。

● 执行菜单栏中的【标注】/【多重引线】命令。

● 单击【多重引线】工具栏或【注释】面板上的按钮。

● 在命令行输入 Mleader 后按 Enter 键。

● 使用快捷键 MLE。

激活【多重引线】命令后，其命令行操作如下：

命令：_mleader

指定引线基线的位置或 [引线箭头优先(H)/内容优先(C)/选项(O)] <选项>： //Enter

输入选项 [引线类型(L)/引线基线(A)/内容类型(C)/最大节点数(M)/第一个角度(F)/第二个角度(S)/退出选项(X)] <退出选项>：//输入一个选项

指定引线基线的位置或 [引线箭头优先(H)/内容优先(C)/选项(O)] <选项>：//指定基线位置

指定引线箭头的位置： //指定箭头位置，打开【文字格式】编辑器，输入注释内容。

9.5 编辑尺寸标注

前面章节学习了尺寸标注的各种方法，这一节继续学习编辑尺寸标注的相关命令，这些命令主要有【标注打断】、【标注间距】、【编辑标注】、【标注更新】和【编辑标注文字】，以便于对尺寸标注进行编辑和更新。

9.5.1 打断标注

【标注打断】命令主要用于在尺寸线、尺寸界线与几何对象或其他标注相交的位置将其打断。执行【标注打断】命令主要有以下几种方法：

● 执行菜单栏中的【标注】/【标注打断】命令。

● 单击【标注】工具栏或面板上的按钮。

● 在命令行输入 Dimbreak 后按 Enter 键。

执行【标注打断】命令后，命令行操作如下：

命令：_DIMBREAK

选择要添加/删除折断的标注或 [多个(M)]： //选择 9-47（左）所示的尺寸

选择要折断标注的对象或 [自动(A)/手动(M)/删除(R)] <自动>：

//选择与尺寸线相交的垂直轮廓线

选择要折断标注的对象： //Enter，结束命令，打断结果如图 9-47（右）所示。

1 个对象已修改

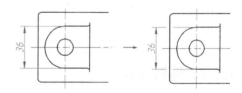

图 9-47 打为标注

> **小技巧**：【手动】选项用于手动定位打断位置；【删除】选项用于恢复被打断的尺寸对象。

9.5.2 标注间距

【标注间距】命令用于调整平行的线性标注和角度标注之间的间距，或根据指定的间距值进行调整。执行【标注间距】命令主要有以下几种方法：

● 执行菜单栏中的【标注】/【标注间距】命令。

● 单击【标注】工具栏或面板上的按钮。

● 在命令行输入 Dimspace 按 Enter 键。

将图 9-48（左）图所示的尺寸编辑成图 9-48（右）所示的状态，学习使用【标注间距】命令，其命令行操作如下：

命令：_DIMSPACE

　　选择基准标注：　　　　　//选择尺寸文字为 16.0 的尺寸对象

　　选择要产生间距的标注：　　//选择其他三个尺寸对象

　　选择要产生间距的标注：　// Enter，结束对象的选择

　　输入值或 [自动(A)]<自动>：// 10 Enter，结果如图 9-48（右）所示。

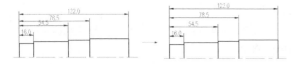

图 9-48　调整标注间距

> **小技巧：**【自动】选项用于根据现有的尺寸位置，自动调整各尺寸对象的位置，使之间隔相等。

9.5.3　编辑标注

【编辑标注】命令主要用于修改标注文字的内容、旋转角度以及尺寸界线的倾斜角度等。执行【编辑标注】命令主要有以下几种方法：

● 执行菜单栏中的【标注】/【倾斜】命令。

● 单击【标注】工具栏上的 按钮。

● 在命令行输入 Dimedit 后按 Enter 键。

下面通过为某线性尺寸文字添加直径符号，并将其旋转 30° 的实例，学习【编辑标注】命令的使用方法和使用技巧。

【任务 7】：为线性尺寸文字添加直径符号并将其旋转 30°。

Step 1　新建文件并绘制长度为 200 的水平图线。

Step 2　执行【线性】命令，为该水平线标注线性尺寸，如图 9-49 所示。

Step 3　单击【标注】工具栏上的 按钮，激活【编辑标注】命令，根据命令行提示进行编

辑标注。命令行操作如下。

命令：_dimedit

　　输入标注编辑类型 [默认(H)/新建(N)/旋转(R)/倾斜(O)] <默认>：

　　//n Enter，打开【文字格式】编辑器，将光标定位在尺寸文字的前面，然后单击 @▾ 按钮，在弹出的下拉列表选择【直径】命令，为其添加直径符号，如图 9-50 所示。

图 9-49　创建线性尺寸

图 9-50　选择【直径】选项

Step 4　单击确定按钮关闭【文字格式】编辑器，然后在"选择对象："提示下选择刚标注的尺寸。

Step 5　继续在"选择对象："提示下按 Enter 键，结果为该尺寸文字添加了直径符号，如图 9-51 所示。

Step 6　重复执行【编辑标注】命令，对标注文字进行倾斜。命令行操作如下。

命令：　　　　　　// Enter，重复执行命令

DIMEDIT 输入标注编辑类型 [默认(H)/新建(N)/旋转(R)/倾斜(O)] <默认>：

　　　　　　　　//r Enter，激活【旋转】选项

　　指定标注文字的角度：//30 Enter

　　选择对象：　　//选择标注的尺寸

　　选择对象：　// Enter，结果尺寸文字旋转 30°，如图 9-52 所示。

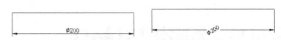

图 9-51　修改内容　　　　图 9-52　旋转文字

>
> **小技巧：**【倾斜】选项用于对尺寸界线进行倾斜的，激活该选项后，系统将按指定的角度调整标注尺寸界线的倾斜角度。

9.5.4　标注更新

【更新】命令用于将尺寸对象的样式更新为当前尺寸标注样式，还可以将当前的标注样式保存起来，以供随时调用。执行【更新】命令主要有以下几种方法：

- 执行菜单栏中的【标注】/【更新】命令。
- 单击【标注】工具栏或面板上的 按钮。
- 在命令行输入-Dimstyle 后按 Enter 键。

激活该命令后，仅选择需要更新的尺寸对象即可，命令行操作如下：

命令: _-dimstyle

　　当前标注样式:NEWSTYLE 注释性: 否

　　输入标注样式选项[注释性(AN)/保存(S)/恢复(R)/状态(ST)/变量(V)/应用(A)/?] <恢复>:

　　　　选择对象: //选择需要更新的尺寸

　　　　选择对象: // Enter，结束命令。

📖 **选项解析**

- 【状态】选项用于以文本窗口的形式显示当前标注样式的数据。
- 【应用】选项将选择的标注对象自动更换为当前标注样式。
- 【保存】选项用于将当前标注样式存储为用户定义的样式。
- 【恢复】选项用于恢复已定义过的标注样式。

9.5.5　编辑标注文字

【编辑标注文字】命令用于重新调整标注文字的放置位置以及标注文字的旋转角度。执行【编辑标注文字】命令主要有以下几种方法：

- 执行菜单栏中的【标注】/【对齐文字】级联菜单中的各命令。
- 单击【标注】工具栏上的 按钮。
- 在命令行输入 Dimtedit 后按 Enter 键。

【任务 8】：编辑标注文字。

Step 1 继续任务 7 操作。

Step 2 单击【标注】工具栏上的 按钮，激活【编辑标注文字】命令，调整尺寸文字的位置和角度。其命令行操作如下。

命令: _dimtedit

　　选择标注: //选择标注的尺寸对象

　　为标注文字指定新位置或 [左对齐(L)/右对齐(R)/居中(C)/默认(H)/角度(A)]:

　　　　//a Enter，激活【角度】选项

　　　指定标注文字的角度: //45 Enter，结果尺寸文字旋转 45°

Step 3 重复执行【编辑标注文字】命令，调整标注文字的位置。命令行操作如下。

命令: _dimtedit

　　选择标注: //选择标注的尺寸

　　为标注文字指定新位置或 [左对齐(L)/右对齐(R)/居中(C)/默认(H)/角度(A)]: // R Enter，激活【右对齐】选项，则尺寸文字向右对齐，结果如图 9-53 所示。

图 9-53　修改标注文字位置

📖 **选项解析**

- 【左对齐】选项用于沿尺寸线左端放置标注文字。
- 【右对齐】选项用于沿尺寸线右端放置标注文字。
- 【居中】选项用于把标注文字放在尺寸线的中心。
- 【默认】选项用于将标注文字移回默认位置。
- 【角度】选项用于旋转标注文字。

9.6 上机实训

9.6.1　【实训 1】标注涡轮轴零件尺寸和公差

1. 实训目的

本实训要求为涡轮轴零件图标注尺寸和公

差，通过本例的操作熟练掌握零件图各类尺寸的标注技能、掌握零件图尺寸公差和形位公差的标注技能，具体实训目的如下。

- 掌握标注环境的快速设置技能。
- 掌握轴零件各类基本尺寸的标注技能。
- 掌握轴零件尺寸公差的标注技能。
- 掌握轴零件形位公差的标注技能。
- 掌握零件图尺寸的编辑与完善技能。
- 掌握图形文件的另名存储技能。

2. 实训要求

本例涡轮轴零件的标注共包括四部分，分别是轴的长度尺寸、各轴身的直径尺寸、轴的细部尺寸以及轴的公差尺寸等。在标注前需要事先设置标注环境，然后再标注并编辑所需尺寸与公差，在尺寸的标注过程中，标注环境的设置是前提，轴身长度尺寸和直径尺寸的标注是重点，尺寸公差和形位公差的标注是难点。本例最终效果如图 9-54 所示。

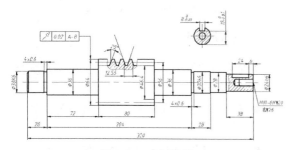

图 9-54 实例效果

具体要求如下。

（1）调用涡轮轴素材文件并设置当前层、标注样式、标注比例以及捕捉模式等。

（2）综合使用【线性】、【连续】、【基线】等命令标注轴的三道水平尺寸。

（3）综合使用【对齐】和【线性】命令中的多行文字与文字选项功能标注轴身的直径尺寸和细部尺寸。

（4）综合使用【线性】、【编辑标注】、【快速引线】等命令标注轴的形位公差和尺寸公差。

（5）综合使用【编辑标注文字】和【打断】等命令对尺寸进行完善。

（6）最后使用【另存为】命令将绘制的图形另名保存。

3. 完成实训

素材文件：	素材文件\涡轮轴.dwg
效果文件：	效果文件\第 9 章\标注涡轮轴零件尺寸与公差.dwg
视频文件：	视频文件\第 9 章\标注涡轮轴零件尺寸与公差.avi

Step 1 首先执行【打开】命令，打开"素材文件\涡轮轴.dwg"，如图 9-55 所示。

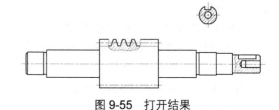

图 9-55 打开结果

Step 2 使用快捷键"D"激活【标注样式】命令，在打开的【标注样式管理器】对话框中设置"机械标注"为当前标注样式，并修改标注比例，如图 9-56 所示。

Step 3 按 F3 功能键，打开状态栏上的【对象捕捉】功能。

Step 4 展开【图层】工具栏上的【图层控制】下拉列表，将"标注线"设置为当前图层，如图 9-57 所示。

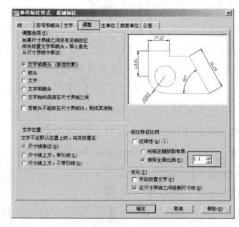

图 9-56 设置当前样式与比例

图 9-57 【图层控制】下拉列表

Step 5 执行菜单栏中的【标注】/【线性】命令，或单击【标注】工具栏上的 ⊢ 按钮，配合捕捉功能标注第一个水平尺寸对象。命令行操作如下。

命令: _dimlinear

　　指定第一个尺寸界线原点或 <选择对象>: //捕捉如图 9-58 所示的端点

　　指定第二条尺寸界线原点: //以如图 9-59 所示的端点

　　指定尺寸线位置或[多行文字(M)/文字(T)/角度(A)/水平(H)/垂直(V)/旋转(R)]:

　　　　　　　//垂直向下引导光标，在适当位置拾取一点，标注结果如图 9-60 所示。

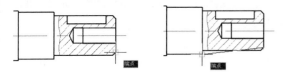

图 9-58 定位第一尺寸原点 图 9-59 定位第二尺寸原点

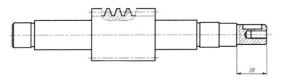

图 9-60 标注结果

Step 6 单击【标注】工具栏上的 ⊢⊣ 按钮，激活【连续】命令，配合端点捕捉功能标注第一道细部尺寸。命令行操作如下。

命令: _dimcontinue

　　指定第二条尺寸界线原点或 [放弃(U)/选择(S)] <选择>: //捕捉如图 9-61 所示的端点

　　标注文字 = 102

　　指定第二条尺寸界线原点或 [放弃(U)/选择(S)] <选择>: //捕捉如图 9-62 所示的端点

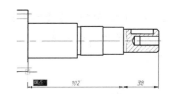

图 9-61 捕捉端点

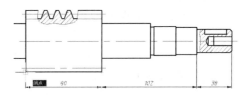

图 9-62 捕捉端点

　　标注文字 = 80

　　指定第二条尺寸界线原点或 [放弃(U)/选择(S)] <选择>: //捕捉如图 9-63 所示的端点

　　标注文字 = 72

　　指定第二条尺寸界线原点或 [放弃(U)/选择(S)] <选择>: // Enter，退出连续标注状态

　　选择连续标注: // Enter，退出命令，标注结果如图 9-64 所示。

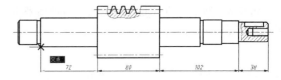

图 9-63 捕捉端点

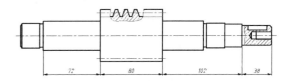

图 9-64 标注结果

Step 7 使用快捷键 "E" 激活【删除】命令，删除尺寸文字为 102 的尺寸对象，删除后的结果如图 9-65 所示。

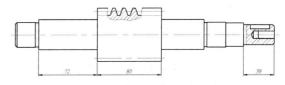

图 9-65 操作结果

Step 8 执行菜单栏中的【标注】/【基线】命令，配合端点捕捉功能标注第二道水平尺寸。命令行操作如下。

命令: _dimbaseline

　　指定第二条尺寸界线原点或 [放弃(U)/选择(S)] <选择>: //Enter，退出基线标注状态

　　选择基准标注: //在如图 9-66 所示的位置单击尺寸对象

　　指定第二条尺寸界线原点或 [放弃(U)/选择(S)] <选择>: //捕捉如图 9-67 所示的端点

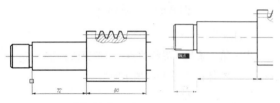

图 9-66　选择基准尺寸　　图 9-67　捕捉端点

　　标注文字 ＝28

　　指定第二条尺寸界线原点或 [放弃(U)/选择(S)] <选择>: //Enter，退出基线标注状态

　　选择基准标注: //Enter，退出命令，标注结果如图 9-68 所示。

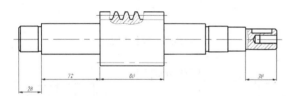

图 9-68　标注结果

Step 9 单击【标注】工具栏或面板上的 按钮，激活【连续】命令，配合端点捕捉功能继续标注第二道水平尺寸。命令行操作如下。

命令: _dimcontinue

　　指定第二条尺寸界线原点或 [放弃(U)/选择(S)] <选择>: //Enter，退出连续标注状态

　　选择连续标注: //在如图 9-69 所示的位置单击尺寸对象

　　指定第二条尺寸界线原点或 [放弃(U)/选择(S)] <选择>: //捕捉如图 9-70 所示的端点

图 9-69　选择基准尺寸

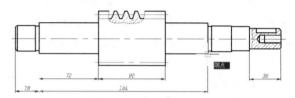

图 9-70　捕捉端点

　　标注文字 ＝204

　　指定第二条尺寸界线原点或 [放弃(U)/选择(S)] <选择>: //捕捉如图 9-71 所示的端点

　　标注文字 ＝28

　　指定第二条尺寸界线原点或 [放弃(U)/选择(S)] <选择>: //Enter，退出连续标注状态

　　选择连续标注: //Enter，退出命令，标注结果如图 9-72 所示。

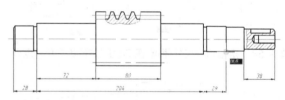

图 9-71　捕捉端点

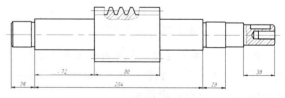

图 9-72　标注结果

Step 10 单击【标注】工具栏或面板上的 按钮，激活【基线】命令，配合端点捕捉功能标注第三道水平尺寸。命令行操作如下。

命令: _dimbaseline

　　指定第二条尺寸界线原点或 [放弃(U)/选择(S)] <选

择>: //Enter，退出基线标注状态

选择基线标注: //在如图9-73所示的位置单击尺寸对象

指定第二条尺寸界线原点或 [放弃(U)/选择(S)] <选择>: //捕捉如图9-74所示的端点

标注文字 = 320

指定第二条尺寸界线原点或 [放弃(U)/选择(S)] <选择>: //Enter，退出基线标注状态

选择基准标注: //Enter，退出命令，标注结果如图9-75所示。

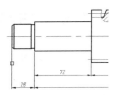

图 9-73 选择基准标注

图 9-74 捕捉端点

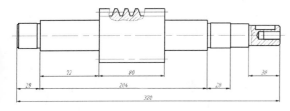

图 9-75 标注结果

Step 11 执行菜单栏中的【标注】【线性】命令，配合端点捕捉功能标注左侧的直径尺寸。命令行操作如下。

命令: _dimlinear

指定第一个尺寸界线原点或 <选择对象>: //捕捉如图9-76所示的端点

指定第二条尺寸界线原点: //捕捉如图9-77所示的端点

指定尺寸线位置或[多行文字(M)/文字(T)/角度(A)/水平(H)/垂直(V)/旋转(R)]:

//t Enter，激活【文字】选项

输入标注文字 <30>: //%%C30K6 Enter

指定尺寸线位置或[多行文字(M)/文字(T)/角度(A)/水平(H)/垂直(V)/旋转(R)]:

//在适当位置拾取一点，标注结果如图9-78所示。

标注文字 = 30

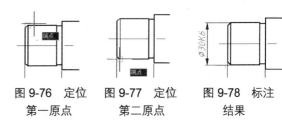

图 9-76 定位　　图 9-77 定位　　图 9-78 标注
第一原点　　　　第二原点　　　　　结果

> **小技巧**: 符号"%%C"是直径的转换代码，因为AutoCAD不能直接输入这些符号，需必须通过转换码进行转化。

Step 12 参照上一步操作，使用【线性】或【对齐】命令，分别标注其他位置的直径尺寸和细部尺寸，标注结果如图9-79所示。

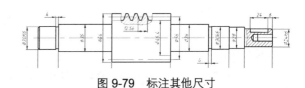

图 9-79 标注其他尺寸

Step 13 单击【标注】工具栏上的按钮，激活【编辑标注】命令，对细部尺寸进行编辑。命令行操作如下。

命令: _dimedit

输入标注编辑类型 [默认(H)/新建(N)/旋转(R)/倾斜(O)] <默认>:

//N Enter，激活【新建】选项，在打开的【文字格式】编辑中输入正确的尺寸文字内容，如图9-80所示。

图 9-80 输入正确的文字内容

选择对象: //选择上侧尺寸文字为4的对象

选择对象: //选择下侧尺寸文字为4的对象

选择对象:　　//Enter，结束命令，编辑结果如图 9-81 所示。

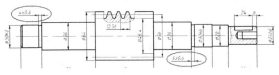

图 9-81　编辑结果

Step 14　使用快捷键"L"激活【直线】命令，配合极轴追踪和延伸捕捉功能绘制如图 9-82 所示的四条参照线。

Step 15　单击【标注】工具栏或面板上的按钮，激活【角度】命令，标注左侧两条参照指示线的角度尺寸，命令行操作如下。

命令: _dimangular

　　选择圆弧、圆、直线或 <指定顶点>:　　//单击左侧的垂直指示线

　　选择第二条直线:　　//单击左侧的倾斜指示线

　　指定标注弧线位置或 [多行文字(M)/文字(T)/角度(A)/象限点(Q)]:

　　　　　　　　　　//在适当位置指定尺寸线位置，标注结果如图 9-83 所示。

　　标注文字 = 20

Step 16　单击【标注】工具栏上的按钮，激活【编辑标注文字】命令，对角度尺寸文字的位置进行协调。命令行操作如下。

命令: _dimtedit

　　选择标注: //选择刚标注的角度尺寸

　　为标注文字指定新位置或 [左对齐(L)/右对齐(R)/居中(C)/默认(H)/角度(A)]:

　　　　　　　　　　//在适当位置指定文字位置，协调结果如图 9-84 所示。

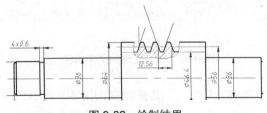

图 9-82　绘制结果

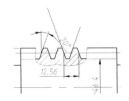 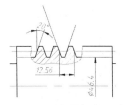

图 9-83　标注角度尺寸　　图 9-84　协调角度尺寸

Step 17　为零件图标注尺寸公差。执行菜单栏中的【标注】【线性】命令，配合交点捕捉功能标注辅助视图的尺寸公差。命令行操作如下。

命令: _dimlinear

　　指定第一个尺寸界线原点或 <选择对象>: //捕捉如图 9-85 所示的端点

　　指定第二条尺寸界线原点: //捕捉如图 9-86 所示的端点

　　指定尺寸线位置或[多行文字(M)/文字(T)/角度(A)/水平(H)/垂直(V)/旋转(R)]:

　　//MEnter，激活【多行文字】选项，此时系统打开如图 9-87 所示的【文字格式】对话框

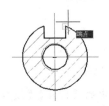

图 9-85　定位第一原点　　图 9-86　定位第二原点

图 9-87　【文字格式】对话框

Step 18　在尺寸文字右侧单击左键，然后输入 " 0^-0.03"，如图 9-88 所示。

Step 19　选择刚输入的 " 0^-0.03"文字，然后单击【文字格式】编辑器中的【堆叠】按钮，使尺寸后缀进行堆叠，结果如图 9-89 所示。

Step 20　单击【文字格式】对话框中的 确定

按钮，返回绘图区，在命令行"指定尺寸线位置或[多行文字(M)/文字(T)/角度(A)/水平(H)/垂直(V)/旋转(R)]:"提示下，在适当位置拾取一点，为尺寸定位，结果如图 9-90 所示。

图 9-88　添加尺寸后缀

Step 21　参照第 17d～20 操作步骤，使用【线性】命令标注右侧的尺寸公差，标注结果如图 9-91 所示。

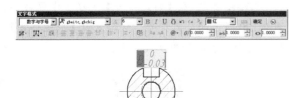

图 9-89　堆叠结果

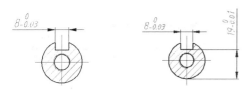

图 9-90　标注尺寸公差　图 9-91　标注右侧尺寸公差

Step 22　为零件图标注引线尺寸和形位公差。在命令行输入 LE 后按 Enter 键，激活【快速引线】命令，配合最近点捕捉功能标注引线尺寸。命令行操作如下。

命令: _qleader

指定第一个引线点或 [设置(S)] <设置>: //s Enter，激活【设置】选项，在打开的【引线设置】

对话框内设置引线文字的附着方式，如图 9-92 所示。

指定第一个引线点或 [设置(S)] <设置>: //单击对话框中的 确定 按钮，返回绘图区捕捉如图 9-93 所示的端点

指定下一点: //在适当位置定位第二点

指定下一点: //在适当位置定位第三点

指定文字宽度 <0>: // Enter，采用默认设置

输入注释文字的第一行 <多行文字(M)>: //10-6H 20 Enter

输入注释文字的第一行 <多行文字(M)>: //孔　26 Enter

输入注释文字的第一行 <多行文字(M)>: // Enter，标注结果如图 9-94 所示。

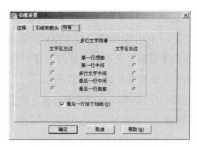

图 9-92　【引线设置】对话框

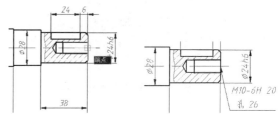

图 9-93　定位第一引线点　　图 9-94　标注结果

Step 23　使用快捷键"X"激活【分解】命令，将刚绘制的引线分解，然后使用【移动】命令调整引线文字的位置，结果如图 9-95 所示。

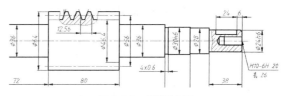

图 9-95　调整结果

Step 24　使用快捷键"I"激活【插入块】命令，以默认参数插入"/素材文件/孔深符号.dwg"图块，插入结果如图 9-96 所示。

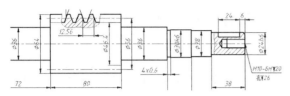

图 9-96　插入结果

Step 25　标注形位公差。在命令行输入 LE 后按 Enter 键,激活【快速引线】命令,配合端点捕捉功能和【极轴追踪】功能标注形位公差。命令行操作如下。

命令: _qleader

　　指定第一个引线点或 [设置(S)] <设置>:　　//s Enter,激活【设置】选项,在打开的【引线设置】对话框中设置参数如图 9-97 所示。

　　指定第一个引线点或 [设置(S)] <设置>: //单击 确定 按钮,返回绘图区捕捉如图 9-98 所示的端点

图 9-97　【引线设置】对话框

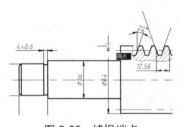

图 9-98　捕捉端点

　　指定下一点:　　//配合【极轴追踪】功能在垂直方向上定位第二个引线点

　　指定下一点:　　//配合【极轴追踪】功能在水平方向上定位第三个引线点

Step 26　此时系统打开【形位公差】对话框,然后在如图 9-99 所示的颜色块上单击左键,打开【特征符号】对话框。

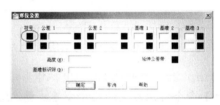

图 9-99　【形位公差】对话框

Step 27　在【特征符号】对话框中单击如图 9-100 所示的公差符号,然后返回【形位公差】对话框输入参数如图 9-101 所示。

图 9-100　【特征符号】对话框

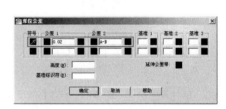

图 9-101　【特征符号】对话框

Step 28　单击【形位公差】对话框中的 确定 按钮,结束【快速引线】命令,公差的标注结果如图 9-102 所示。

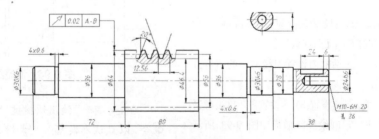

图 9-102　标注形位公差

Step 29 执行菜单栏中的【修改】/【打断】命令,将与尺寸文字重合的水平中心线进行打断,结果如图 9-103 所示。

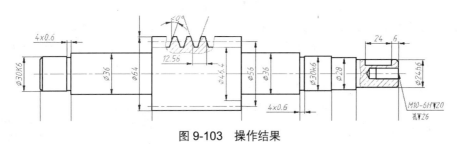

图 9-103 操作结果

Step 30 调整视图,使图形全部显示,最终效果如上图 9-54 所示。

Step 31 最后执行【另存为】命令,将图形另名存储为"标注涡轮轴零件尺寸与公差.dwg"。

9.6.2 【实训 2】标注机械零件轴测图投影尺寸

1. 实训目的

本实训要求标注机械零件轴测图的投影尺寸,通过本例的操作熟练掌握零件轴测图投影尺寸的标注技能和编辑完善技能,具体实训目的如下。

● 掌握轴测图投影尺寸的标注技能。
● 掌握轴测图投影尺寸的编辑协调技能。
● 掌握轴测图引线尺寸的标注技能。
● 掌握轴测图投影尺寸的完善技能。
● 掌握图形文件的另名存储技能。

2. 实训要求

首先调用轴测图文件并设置绘图环境,然后使用【对齐】、【编辑标注】等命令标注零件轴测投影尺寸,最后对轴测图尺寸进行编辑完善。本例最终效果如图 9-104 所示。

具体要求如下。

(1) 调用素材文件并设置当前层、标注样式、标注比例以及捕捉模式等。

(2) 综合使用【对齐】和【编辑标注】等命令标注轴测图水平尺寸、切面尺寸和高度尺寸。

(3) 使用【快速引线】命令标注轴测图投影尺寸。

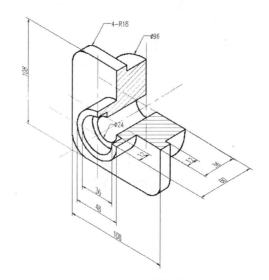

图 9-104 实例效果

(4) 综合使用【文字样式】、【特性】等命令对投影尺寸进行编辑完善。

(5) 最后使用【另存为】命令将绘制的图形另名保存。

3. 完成实训

素材文件:	效果文件\第 5 章\根据零件二视图绘制轴测图.dwg
效果文件:	效果文件\第 9 章\标注机械零件轴测图投影尺寸.dwg
视频文件:	视频文件\第 9 章\标注机械零件轴测图投影尺寸.avi

Step 1 打开 "/效果文件/第 5 章/根据零件二视图绘制轴测图.dwg"。

Step 2 使用快捷键 "LA" 激活【图层】命令，在打开的【图层特性管理器】对话框中设置 "标注线" 作为当前图层，并打开 "中心线" 层。

Step 3 执行菜单栏中的【标注】/【对齐】命令，配合端点捕捉功能标注零件图左轴测面的尺寸。命令行操作如下。

命令: _dimaligned

　指定第一个尺寸界线原点或 <选择对象>: //捕捉如图 9-105 所示的轮廓线端点

　指定第二条尺寸界线原点: //捕捉如图 9-106 所示的轮廓线端点

　指定尺寸线位置或[多行文字(M)/文字(T)/角度(A)]: //向下引导光标，在适当位置拾取一点，为尺寸线定位，结果如图 9-107 所示。

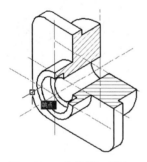

图 9-105 定位第一原点

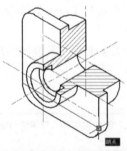

图 9-106 定位第二原点　　图 9-107 标注结果

命令: //Enter，重复执行对齐标注命令
DIMALIGNED 指定第一个尺寸界线原点或 <选

择对象>: //捕捉如图 9-108 所示的交点

　指定第二条尺寸界线原点: //捕捉如图 9-109 所示的交点

　指定尺寸线位置或[多行文字(M)/ 文字(T)/角度(A)]: //在适当位置拾取一点,标注结果如图 9-110 所示。

　标注文字 = 48

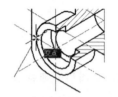

图 9-108 定位第一原点　　图 9-109 定位第二原点

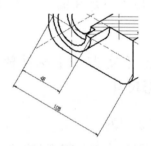

图 9-110 标注结果

命令: //Enter，重复执行命令
DIMALIGNED 指定第一个尺寸界线原点或 <选择对象>://捕捉如图 9-111 所示的端点

　指定第二条尺寸界线原点: //捕捉如图 9-112 所示的端点

　指定尺寸线位置或[多行文字(M)/文字(T)/角度(A)]:
　　　　//在适当位置拾取一点，标注结果如图 9-113 所示。

　标注文字 = 36

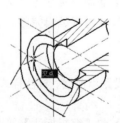

图 9-111 捕捉交点　　图 9-112 定位第二原点

图 9-113　标注结果

Step 4 单击【标注】工具栏上的【编辑标注】命令，将刚标注的三道对齐尺寸倾斜 90°，命令行操作如下。

命令: _dimedit

　　输入标注编辑类型 [默认(H)/新建(N)/旋转(R)/倾斜(O)] <默认>:

　　　　　　　//O Enter，激活【倾斜】选项

　　选择对象: //选择文本为 108 的尺寸

　　选择对象: //选择文本为 48 的尺寸

　　选择对象: //选择文本为 36 的尺寸

　　选择对象: // Enter，结束对象的选择

　　输入倾斜角度 (按 ENTER 表示无): //90 Enter，结果如图 9-114 所示。

Step 5 单击【标注】工具栏或面板上的 按钮，激活【对齐】标注命令，标注轴测图的高度尺寸。命令行操作如下。

命令: _dimaligned

　　指定第一个尺寸界线原点或 <选择对象>: //捕捉如图 9-115 所示的轮廓线端点

　　指定第二条尺寸界线原点: //捕捉如图 9-116 所示的轮廓线端点

　　指定尺寸线位置或[多行文字(M)/文字(T)/角度(A)]:

　　　　　　　　　　　//在适当位置拾取一点，结果如图 9-117 所示。

　　标注文字 = 108

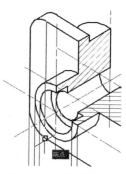

图 9-116　捕捉端点

Step 6 重复执行【对齐】标注命令，配合端点捕捉功能进行标注零件轴测图的切面尺寸。命令行操作如下。

命令: _dimaligned

　　指定第一个尺寸界线原点或 <选择对象>: //捕捉如图 9-118 所示的轮廓线端点

　　指定第二条尺寸界线原点: //捕捉如图 9-119 所示的轮廓线端点

　　指定尺寸线位置或[多行文字(M)/文字(T)/角度(A)]:

　　　　　　　　　　　//在适当位置拾取一点，结果如图 9-120 所示

　　标注文字 = 12

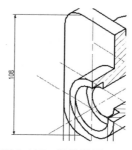

图 9-117　标注结果　　　图 9-118　捕捉端点

图 9-119　捕捉端点　　　图 9-120　标注结果

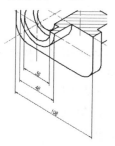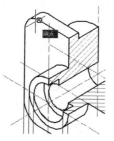

图 9-114　倾斜结果　　　图 9-115　捕捉端点

命令: //Enter，重复执行对齐标注命令

DIMALIGNED

指定第一个尺寸界线原点或 <选择对象>: //捕捉如图 9-121 所示的端点

指定第二条尺寸界线原点: //捕捉如图 9-122 所示的端点

指定尺寸线位置或[多行文字(M)/文字(T)/角度(A)]:

//在适当位置拾取一点，标注结果如图 9-123 所示

标注文字 = 60

命令: //Enter，重复执行对齐标注命令

DIMALIGNED

指定第一个尺寸界线原点或 <选择对象>: //捕捉如图 9-124 所示的交点

指定第二条尺寸界线原点: //捕捉如图 9-125 所示的交点

指定尺寸线位置或[多行文字(M)/文字(T)/角度(A)]:

//在适当位置拾取一点，标注结果如图 9-126 所示。

标注文字 = 12

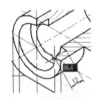

图 9-121 捕捉端点

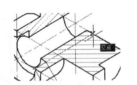

图 9-122 定位第二原点

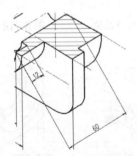

图 9-123 标注结果

图 9-124 定位第一原点

图 9-125 定位第二原点

图 9-126 标注结果

小技巧：在定位第二条尺寸界限的原点时，可以使用【延伸】捕捉功能。

命令: //Enter，重复执行对齐标注命令

DIMALIGNED

指定第一个尺寸界线原点或 <选择对象>: //捕捉如图 9-127 所示的交点

指定第二条尺寸界线原点: //捕捉如图 9-128 所示的交点

指定尺寸线位置或[多行文字(M)/文字(T)/角度(A)]:

//在适当位置拾取一点，标注结果如图 9-129 所示。

标注文字 = 36

图 9-127 定位第一原点

图 9-128 定位第二原点

图 9-129 标注结果

Step 7 单击【标注】工具栏上的 按钮，激活【编辑标注】命令，将刚标注的五道对齐尺寸倾斜-30°，命令行操作如下。

命令:_dimedit

输入标注编辑类型 [默认(H)/新建(N)/旋转(R)/倾斜(O)] <默认>: //O Enter

选择对象: //选择文本为 108 的尺寸

选择对象: //选择文本为 12 的尺寸

选择对象: //选择文本为 60 的尺寸

选择对象: //选择文本为 12 的尺寸

选择对象: //选择文本为 36 的尺寸

选择对象: //Enter，选择结果如图 9-130 所示

输入倾斜角度 (按 ENTER 表示无): //-30 Enter，结果如图 9-131 所示。

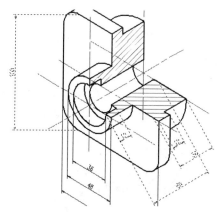

图 9-130　选择倾斜尺寸

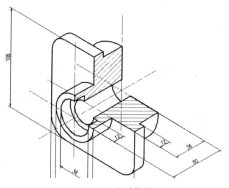

图 9-131　倾斜结果

Step 8　在命令行输入 LE 后按 Enter 键，激活【快速引线】命令，配合【最近点】捕捉功能标注轴测图的引线尺寸。命令行操作如下。

命令: _qleader

指定第一个引线点或 [设置(S)] <设置>:

//使用【最近点】捕捉功能，在图 9-132 所示的椭圆弧上拾取一点

指定下一点: //在适当位置指定第二个引线点

指定下一点: //在适当位置拾取第三个引线点，绘制如图 9-133 所示的引线

指定文字宽度 <0>: //Enter，不指定文字的宽度

输入注释文字的第一行 <多行文字(M)>: //4-R18 Enter，输入尺寸文本

输入注释文字的下一行: //Enter，标注结果如图 9-134 所示。

图 9-132　定位　图 9-133　绘制引线　图 9-134　标注
第一引线点　　　　　　　　　　　　　　　引线尺寸

命令: //Enter，重复执行引线命令

QLEADER 指定第一个引线点或 [设置(S)] <设置>: //使用【最近点】捕捉功能，在图 9-135 所示的椭圆弧上拾取一点

指定下一点: //在适当位置指定第二个引线点

指定下一点: //在适当益拾取第三个引线点，绘制如图 9-136 所示的引线。

指定文字宽度 <0>: //Enter，不指定文字的宽度

输入注释文字的第一行 <多行文字(M)>: //%%C96 Enter，输入尺寸文本

输入注释文字的下一行: //Enter，标注结果如图 9-137 所示。

图 9-135　定位第一引线点　　图 9-136　绘制引线

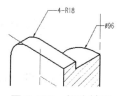

图 9-137　标注结果

命令: //Enter，重复执行引线命令

QLEADER 指定第一个引线点或 [设置(S)] <设

置>: //使用【最近点】捕捉功能，在图 9-138 所示的椭圆弧上拾取一点

指定下一点: //在适当位置指定第二个引线点

指定下一点: //在适当益拾取第三个引线点，绘制如图 9-139 所示的引线。

指定文字宽度 <0>: //Enter，不指定文字的宽度

输入注释文字的第一行 <多行文字(M)>: //%%C24 Enter，输入尺寸文本

输入注释文字的下一行: //Enter，标注结果如图 9-140 所示。

图 9-138　定位　　图 9-139　绘制　　图 9-140　标注
第一引线点　　　　　引线　　　　　　　结果

Step 9　展开【图层】工具栏上的【图层控制】下拉列表，关闭"中心线"图层。

Step 10　执行菜单栏中的【格式】/【文字样式】命令，或使用快捷键"ST"激活【文字样式】命令，在打开的对话框中设置参数如图 9-141 和图 9-142 所示，创建两种名为"30"和"-30"的文字样式。

图 9-141　设置"30"样式

Step 11　在无命令执行的前提下，选择如图 9-143 所示的尺寸，使其夹点显示。

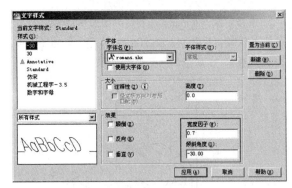

图 9-142　设置"-30"样式

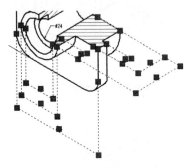

图 9-143　选择对齐尺寸

Step 12　使用快捷键"PR"激活【特性】命令，在打开的【特性】对话框中修改夹点尺寸的文本样式，如图 9-144 所示。

图 9-144　更改尺寸文字的样式

Step 13　敲击 Esc 键，取消尺寸对象的夹

点显示，结果如图 9-145 所示。

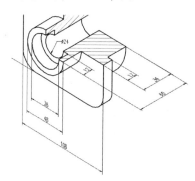

图 9-145 更改结果

Step 14 在无任何命令执行的前提下，选择尺寸文字为 108 的对齐尺寸，更改文字样式如图 9-146 所示。

图 9-146 更改尺寸文本的样式

Step 15 敲击 Esc 键，取消尺寸对象的夹点显示，结果如图 9-147 所示。

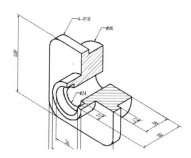

图 9-147 修改结果

Step 16 展开【图层控制】下拉列表，打开"中心线"图层，最终结果如图 9-104 所示。

Step 17 最后执行【另存为】命令，将图形另名存储为"标注机械零件轴测图投影尺寸.dwg"。

9.7 课后练习

1. 填空题

（1）如果用户需要标注水平或垂直图线的尺寸，可以选择（ ）或（ ）命令；如果用户需要标注倾斜图线的尺寸，可以选择（ ）命令；如果用户需要测量某点的绝对坐标，需要使用（ ）命令。

（2）AutoCAD 为用户提供了（ ）、（ ）和（ ）三种复合尺寸工具。

（3）在标注角度尺寸时，如果选择的是圆弧，系统将自动以（ ）作为顶点，以（ ）作为尺寸界线的原点，标注圆弧的角度；如果选择的对象为圆时，系统将（ ）以作为第一个尺寸界线的原点，以（ ）作为顶点。

（4）使用（ ）命令可以调整多个尺寸标注之间的距离；使用（ ）系统变量可以设置标注比例。

（5）在机械制图中，常用到的公差尺寸主要有（ ）和（ ）两种。

（6）使用（ ）命令可以一次标注多个对象间的的水平尺寸或垂直尺寸；使用（ ）和（ ）命令可以标注零件图形位公差。

2. 实训操作题

（1）标注如图 9-148 所示的零件图尺寸与公差。

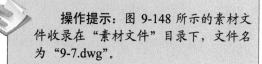

操作提示：图 9-148 所示的素材文件收录在"素材文件"目录下，文件名为"9-7.dwg"。

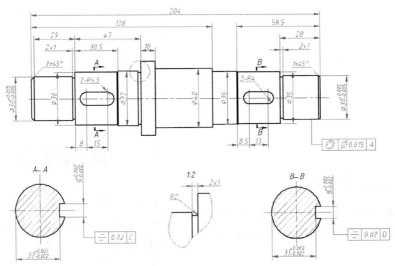

图 9-148 操作题一

（2）标注如图 9-149 所示的机械零件立体图尺寸。

> **操作提示：** 图 9-149 所示的素材文件收录在"素材文件"目录下，文件名为"9-8.dwg"。

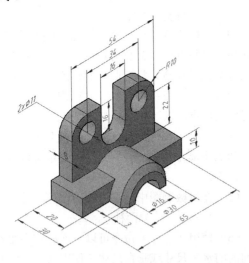

图 9-149 操作题三

第10章

标注零件图文字、符号与明细表

📖 **学习目标**

本章通过为零件图标注粗糙度、剖切符号、基准代号、技术要求、创建明细表、填充标题栏等，使大家掌握文字的创建与编辑、属性块的定义与应用以及表格的创建和填充等技能，掌握零件图文字与符号快速标注方法、技术要领和具体的标注技巧，培养大家标注机械零件图文字与符号的能力、快速创建与填充明细表格的能力。

📖 **学习重点**

掌握文字样式的设置、单行、多行文字的输入、文字的编辑修改、属性的定义编辑以及表格的创建等技能。

📖 **主要内容**

- 标注单行文字
- 标注多行文字
- 编辑文字
- 表格与表格样式
- 定义与编辑属性
- 标注涡轮轴粗糙度与基面代号
- 标注涡轮轴技术要求与明细表

▋ 10.1 ▋ 机械图文字与符号概述

在机械制图中，文字也是构图的一个重要元素，是图纸中不可缺少的一项内容。使用必要的文字注解，能更好地诠释和表达图纸的内在信息，表达出几何图形无法表达、无法传递的一些图纸信息，使图纸能更深刻地体现出设计者的设计思想和设计意图，使其更直观、更容易交流。

另外，在机械制图中，除了要标注零件的加工尺寸和技术性的文字说明外，还需标注一些必要的符号，如粗糙度、形位公差、基准代号、为组装图编写序号等，这些符号和序号各自代表着不同的含义，是机械制图中必不可少的内容，它们大都存在有一个共性，即这些符号都是由固定的几何图形和多变的文本注解两部分构成的，本章将详细讲述这些符号以及文字注释的创建方法和标注技巧。

▋ 10.2 ▋ 标注与编辑文字

前几章都是通过各种基本几何图元的相互组合，来表达作者的设计思想和设计意图，但是有些图形信息是不能仅仅通过图形就能完整表达出来的，而是要通过标注文字注释对设计做进一步说明，使图纸更直观，更容易交流。

10.2.1 单行文字

【单行文字】命令用于通过命令行创建单行或多行的文字对象，所创建的每一行文字，都被看作是一个独立的对象，如图 10-1 所示。执行【单行文字】命令主要有以下几种方式：

- 执行菜单栏中的【绘图】/【文字】/【单行文字】命令。
- 单击【文字】工具栏或【文字】面板上的

Al 按钮。

- 在命令行输入 Dtext 后按 Enter 键。
- 使用快捷键 ED。

【任务 1】：标注图 10-1 所示的单行文字。

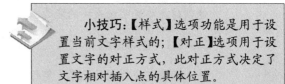

图 10-1 单行文字示例

Step 1 单击【文字】工具栏或面板上的 Al 按钮，激活【单行文字】命令，在命令行"指定文字的起点或 [对正(J)/样式(S)]:"提示下，在绘图区拾取一点作为文字的插入点。

> **小技巧**：【样式】选项功能是用于设置当前文字样式的；【对正】选项用于设置文字的对正方式，此对正方式决定了文字相对插入点的具体位置。

Step 2 在命令行"指定高度 <2.5000>:"提示下输入 10 并按 Enter 键，为文字设置高度。

Step 3 在"指定文字的旋转角度 <0>:"提示下按 Enter 键，采用当前设置。

> **小技巧**：如果在文字样式中定义了字体高度，那么在此就不会出现"指定高度<2.5>:"提示，AutoCAD 会按照定义的字高来创建文字。

Step 4 此时绘图区出现如图 10-2 所示的单行文字输入框，在命令行输入"AutoCAD"，如图 10-3 所示。

AutoCAD

图 10-2 单行文字输入框 　　图 10-3 输入文字

Step 5 敲击 Enter 键换行，然后输入"培训中心"。

Step 6 连续两次敲击 Enter 键，结束【单

行文字】命令。

小技巧：文字旋转角度是指一行文字相对于水平方向的角度，文字本身并没有倾斜，而文字倾斜角是指文字本身的倾斜角度。

10.2.2　文字对正

"文字的对正"指的是文字的哪一位置与插入点对齐，它是基于如图 10-4 所示的四条参考线而言的，这四条参考线分别为顶线、中线、基线、底线，其中"中线"是大写字符高度的水平中心线（即顶线至基线的中间），不是小写字符高度的水平中心线。

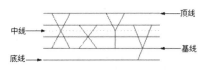

图 10-4　文字对正参考线

执行【单行文字】命令后，在命令行"指定文字的起点或 [对正(J)/样式(S)]:"提示下激活【对正】选项，可打开如图 10-5 所示的选项菜单，同时命令行将显示如下操作提示：

"输入选项[对齐(A)/布满(F)/居中(C)/中间(M)/右对齐(R)/左上(TL)/中上(TC)/右上(TR)/左中(ML)/正中(MC)/右中(MR)/左下(BL)/中下(BC)/右下(BR)]:"另外，文字的各种对正方式也可参见图 10-6 所示。

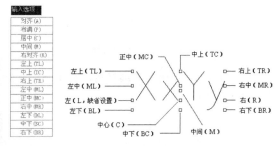

图 10-5　对正
选项菜单

图 10-6　文字的
对正方式

各种对正方式如下：

● 【对齐】选项用于提示拾取文字基线的起

点和终点，系统会根据起点和终点的距离自动调整字高。

● 【布满】选项用于提示用户拾取文字基线的起点和终点，系统会以拾取的两点之间的距离自动调整宽度系数，但不改变字高。

● 【居中】选项用于提示用户拾取文字的中心点，此中心点就是文字串基线的中点，即以基线的中点对齐文字。

● 【中间】选项用于提示用户拾取文字的中间点，此中间点就是文字串基线的垂直中线和文字串高度的水平中线的交点。

● 【右对齐】选项用于提示用户拾取一点作为文字串基线的右端点，以基线的右端点对齐文字。

● 【左上】选项用于提示用户拾取文字串的左上点，此左上点就是文字串顶线的左端点，即以顶线的左端点对齐文字。

● 【中上】选项用于提示用户拾取文字串的中上点，此中上点就是文字串顶线的中点，即以顶线的中点对齐文字。

● 【右上】选项用于提示用户拾取文字串的右上点，此右上点就是文字串顶线的右端点，即以顶线的右端点对齐文字。

● 【左中】选项用于提示用户拾取文字串的左中点，此左中点就是文字串中线的左端点，即以中线的左端点对齐文字。

● 【正中】选项用于提示用户拾取文字串的中间点，此中间点就是文字串中线的中点，即以中线的中点对齐文字。

● 【右中】选项用于提示用户拾取文字串的右中点，此右中点就是文字串中线的右端点，即以中线的右端点对齐文字。

● 【左下】选项用于提示用户拾取文字串的左下点，此左下点就是文字串底线的左端点，即以底线的左端点对齐文字。

● 【中下】选项用于提示用户拾取文字串的中下点，此中下点就是文字串底线的中点，即以底线的中点对齐文字。

● 【右下】选项用于提示用户拾取文字串的右下点，此右下点就是文字串底线的右端点，即以底线的右端点对齐文字。

10.2.3　多行文字

【多行文字】命令用于标注较为复杂的文字注释，例如段落性文字。与单行文字不同，多行文字无论创建的文字包含多少行、多少段，AutoCAD都将其作为一个独立的对象。执行【多行文字】命令主要有以下几种方式：

● 执行菜单栏中的【绘图】/【文字】/【多行文字】命令。
● 单击【绘图】工具栏或【文字】面板上的 A 按钮。
● 在命令行输入 Mtext 后按 Enter 键。
● 使用快捷键 T。

【任务 2】：标注零件图技术要求。

Step 1　调用 "/样板文件/机械样板.dwt"。

Step 2　使用快捷键 "ST" 激活【文字样式】命令，将 "字母与文字" 设置为当前文字样式，并修改其高度为 20。

Step 3　单击【绘图】工具栏或【文字】面板上的 A 按钮，激活【多行文字】命令，在命令行 "指定第一角点:" 提示下在绘图区拾取一点。

Step 4　继续在命令行 "指定对角点或 [高度(H)/对正(J)/行距(L)/旋转(R)/样式(S)/宽度(W)/栏(C)]:" 提示下拾取对角点，打开如图 10-7 所示的【文字格式】编辑器。

图 10-7　【文字格式】编辑器

Step 5　在下侧文字输入框内单击左键，指定文字的输入位置，然后输入如图 10-8 所示标题文字。

Step 6　向下拖曳输入框下侧的下三角按钮，调整列高。

图 10-8　输入文字

Step 7　敲击 Enter 键进行换行，然后输入第一行文字，结果如图 10-9 所示。

图 10-9　输入第一行文字

Step 8　敲击 Enter 键，分别输入其他行文字对象，如图 10-10 所示。

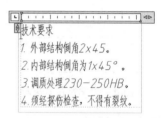

图 10-10　输入其他行文字

Step 9　将光标移至标题前，然后按 Enter 键添加空格，结果如图 10-11 所示。

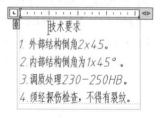

图 10-11　添加空格

Step 10　关闭文字编辑器，文字的创建结果如图 10-12 所示。

图 10-12　创建多行文字

10.2.4 【文字格式】编辑器

在【文字格式】编辑器中，包括工具栏、顶部带标尺的文本输入框两部分组成的，各组成部分重要功能如下：

1. 工具栏

工具栏主要用于控制多行文字对象的文字样式和选定文字的各种字符格式、对正方式、项目编号等，其中：

- Standard 下拉列表用于设置当前的文字样式。
- 宋体 下拉列表用于设置或修改文字的字体。
- 2.5 下拉列表用于设置新字符高度或更改选定文字的高度。
- ByLayer 下拉列表用于为文字指定颜色或修改选定文字的颜色。
- 【粗体】按钮 B 用于为输入的文字对象或所选定文字对象设置粗体格式。【斜体】按钮 I 用于为新输入文字对象或所选定文字对象设置斜体格式。此两个选项仅适用于使用 TrueType 字体的字符。
- 【下划线】按钮 U 用于文字或所选定的文字对象设置下划线格式。
- 【上划线】按钮 O 用于为文字或所选定的文字对象设置上划线格式。
- 【堆叠】按钮 用于为输入的文字或选定的文字设置堆叠格式。要使文字堆叠，文字中须包含插入符（^）、正向斜杠（/）或磅符号（#），堆叠字符左侧的文字将堆叠在字符右侧的文字之上。

> **小技巧**：默认情况下，包含插入符（^）的文字转换为左对正的公差值；包含正斜杠（/）的文字转换为置中对正的分数值，斜杠被转换为一条同较长的字符串长度相同的水平线；包含磅符号（#）的文字转换为被斜线（高度与两个字符串高度相同）分开的分数。

- 【标尺】按钮 用于控制文字输入框顶端标心的开关状态。
- 【栏数】按钮 用于为段落文字进行分栏排版。
- 【多行文字对正】按钮 用于设置文字的对正方式。
- 【段落】按钮 用于设置段落文字的制表位、缩进量、对齐、间距等。
- 【左对齐】按钮 用于设置段落文字为左对齐方式。
- 【居中】按钮 用于设置段落文字为居中对齐方式。
- 【右对齐】按钮 用于设置段落文字为右对齐方式。
- 【对正】按钮 用于设置段落文字为对正方式。
- 【分布】按钮 用于设置段落文字为分布排列方式。
- 【行距】按钮 用于设置段落文字的行间距。
- 【编号】按钮 用于为段落文字进行编号。
- 【插入字段】按钮 用于为段落文字插入一些特殊字段。
- 【全部大写】按钮 Aa 用于修改英文字符为大写。
- 【全部小写】按钮 aA 用于修改英文字符为小写。
- 【符号】按钮 @ 用于添加一些特殊符号。
- 【倾斜角度】按钮 用于修改文字的倾斜角度。
- 【追踪】微调按钮 用于修改文字间的距离。
- 【宽度因子】按钮 用于修改文字的宽度比例。

2. 多行文字输入框

如图 10-13 所示的文本输入框,位于工具栏下侧，主要用于输入和编辑文字对象，它是由标尺和文本框两部分组成，在文本输入框内单击右键,

可弹出如图 10-14 所示的快捷菜单,用于对输入的多行文字进行调整,各选项功能如下:

图 10-13　文字输入框　　图 10-14　快捷菜单

- 【全部选择】选项用于选择多行文字输入框中的所有文字。
- 【改变大小写】选项用于改变选定文字对象的大小写。
- 【查找和替换】选项用于搜索指定的文字串并使用新的文字将其替换。
- 【自动大写】选项用于将新输入的文字或当前选择的文字转换成大写。
- 【删除格式】选项用于删除选定文字的粗体、斜体或下划线等格式。
- 【合并段落】用于将选定的段落合并为一段并用空格替换每段的回车。
- 【符号】选项用于在光标所在的位置插入一些特殊符号或不间断空格。
- 【输入文字】选用于向多行文本编辑器中插入 TXT 格式的文本、样板等文件或插入 RTF 格式的文件。

10.2.5　编辑文字

【编辑文字】命令主要用于修改单行文字或多行文字的内容,执行【编辑文字】命令主要有以下几种方式:

- 执行菜单栏中的【修改】/【对象】/【文字】/【编辑】命令。
- 单击【文字】工具栏上的 按钮。
- 在命令行输入 Ddedit 后按 Enter 键。

- 在命令行输入 ED。

激活【编辑文字】命令后,在"选择注释对象或 [放弃(U)]"的提示下,选择需要编辑的文字,然后输入正确的内容即可。如果用户选择的对象是由【单行文字】创建的,AutoCAD 将出现一个反白显示的单行文字输入框,用户只需输入正确的文字内容即可。如图 10-15 所示。

图 10-15　修改单行文字

小技巧: 此输入框只能修改文字的内容,不能对文字的其他属性进行修改。如果用户需要对单行文本的文本特性(如文本的内容、样式、对正方式以及高度和倾斜角度等)进行修改,可以使用【特性】命令。

如果用户拾取的文字对象是由【多行文字】命令创建的,那么 AutoCAD 将弹出【文字格式】编辑器,在此编辑器内不但可以修改文字的样式、字体、字高以及对正方式等,还可以修改文字的内容,如图 10-16 所示。

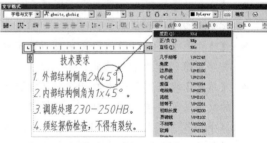

图 10-16　修改多行文字

▌10.3▌表格与表格样式

为了方便、快速地创建表格、填充表格文字等,AutoCAD 为用户提供了【表格】命令,此命令将"创建表格"和"填充表格文字"两种功能结合在一起,使用户在创建表格后,不需要再执行文字命令,就可以为其填充所需的文字内容。

本节主要学习【表格】命令。

10.3.1 创建表格

【表格】命令不但可以创建表格，填充表格，还可以将表格链接至 Microsoft Excel 电子表格中的数据。执行【表格】命令主要有以下几种方式：

- 执行菜单栏中的【绘图】/【表格】命令。
- 单击【绘图】工具栏或【表格】面板上的 ▦ 按钮。
- 在命令行输入 Table 后按 Enter 键。
- 使用快捷键 TB。

【任务 3】：创建简易表格。

Step 1 新建公制单位的绘图文件。

Step 2 单击【绘图】工具栏中的 ▦ 按钮，打开如图 10-17 所示的【插入表格】对话框。

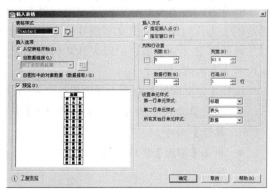

图 10-17 【插入表格】对话框

Step 3 在【列】文本列表框中输入 3；在【列宽】文本列表框中输入 20；在【数据行】文本列表框中输入 3，其他参数不变。

Step 4 单击 确定 按钮返回绘图区，在命令行"指定插入点："的提示下，拾取一点作为插入点，此时系统自动打开如图 10-18 所示的【文字格式】编辑器。

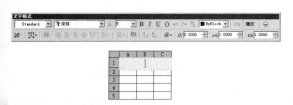

图 10-18 【文字格式】编辑器

Step 5 在反白显示的表格框内输入"标题"，对表格进行文字填充，如图 10-19 所示。

图 10-19 输入标题文字

Step 6 按右方向键或 Tab 键，此时光标跳至左下侧的列标题栏中，然后在反白显示的列标题栏中填充文字，如图 10-20 所示。

图 10-20 输入文字

Step 7 继续按右方向键，或 Tab 键，分别在其他列标题栏中输入表格文字，如图 10-21 所示。

图 10-21 输入其他文字

Step 8 单击 确定 按钮，关闭【文字格式】编辑器，创建结果如图 10-22 所示。

标题		
表头	表头	表头

图 10-22 创建表格

> **小技巧**：默认设置创建的表格，不仅包含有标题行，还包含有表头行、数据行，用户可以根据实际情况进行取舍。

10.3.2 选项解析

- 【表格样式设置】选项组用于设置、新建或修改当前表格样式，还可以对样式进行预览。

- 单击 Standard 右侧的按钮 ☑，打开如图 10-23 所示的【表格样式】对话框，此对话框用于设置、修改表格样式，或设置当前格样式。

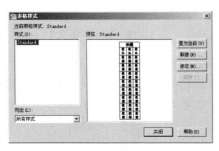

图 10-23 【表格样式】对话框

- 【插入选项】选项组用于设置表格的填充方式，具体有"从空表格开始"、"自动数据链接"和"自图形中的对象数据提取"三种方式。
- 【插入方式】选项组用于设置表格的插入方式。统共提供了"指定插入点"和"指定窗口"两种方式，默认方式为"指定插入点"方式。
- 【列和行设置】选项组用于设置表格的列参数、行参数以及列宽和行宽参数。系统默认的列参数为 5、行参数为 1。
- 【设置单元数据】选项组用于设置第一行、第二行或其他行的单元样式。

10.3.3 表格样式

【表格样式】命令用于新建表格样式、修改现在表格样式和删除当前文件中无用的表格样式，激活命令后可打开如图 10-23 所示的【表格样式】对话框。执行【表格样式】命令主要有以下几种方式：

- 执行菜单栏中的【格式】/【表格样式】命令。
- 单击【样式】工具栏中或【表格】面板中的 按钮。
- 在命令行输入 Tablestyle 后按 Enter 键。

- 使用快捷键 TS。

10.4 属性

属性的概念比较抽象，它实际上是一种"块的文字信息"，是从属于图块的非图形信息，用于对图块进行必要的文本或参数说明。属性不能独立存在，也不能独立使用，只有在属性块插入时，属性才会出现。下面学习有关定义属性、编辑属性的相关知识。

10.4.1 定义属性

前面我们讲过，属性是一种"块的文字信息"，是从属于图块的非图形信息，因此，属性需要定义才能得到。在 AutoCAD 中，【定义属性】命令就是用于为几何图形定义文字属性的命令，通过对几何图形定义文字属性，以表达几何图形无法表达的一些内容。

执行【定义属性】命令主要有以下几种方法：

- 执行菜单栏中的【绘图】/【块】/【定义属性】命令。
- 单击【常用】选项卡/【块】面板上的 按钮。
- 在命令行输入 Attdef 后按 Enter 键。
- 使用快捷键 ATT。

【任务 4】：为基面代号定义文字属性。

Step 1 新建绘图文件并打开【对象捕捉】功能。

Step 2 综合使用【直线】、【圆】命令绘制如图 10-24 所示的基面代号。

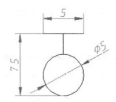

图 10-24 绘制结果

Step 3 使用快捷键 "ST" 激活【文字样式】命令，设置如图 10-25 所示的文字样式。

图 10-25　设置文字样式

Step 4　执行菜单栏中的【绘图】/【块】/【定义属性】命令，打开【属性定义】对话框，然后设置属性的标记名、提示说明、默认值、对正方式以及属性高度等参数，如图 10-26 所示。

> **小技巧**：当用户需要重复定义对象的属性时，可以勾选【在上一个属性定义下对齐】选项，系统将自动沿用上次设置的各属性的文字样式、对正方式以及高度等参数的设置。

Step 5　单击 确定 按钮返回绘图区，在命令行"指定起点:"提示下捕捉如图 10-27 所示的圆心作为属性插入点，插入结果如图 10-28 所示。

图 10-26　【属性定义】对话框

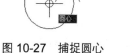

图 10-27　捕捉圆心　　　图 10-28　插入属性

> **小技巧**：当用户为几何图形定义了文字属性后，所定义的文字属性暂时以属性标记名显示。

在【属性定义】对话框的【模式】选项组有相关选项，用于控制属性的显示模式，具体功能如下：

● 【不可见】复选项用于设置插入属性块后是否显示属性值。

● 【固定】复选项用于设置属性是否为固定值。

● 【验证】选项用于设置在插入块时提示确认属性值是否正确。

● 【预置】复选项用于将属性值定为默认值。

● 【锁定位置】复选项用于将属性位置进行固定。

● 【多行】复选项用于设置多行的属性文本。

> **小技巧**：用户可以运用系统变量"Attdisp"直接在命令行进行设置或修改属性的显示状态。

10.4.2　编辑属性

当定义了属性后，如果需要改变属性的标记、提示或默认值，可以执行菜单栏中的【修改】/【对象】/【文字)/【编辑】命令，在命令行"选择注释对象或 [放弃(U)]:"提示下，选择需要编辑的属性，系统可弹出【编辑属性定义】对话框，通过此对话框，用户可以修改属性定义的标记、提示或默认。

【任务 5】：修改属性值。

Step 1　继续任务 4 的操作。

Step 2　执行菜单栏中的【修改】/【对象】/【文字)/【编辑】命令，对基面代号属性值进行修改。命令行操作如下。

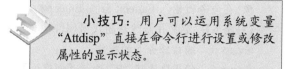

命令:_ddedit

选择注释对象或 [放弃(U)]:　　//选择如图 10-28 所示的轴线编号属性，打开【编辑属性定义】对话框，将默认值修改为 B，如图 10-29 所示。

Step 3　单击【编辑属性定义】对话框中的

按钮，结束命令，属性的默认值被修改。

图 10-29 【编辑属性定义】对话框

10.4.3 编辑属性块

所谓属性块是指含有属性的图块，编辑属性块就是指对含有属性的图块进行编辑，比如更改属性的值、特性等。执行【编辑属性】命令就可以完成该操作。执行【编辑属性】命令主要有以下几种方法：

● 执行菜单栏中的【修改】/【对象】/【属性】/【单个】命令。

● 单击【修改Ⅱ】工具栏或【块】面板上的 按钮。

● 在命令行输入 Eattedit 后按 Enter 键。

【任务 6】：定义并修改基面代号属性块。

Step 1 继续任务 5 的操作。

Step 2 使用快捷键"B"激活【创建块】命令，将基面代号及其属性一起创建为属性块，基点为如图 10-30 所示的中点，其他参数设置如图 10-31 所示。

图 10-30 捕捉中点

Step 3 使用快捷键"I"激活【插入块】命令，以默认参数插入刚定义的基面代号属性块，在命令行"指定插入点或 [基点(B)/比例(S)/旋转(R)]:"提示下，指定插入点，打开如图 10-32 所示【编辑属性】对话框。

Step 4 在【编辑属性】对话框中设置新的属性值，在此使用默认值，单击 确定 按钮，插入结果如图 10-33 所示。

图 10-31 设置块参数

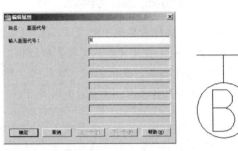

图 10-32 复制结果　　　　图 10-33 插入结果

Step 5 执行菜单栏中的【修改】/【对象】/【属性】/【单个】命令，在命令行"选择块:"提示下，选择刚插入的属性块，打开【增强属性编辑器】对话框，然后修改属性值为 C，如图 10-34 所示。

图 10-34 修改属性值

小技巧：通过单击右上角【选择块】按钮 ，可以连续对当前图形中的其他属性块进行修改。

Step 6 在【增强属性编辑器】对话框中单击 应用(A) ，结束命令。

📖 **选项解析**

● 【属性】选项卡用于显示当前文件中所有

属性块的属性标记、提示和默认值，还可以修改属性块的属性值。

● 在【特性】选项卡中可以修改属性的图层、线型、颜色和线宽等特性。

● 【文字选项】选项卡用于修改属性的文字特性，比如属性文字样式、对正方式、高度和宽度比例等。修改属性高度及宽度特性后的效果。

10.5 上机实训

10.5.1 【实训 1】标注涡轮轴粗糙度与基面代号

1. 实训目的

本实训要求绘制为涡轮轴零件图标注表面粗糙度与基面代号，通过本例的操作熟练掌握属性及属性块的定义与修改等操作技能，具体实训目的如下。

● 掌握粗糙度符号的绘制与属性的定义技能。

● 掌握粗糙度属性块的定义技能。

● 掌握零件图表面粗糙度的标注与修改完善技能。

● 掌握零件图基面代号的快速标注技能。

● 掌握图形文件的存储技能。

2. 实训要求

首先调用涡轮轴素材文件并绘制粗糙度符号，然后制作粗糙度属性块，最后快速为零件图标注表面粗糙度及基面代号属性块。本例最终效果如图 10-35 所示。

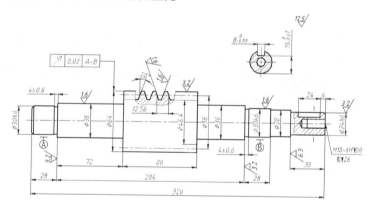

图 10-35　实体效果

具体要求如下。

（1）首先调用涡轮轴平面图文件并绘制粗糙度符号。

（2）综合使用【定义属性】、【创建块】命令定义粗糙度属性块。

（3）综合使用【插入块】、【复制】、【旋转】、【缩放】、【编辑属性】等命令标注并完善零件图表面粗糙度。

（4）使用【插入块】、【编辑属性】等命令快速标注零件图基面代号。

（5）最后使用【另存为】命令将绘制的图形另名保存。

3. 完成实训

素材文件：	效果文件\第 9 章\标注涡轮轴零件尺寸和公差.dwg
效果文件：	效果文件\第 10 章\标注涡轮轴粗糙度与基面代号.dwg
视频文件：	视频文件\第 10 章\标注涡轮轴粗糙度与基面代号.avi

定制粗糙度属性块。

Step 1　执行【打开】命令，打开"效果文件\第 9 章\标注蜗轮轴零件尺寸和公差.dwg"
文件。

Step 2 展开【图层】工具栏上的【图层控制】列表，在展开的下拉列表中设置"0 图层"作为当前图层。

Step 3 打开状态栏上的【极轴追踪】功能，并设置追踪角为 30°。

Step 4 执行菜单栏中的【绘图】/【多段线】命令，配合极轴追踪功能绘制粗糙度符号。命令行操作如下。

命令: _pline
　　指定起点: //在绘图区单击左键拾取一点
　　当前线宽为 0.0
　　指定下一个点或 [圆弧(A)/半宽(H)/长度(L)/放弃(U)/宽度(W)]:

//引出如图 10-36
所示的极轴矢量，然后输入 4.04 Enter
　　指定下一点或 [圆弧(A)/闭合(C)/半宽(H)/长度(L)/放弃(U)/宽度(W)]:

//引出如图 10-37
所示的极轴矢量，然后输入 4.04 Enter
　　指定下一点或 [圆弧(A)/闭合(C)/半宽(H)/长度(L)/放弃(U)/宽度(W)]:

//引出如图 10-38
所示的极轴矢量，然后输入 9.24 Enter
　　指定下一点或 [圆弧(A)/闭合(C)/半宽(H)/长度(L)/放弃(U)/宽度(W)]:

// Enter，结束命令，绘制结果如
图 10-39 所示。

图 10-36　引出 180°　　图 10-37　引出 300°
　　　极轴矢量　　　　　　　极矢量

Step 5 使用快捷键"ATT"激活【定义属性】命令，在打开的【属性定义】对话框中设置属性参数如图 10-40 所示。

图 10-38　引出 60° 极轴矢量　　图 10-39　绘制结果

Step 6 单击 确定 按钮，返回绘图区捕捉如图 10-41 所示的端点，插入属性，插入结果如图 10-42 所示。

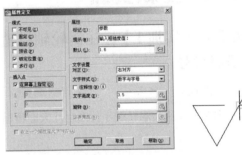

图 10-40　【属性定义】对话框　　图 10-41　捕捉端点

Step 7 使用快捷键"M"激活【移动】命令，将插入的属性沿 Y 轴正方向移动 0.5 个绘图单位，结果如图 10-43 所示。

图 10-42　插入属性　　图 10-43　移动属性

Step 8 使用快捷键"B"激活【创建块】命令，将粗糙度及定义的文字属性一块创建为属性块，块参数设置如图 10-44 所示，基点为图 10-4?的示的粗糙度符号下侧端点。

Step 9 使用快捷键"W"激活【写块】命令，将刚定义的粗糙度内部属性块转换为外部块如图 10-46 所示。

标注零件图粗糙度及基面代号。

Step 10 将"其他层"设置为当前图层，?后单击【绘图】工具栏或面板上的▣按钮，激活【扣入块】命令，插入刚定义的粗糙度属性块，块参数设置如图 10-47 所示，插入结果如图 10-48 所示。

图 10-44　设置块参数

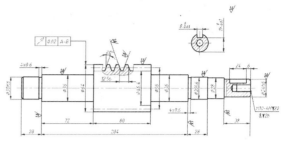

图 10-49　复制结果

Step 12　执行菜单栏中的【修改】/【对象】/【属性】/【单个】命令，在命令行"选择块："提示下，选择复制出的属性块，修改其属性值如图 10-50 所示。

图 10-45　捕捉端点　　图 10-46　【写块】对话框

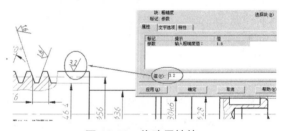

图 10-50　修改属性值

Step 13　单击　应用(A)　按钮，然后单击对话框右上角的【选择块】按钮，返回绘图区选择右侧的属性块，修改其属性值如图 10-51 所示。

图 10-47　【插入块】对话框

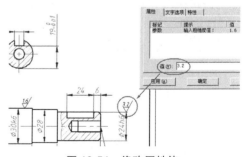

图 10-51　修改属性值

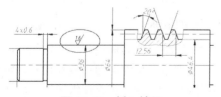

图 10-48　插入结果

Step 14　单击　应用(A)　按钮，然后单击【选择块】按钮，返回绘图区选择最上侧的属性块，修改其属性值如图 10-52 所示。

Step 11　综合使用【复制】和【旋转】命令，将刚插入的属性块分别复制到其他位置上，结果如图 10-49 所示。

Step 15　单击　应用(A)　按钮，然后继续单击【选择块】按钮，返回绘图区分别修改其他位置的属性块及属性块的放置角度等，结果如图 10-53 所示。

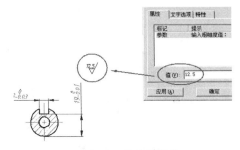

图 10-52　修改属性值

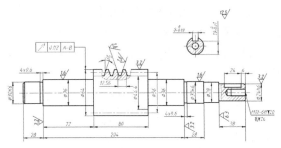

图 10-53　修改其他属性块

Step 16　使用快捷键"I"激活【插入块】命令，采用默认参数值及属性值，插入"/素材文件/基面代号.dwg"，插入参数如图 10-54 所示，插入结果如图 10-55 所示。

图 10-54　设置参数

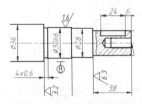

图 10-55　插入基面代号属性块

Step 17　重复执行【插入块】命令，设置参数中图 10-56 所示，插入零件图左侧的基面代号，结果如图 10-57 所示。

Step 18　最后执行【另存为】命令，将图形

另名存储为"标注蜗轮轴粗糙度与基面代号.dwg"。

图 10-56　设置参数

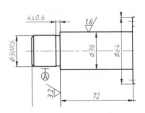

图 10-57　插入结果

10.5.2　【实训 2】标注涡轮轴技术要求与明细表

1.　实训目的

本实训要求为涡轮轴零件图标注技术要求、明细表并配置和填充图框，通过本例的操作熟练掌握文字的标注与编辑技能以及明细表格的创建和填充技能，具体实训目的如下。

- 掌握单行文字的标注技能。
- 掌握多行文字的标注技能。
- 掌握文字的快速编辑技能。
- 掌握明细表格的创建与填充技能。
- 掌握图纸边框的配置与填充技能。
- 掌握图形文件的存储技能。

2.　实训要求

本例涡轮轴零件的标注共包括四部分，分别是标注技术要求、标注剖面符号及代号、标注与填充明细表格、配置并填充图纸边框等。在创建与填充明细表时，可以首先使用【表格样式】命令设置当前明细表格的样式，然后再使用【表格】命令快速创建与填充明细表；最后使用【多行文字】命令快速为零件图标题栏进行文字填充。本

例最终效果如图 10-58 所示。

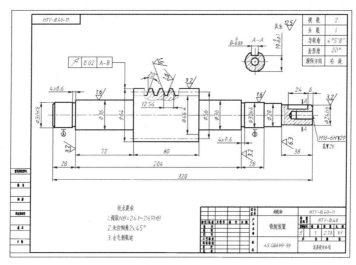

图 10-58　实例效果

具体要求如下。

（1）首先调用涡轮轴素材文件并设置当前操作层。

（2）使用【多行文字】命令标注零件图技术要求。

（3）使用【多段线】、【单行文字】命令绘制并标注剖视符号等。

（4）使用【插入块】、【多行文字】、【编辑文字】等命令配置并填充图纸边框。

（5）使用【表格样式】与【表格】命令标注并填充零件图明细表格。

（6）最后使用【另存为】命令将绘制的图形另名保存。

3. 完成实训

素材文件：	效果文件\第 10 章\标注涡轮轴粗糙度与基面代号.dwg
效果文件：	效果文件\第 10 章\标注涡轮轴技术要求与明细表.dwg
视频文件：	视频文件\第 10 章\标注涡轮轴技术要求与明细表.avi

Step 1　打开"效果文件\第 10 章\标注涡轮轴粗糙度与基面代号.dwg"。

Step 2　执行【图层】命令，创建名为"文字层"的新图层，并将其设置为当前图层。

Step 3　使用快捷键"T"激活【多行文字】命令，在零件图下侧分别指定两个对角点，打开如图 10-59 所示的【文字格式】编辑器。

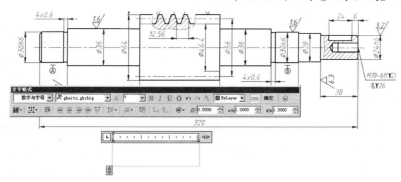

图 10-59　【文字格式】编辑器

251

Step 4 在【文字格式】编辑器设置当前字体与字体高度，然后在下侧的文字输入框内输入技术要求内容，如图 10-60 所示。

Step 5 单击 确定 按钮，结束【多行文字】命令，标注后的技术要求如图 10-61 所示。

图 10-60 输入技术要求

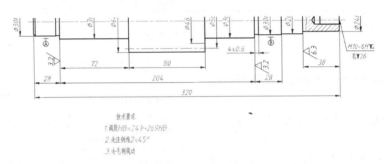

图 10-61 标注技术要求

Step 6 使用快捷键 "PL" 激活【多段线】命令，在 "其他层" 内绘制线宽为 0.1、高度为 5 的两条垂直多段线，作为剖切符号，如图 10-62 所示。

"其他层" 设置为当前图层，然后执行【表格样式】命令，设置一种名为 "明细表" 的表格样式，其数据参数设置如图 10-64 和图 10-65 所示。

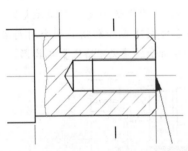

图 10-62 绘制结果

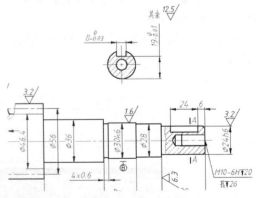

图 10-63 标注结果

Step 7 使用快捷键 "DT" 激活【单行文字】命令，将文字高度设置为 7，为零件图标注剖面代号，如图 10-63 所示。

Step 8 为零件图创建与填充明细表格。将

Step 9 在【单行样式】下拉列表内选择【表头】选项，然后设置表头参数如图 10-66 和图 10-67 所示。

图 10-64　设置数据
对正方式

图 10-65　设置数据
文字参数

图 10-68　设置标题
对正方式

图 10-69　设置标题
文字参数

图 10-66　设置表头
对正方式

图 10-67　设置表头
文字参数

Step 10　在【单行样式】下拉列表内选择【标题】选项，然后设置标题参数如图 10-68 和图 10-69 所示。

Step 11　返回【表格样式】对话框，将新设置的"明细表"样式设置为当前表格样式，如图 10-70 所示，然后关闭对话框。

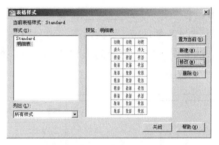

图 10-70　设置当前样式

Step 12　执行【插入块】命令，以默认参数插入"/素材文件/A3.dwg"，并适当调整图框的位置，结果如图 10-71 所示。

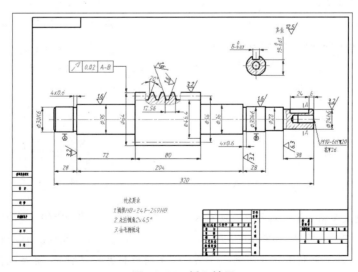

图 10-71　插入结果

Step 13 单击【绘图】工具栏上的▦按钮，激活【表格】命令，设置表格参数如图 10-72 所示。

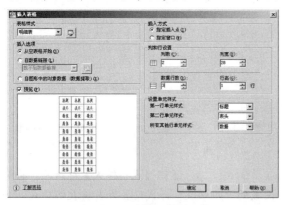

图 10-72 设置表格参数

Step 14 单击 确定 按钮返回绘图区，在命令行"指定插入点:"提示下，激活【捕捉自】功能，以如图 10-73 所示的点作为参照点，输入插入点"@-56,0"。

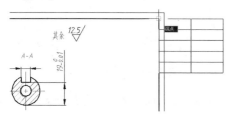

图 10-73 捕捉端点

Step 15 此时系统插入明细表格，并自动打开【文字格式】编辑器，如图 10-74 所示。

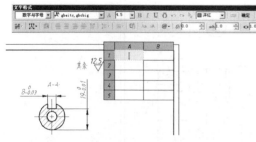

图 10-74 插入表格

Step 16 在【文字格式】编辑器中修改字体高度为7，然后在方格内输入模数，如图 10-75 所示。

Step 17 通过按下键盘上的方向键，分别输入其他方格内的文字内容，结果如图 10-76 所示。

图 10-75 输入方格内容

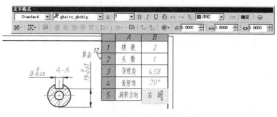

图 10-76 输入其他方格内容

Step 18 将光标移动文字 5 的后面，然后单击 @· 按钮，在展开的按钮菜单上选择【其他】选项，在打开的【字符映射表】对话框内双击如图 10-77 所示的单撇号，然后单击 复制(C) 按钮。

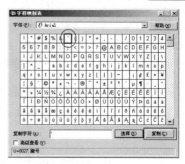

图 10-77 【字符映射表】对话框

Step 19 返回【文字格式】编辑器，按下 Ctrl+V 组合键，将单撇号粘贴到文字输入框内，如图 10-78 所示。

图 10-78 添加单撇号

Step 20 参照第 18～19 操作步骤，在文字 8 的后面添加双撇号，并关闭【文字格式】编辑器，结果如图 10-79 所示。

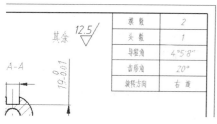

图 10-79 操作结果

Step 21 为零件图填充标题栏。将"文字层"设置为当前图层。

Step 22 单击【绘图】菜单中的【文字】/【多行文字】命令,为标题栏填充文字。命令行操作如下。

命令: _mtext

当前文字样式:"仿宋体" 当前文字高度:4.5

指定第一角点: //捕捉如图 10-80 所示的端点

指定对角点或 [高度(H)/对正(J)/行距(L)/旋转(R)/样式(S)/宽度(W)/栏(C)]:

//捕捉如图 10-81 所示的端点,打开【文字格式】编辑器

图 10-80 定位第一角点

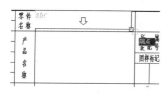

图 10-81 定位对角点

Step 23 在【文字格式】编辑器中设置字体高度为 5,设置字体的对正方式为正中对正,在下侧的文字输入框内单击左键,然后输入"蜗轮轴"文字,如图 10-82 所示。

Step 24 单击 确定 按钮,结束【多行文字】命令,结果如图 10-83 所示。

Step 25 使用【多段线】命令配合端点捕捉功能,分别连接各表格对角点,绘制其对角线作为辅助线。

图 10-82 输入文字

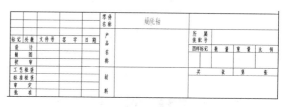

图 10-83 填充结果

Step 26 执行【复制】命令,配合中点捕捉功能,将刚填充的表格文字分别复制到其他表格内,复制结果如图 10-84 所示。

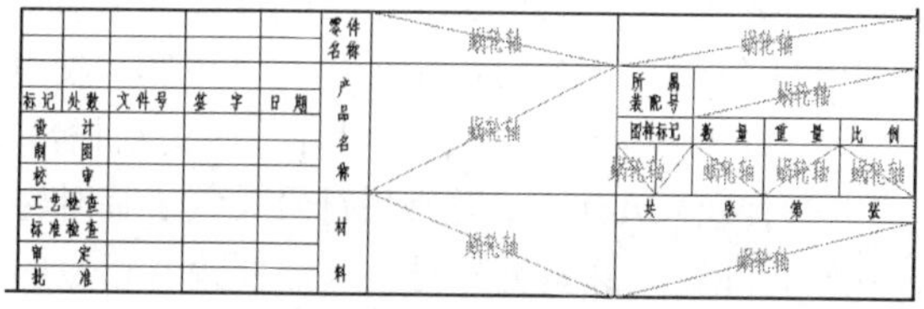

图 10-84 复制文字

Step 27 使用快捷键"ED"激活【编辑文字】命令,在绘图区单击下侧的文字对象,在弹出的【文字格式】编辑器中输入正确的文字内容,同时修改其高度为 7。

Step 28 使用相同的方法,分别单击其他位置的文字对象,修改文字内容,最后使用快捷键"E"激活【删除】命令,删除多段线,标题栏填充结果如图 10-85 所示。

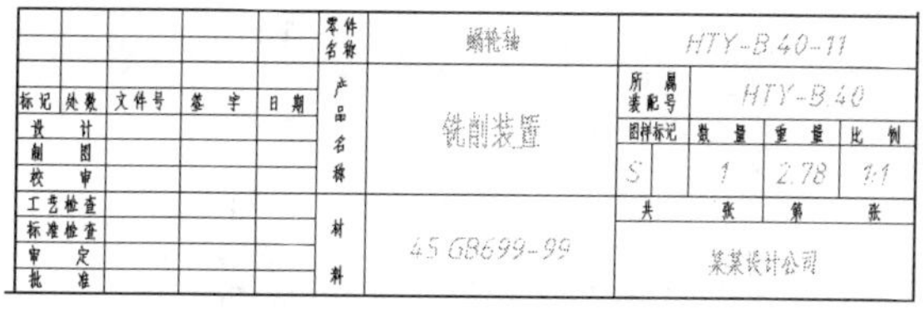

图 10-85 删除辅助线

Step 29 重复执行【多行文字】命令,设置字体高度为 5,为上侧的方格填充文字内容,如

图 10-86 所示。

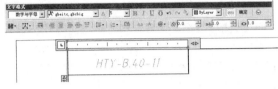

图 10-86 填充结果

Step 30 调整视图，使图形全部显示，最终效果如图 10-58 所示。

Step 31 最后执行【另存为】命令，将图形另名存储为"标注蜗轮轴技术要求与明细表.dwg"。

10.6 课后练习

1. 填空题

（1）使用【单行文字】命令创建出的各行文字对象被看作是（　　）的对象；使用【多行文字】命令创建出的各行文字对象则被看作（　　）对象；使用（　　）命令可以创建带有箭头和指示线的文字注释。

（2）AutoCAD 为一些常用符号设置了临时转换代码，在输入这些符号时，只需要输入相应的代码即可，其中，度数的代码为（　　）；直径符号的代码为（　　）；正/负号的代码为（　　）。

（3）使用（　　）命令不但可以创建表格，还可以为表格进行填充文字。

（4）（　　）不能独立存在，也不能独立使用，仅是从属于图块的一种非图形信息，是图块的文本或参数说明。

（5）使用【定义属性】命令中的（　　）功能，可以设置在插入块时提示确认属性值的正确性。

（6）（　　）命令不但可以修改属性的标记、提示以及属性默认值等，还可以修改属性所在的图层、颜色、宽度及重新定义属性文字如何在图形中的显示。

2. 实训操作题

为传动轴零件图标注粗糙度、基面代号和技术要求，并配置图框，效果如图 10-87 所示。

操作提示：图 10-87 所示的源文件收录在"/素材文件/"目录下，文件名为"10-1.dwg"。

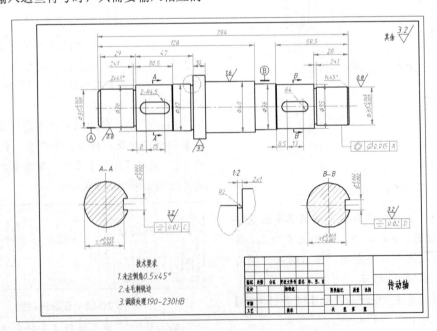

图 10-87 操作题二

第 **11** 章

机械零件图的后期打印

📖 学习目标

只有将设计成果打印输出到图纸上，才算完成了整个绘图的流程。本章主要针对这一制图环节，详细讲述 AutoCAD 的打印输出功能。使读者了解和掌握打印空间功能及切换、掌握打印设备的配置及打印页面的设置技能、掌握打印比例的调整及图形的预览打印技能等，培养大家精确打印零件施工图的能力，使打印出的图纸能够完整准确地表达设计的结果，让设计与生产实践紧密结合起来。

📖 学习重点

掌握打印设备的配置、打印样式的设置、打印页面的设置以及单比例输出 CAD 设计图、多比例输出 CAD 设计图。

📖 主要内容

- 配置打印设备
- 设置打印样式
- 设置打印页面
- 模型空间快速打印零件图
- 布局空间精确打印零件图

11.1 关于打印输出与打印空间

在 AutoCAD 设计软件中，不仅可以轻松方便地将设计好的零件图打印输出到图纸上，而且还可以将零件图进行电子打印，以方便在互联网上访问和共享。无论是图纸打印，还是电子打印，最关键的问题就是打印比例的调整。由于一般情况下，都是按照 1:1 的比例进行绘制图形，而常用的幅面图纸尺寸都是国家硬性规定的，所以在打印不同尺寸的图形时，首先需要考虑的就是图形的缩放比例，也就是出图比例。有关出图比例的调整，是精确出图的关键，在很大程度上，也与 AutoCAD 的两种操作空间有关，所以在讲述打印知识之前，首先简单了解一下 AutoCAD 的两种操作空间。

AutoCAD 为用户提供了两种空间，即模型空间和布局空间。缺省设置下是在模型空间内绘图，它是 AutoCAD 图形处理的主要工作空间，但是此空间与打印输出不直接相关，只是一个辅助的出图空间，因为在此操作空间内只能进行单一视口、单一比例的简单打印，并且打印比例不容易调整。

而布局空间则是图形打印的主要操作空间，它与打印输出密切相关。在此操作空间内，不但可以单视口、单比例精确打印图形，还可以打印和布局在模型空间中各个不同视角下产生的视图，或将多个视图按照不同的比例打印在同一张图纸上，而且在调整出图比例方面也比较方便。因此，可以粗略地说，模型空间属设计环境，布局空间属出图环境。

11.2 配置打印设备

打印输出是零件图设计的最后一个操作环节，在打印零件图之前，首先需要根据实际情况，配置相关打印设备。

11.2.1 配置打印设备

在打印输出 AutoCAD 设计图纸之前，首先需要配置打印设备和图纸尺寸，使用【绘图仪管理器】命令，则可以配置绘图仪设备、定义和修改图纸尺寸等。

执行【绘图仪管理器】命令主要有以下几种方法：

- 执行菜单栏中的【文件】/【绘图仪管理器】命令。
- 在命令行输入 Plottermanager 后按 Enter 键。
- 单击【输出】选项卡/【打印】面板上的 按钮。

当执行【绘图仪管理器】命令之后，就可以配置打印设备以及图纸尺寸。下面通过添加光栅格式的绘图仪打印设备，学习【绘图仪管理器】命令的使用方法和技巧。

【任务 1】：添加光栅格式的绘图仪打印设备。

Step 1 执行【绘图仪管理器】命令，打开如图 11-1 所示的【Plotters】窗口。

Step 2 双击【添加绘图仪向导】图标，打开如图 11-2 所示的【添加绘图仪-简介】对话框。

Step 3 依次单击 下一步(N) > 按钮，打开【添加绘图仪 – 绘图仪型号】对话框，设置绘图仪型号及其生产商，如图 11-3 所示。

Step 4 依次单击 下一步(N) > 按钮，打开如图 11-4 所示的【添加绘图仪 – 绘图仪名称】对话框，用于为添加的绘图仪命名，在此采用默认设置。

图 11-1 【Plotters】窗口

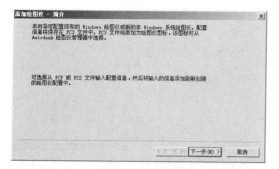

图 11-2　【添加绘图仪-简介】对话框

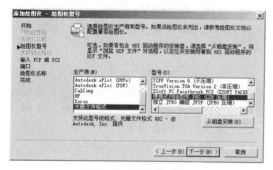

图 11-3　绘图仪型号

Step 5　单击 下一步(N) > 按钮，打开如图 11-5 所示的【添加绘图仪–完成】对话框。

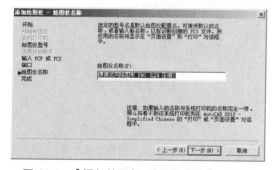

图 11-4　【添加绘图仪–绘图仪名称】对话框

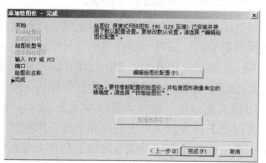

图 11-5　完成绘图仪的添加

Step 6　单击 完成(F) 按钮，添加的绘图仪会自动出现在【Plotters】窗口内，如图 11-6 所示。

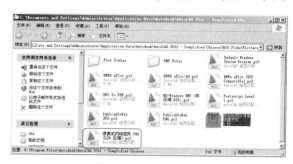

图 11-6　添加绘图仪

11.2.2　定义图纸尺寸

每一款型号的绘图仪，都自配有相应规格的图纸尺寸，但有时这些图纸尺寸与打印图形很难相匹配，需要用户重新定义图纸尺寸。下面通过具体的实例，学习图纸尺寸的定义过程。

【任务 2】：定义图纸尺寸。

Step 1　继续任务 1 的操作。

Step 2　在【Plotters】对话框中，双击上图 11-6 所示的打印机，打开【绘图仪配置编辑器】对话框。

Step 3　在【绘图仪配置编辑器】对话框中展开【设备和文档设置】选项卡，如图 11-7 所示。

图 11-7　【设备和文档设置】选项卡

Step 4　单击【自定义图纸尺寸】选项，打开【自定义图纸尺寸】选项组，如图 11-8 所示。

Step 5　单击 添加(A)... 按钮，此时系统打开如图 11-9 所示的【自定义图纸尺寸 – 开始】对话框，开始自定义图纸的尺寸。

图 11-8　打开【自定义图纸尺寸】选项组

Step 6　单击 下一步(N) 按钮，打开【自定义图纸尺寸-介质边界】对话框，然后分别设置图纸的宽度、高度以及单位，如图 11-10 所示。

Step 7　依次单击 下一步(N) 按钮，直至打开如图 11-11 所示的【自定义图纸尺寸-完成】对话框，完成图纸尺寸的自定义过程。

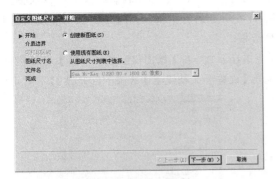

图 11-9　自定义图纸尺寸

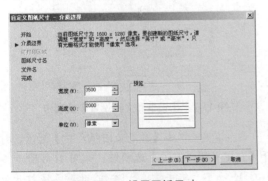

图 11-10　设置图纸尺寸

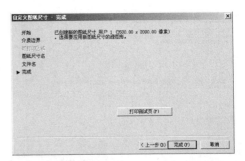

图 11-11　【自定义图纸尺寸-完成】对话框

Step 8　单击 完成(F) 按钮，结果新定义的图纸尺寸自动出现在图纸尺寸选项组中，如图 11-12 所示。

　小技巧：如果用户需要将此图纸尺寸进行保存，可以单击 另存为(S) 按钮；如果用户仅在当前使用一次，可以单击 确定 按钮即可。

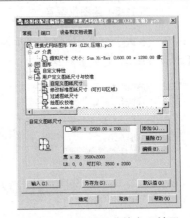

图 11-12　图纸尺寸的定义结果

11.2.3　设置打印样式

打印样式用于控制图形的打印效果，修改打印图形的外观。通常一种打印样式只控制输出图形某一方面的打印效果，要让打印样式控制一张图纸的打印效果，就需要有一组打印样式，这些打印样式集合在一块称为打印样式表。【打印样式管理器】命令就是用于创建和管理打印样式表的工具，执行【打印样式管理器】命令主要有以下几种方法。

● 执行菜单栏中的【文件】/【打印样式管理器】命令。

● 在命令行输入 Stylesmanager 按 Enter 键。

下面通过添加名为"stb01"颜色相关打印样式表，学习设置打印样式的方法和技巧。

【任务 3】：添加名为"stb01"颜色相关打印样式表。

Step 1　执行菜单栏中的【文件】/【打印样式管理器】命令，打开如图 11-13 所示的【Plotte】窗口。

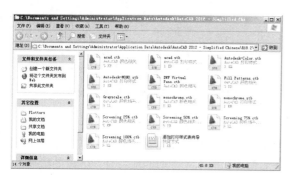

图 11-13　【Plotte】窗口

Step 2　双击窗口中的【添加打印样式表向导】图标，打开如图 11-14 所示的【添加打印样式表】对话框。

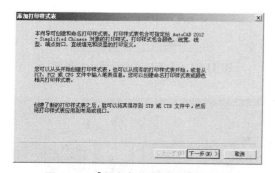

图 11-14　【添加打印样式表】对话框

Step 3　单击 下一步(N) > 按钮，打开如图 11-15 所示的【添加打印样式表-开始】对话框，开始配置打印样式表的操作。

Step 4　单击 下一步(N) > 按钮，打开【添加打印样式表－选择打印样式表】对话框，选择打印样表的类型，如图 11-16 所示。

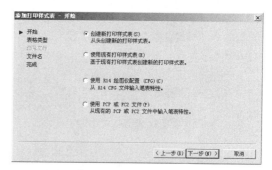

图 11-15　【添加打印样式表－开始】对话框

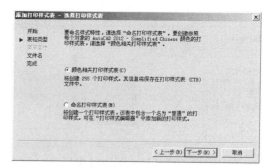

图 11-16　【添加打印样式表－选择打印样式表】对话框

Step 5　单击 下一步(N) > 按钮，打开【添加打印样式表-文件名】对话框，为打印样式表命名，如图 11-17 所示。

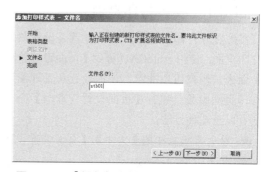

图 11-17　【添加打印样式表－文件名】对话框

Step 6　单击 下一步(N) > 按钮，打开如图 11-18 所示的【添加打印样式表-完成】对话框，成打印样式表各参数的设置。

Step 7　单击 完成 按钮，即可添加设置的打印样式表，新建的打印样式表文件图标显示在【Plot Styles】窗口中，如图 11-19 所示。

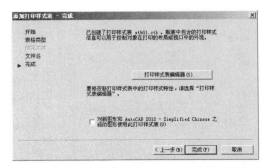

图 11-18 【添加打印样式表－完成】对话框

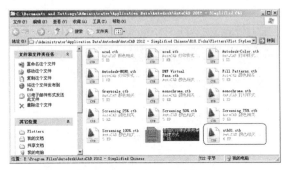

图 11-19 【Plot Styles】窗口

11.3 设置打印页面

11.3.1 设置打印页面

在配置好打印设备后，下一步就是设置图形的打印页面。使用 AutoCAD 提供【页面设置管理器】命令，用户可以非常方便地设置和管理图形的打印页面参数。执行【页面设置管理器】命令主要有以下几种方法：

- 执行菜单栏中的【文件】/【页面设置管理器】命令。
- 在模型或布局标签上单击右键，选择【页面设置管理器】命令。
- 在命令行输入 Pagesetup 后按 Enter 键。
- 单击【输出】选项卡/【打印】面板上的按钮。

执行【页面设置管理器】命令后，系统打开如图 11-20 所示的【页面设置管理器】对话框，此对话框主要用于设置、修改和管理当前的页面设

置。在【页面设置管理器】对话框中单击 新建(N)... 按钮，可弹出如图 11-21【新建页面设置】对话框，用于为新页面赋名。

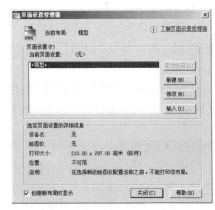

图 11-20 【页面设置管理器】对话框

单击 确定(0) 按钮，打开如图 11-22 所示【页面设置】对话框，在此对话框内可以进行打印设备的配置、图纸尺寸的匹配、打印区域的选择以及打印比例的调整等操作。

图 11-21 【新建页面设置】对话框

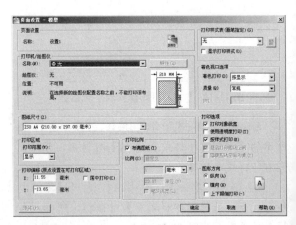

图 11-22 【页面设置】对话框

1. 选择打印设备

在【打印机/绘图仪】选项组中，主要用于配置绘图仪设备，单击【名称】下拉列表，在展开的下拉列表框中进行选择 Windows 系统打印机或 AutoCAD 内部打印机（".Pc3" 文件）作为输出设备，如图 11-23 所示。

图 11-23 【打印机/绘图仪】选项组

如果用户在此选择了 ".pc3" 文件打印设备，AutoCAD 则会创建出电子图纸，即将图形输出并存储为 Web 上可用的 ".dwf" 格式的文件。AutoCAD 提供了两类用于创建 ".dwf" 文件的 ".pc3" 文件，分别是 "ePlot.pc3" 和 "eView.pc3"。前者生成的 ".dwf" 文件较适合于打印，后者生成的文件则适合于观察。

2. 选择图纸幅面

【图纸尺寸】下拉列表用于配置图纸幅面，展开此下拉列表，在此下拉列表框内包含了选定打印设备可用的标准图纸尺寸。

当选择了某种幅面的图纸时，该列表右上角则出现所选图纸及实际打印范围的预览图像，将光标移到预览区中，光标位置处会显示出精确的图纸尺寸以及图纸的可打印区域的尺寸。

3. 设置打印区域

在【打开区域】选项组中，可以进行设置需要输出的图形范围。展开【打印范围】下列表框，如图 11-24 所示，在此下拉列表中包含三种打印区域的设置方式，具体有显示、窗口、图形界限等。

图 11-24 打印范围

4. 设置打印比例

在如图 11-25 所示的【打印比例】选项组中，可以设置图形的打印比例。其中，【布满图纸】复选项仅能适用于模型空间中的打印，当勾选该复选项后，AutoCAD 将缩放自动调整图形，与打印区域和选定的图纸等相匹配，使图形取最佳位置和比例。

图 11-25 【打印比例】选项组

5. 设置着色打印

在【着色视口选项】选项组中，可以将需要打印的三维模型设置为着色、线框或以渲染图的方式进行输出，如图 11-26 所示。

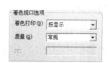

图 11-26 着色视口选项

6. 调整出图方向与位置

在如图 11-27 所示的【图形方向】选项组中，可以调整图形在图纸上的打印方向。在右侧的图纸图标中，图标代表图纸的放置方向，图标中的字母 A 代表图形在图纸上的打印方向。共有"纵向、横向和上下颠倒打印"三种打印方向。

图 11-27 调整出图方向

在如图 11-28 所示的选项组中，可以设置图形在图纸上的打印位置。默认设置下，AutoCAD 从图纸左下角打印图形。打印原点处在图纸左下角，坐标是（0,0），用户可以在此选项组中，重新设定新的打印原点，这样图形在图纸上将沿 x 轴和 y

轴移动。

图 11-28　打印偏移

11.3.2　预览与打印图形

【打印】命令主要用于打印或预览当前已设置好的页面布局，也可直接使用此命令设置图形的打印布局。执行【打印】命令主要有以下几种方法：

- 执行菜单栏中的【文件】/【打印】命令。
- 单击【标准】工具栏或【打印】面板上的⊖按钮。
- 在命令行输入 Plot 后按 Enter 键。
- 按组合键 Ctrl+P。
- 在【模型】选项卡或【布局】选项卡上单击右键，选择【打印】选项。

激活【打印】命令后，可打开如图 11-29 所示的【打印】对话框。在此对话框中，具备【页面设置管理器】对话框中的参数设置功能，用户不仅可以按照已设置好的打印页面进行预览和打印图形，还可以在对话框中重新设置、修改图形的打印参数。

图 11-29　【打印】对话框

单击 预览(P) 按钮，可以提前预览图形的打印结果，单击 确定 按钮，即可对当前的页面设置进行打印。

小技巧：另外，执行菜单栏中的【文件】/【打印预览】命令，或单击单击【标准】工具栏或【打印】面板上的 🔍 按钮，激活【打印预览】命令，也可以对设置好的页面进行预览和打印。

11.3.3　新建与分割视口

视口不仅是用于绘制图形、显示图形的区域，同时也用于快速打印图形。默认设置下 AutoCAD 将整个绘图区作为一个视口，但在实际的图形设计过程中，有时需要从各个不同视点上观察模型的不同部分，为此 AutoCAD 为用户提供了视口的分割功能，通过该功能可以将默认的一个视口分割成多个视口，如图 11-30 所示，这样，用户可以从不同的方向观察三维模型的不同部分。

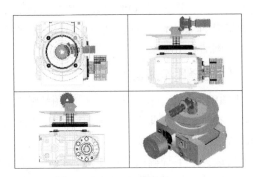

图 11-30　分割视口

视口的分割与合并操作有以下几种方法：

- 执行菜单栏中的【视图】/【视口】级联菜单中的相关命令，即可以将当前视口分割为两个、三个或多个视口，如图 11-31 所示。

图 11-31　视口级联菜单

- 单击【视口】工具栏或面板中的各按钮。另外，执行菜单栏中的【视图】/【视口】/

【新建视口】命令，或在命令行输入 Vports 后按 Enter 键，可打开如图 11-32 所示的【视口】对话框，在此对话框中可以直观地选择视口的分割方式，以方便进行分割视口。

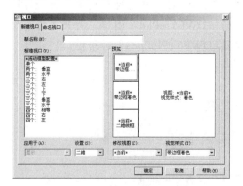

图 11-32 【视口】对话框

11.4 上机实训

11.4.1 【实训 1】模型空间快速打印涡轮轴零件图

1. 实训目的

本实训要求在模型空间内快速打印涡轮轴零

件图，通过本例的操作熟练掌握模型空间打印输出机械零件图纸的技能，具体实训目的如下。

● 掌握标准图纸打印区域的修改技能。
● 掌握模型空间打印页面的设置技能。

2. 实训要求

首先打开要打印的涡轮轴零件图，然后使用【绘图仪管理器】命令修改标准图纸的可打印区域，最后在模型空间内设置打印页面并将零件图快速打印输出到 3 号图纸上，本例打印效果如图 11-33 所示。

具体要求如下。

（1）启动 AutoCAD 程序，并打开涡轮轴零件图文件。

（2）使用【绘图仪管理器】命令修改图纸的可打印区域。

（3）使用【页面设置管理器】命令设置打印页面。

（4）使用【多行文字】命令填充图名与打印比例。

（5）使用【打印】命令快速打印涡轮轴零件图。

（6）将打印结果命名保存。

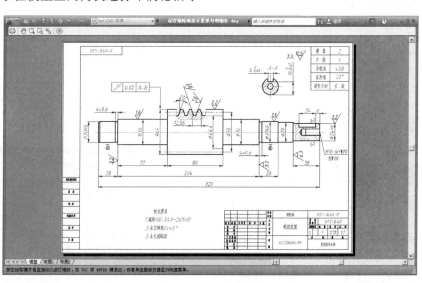

图 11-33 打印效果

3. 完成实训

素材文件:	效果文件\第 10 章\标注涡轮轴技术要求与明细表.dwg
效果文件:	效果文件\第 11 章\模型空间快速打印涡轮轴零件图.dwg
视频文件:	视频文件\第 11 章\模型空间快速打印涡轮轴零件图.avi

Step 1 打开"效果文件\第 10 章\标注涡轮轴技术要求与明细表.dwg"文件。

Step 2 执行菜单栏中的【文件】/【绘图仪管理器】命令，在打开的对话框中双击 如图 11-34 所示的 "DWF6 ePlot" 图标，打开【绘图仪配置编辑器- DWF6 ePlot.pc3】对话框。

图 11-34 【Plotters】对话框

Step 3 展开【设备和文档设置】选项卡，选择【修改标准图纸尺寸可打印区域】选项，如图 11-35 所示。

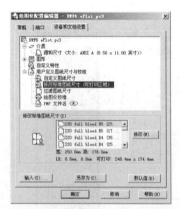

图 11-35 展开【设备和文档设置】选项卡

Step 4 在【修改标准图纸尺寸】组合框内选择如图 11-36 所示的图纸尺寸，单击 修改(M)... 按钮，在打开的【自定义图纸尺寸—可打印区域】对话框中设置参数如图 11-37 所示。

图 11-36 选择图纸尺寸

图 11-37 修改图纸打印区域

Step 5　单击 下一步(N) > 按钮，在打开的【自定义图纸尺寸-文件名】对话框中，列出了所修改后的标准图纸的尺寸，如图 11-38 所示。

图 11-38　【自定义图纸尺寸-文件名】对话框

Step 6　依次单击 下一步(N) > 按钮，在打开的【自定义图纸尺寸-完成】对话框中，列出了所修改后的标准图纸的尺寸，如图 11-39 所示。

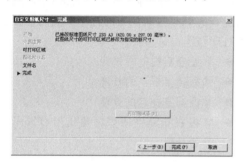

图 11-39　【自定义图纸尺寸-完成】对话框

Step 7　单击 完成 按钮系统返回【绘图仪配置编辑器- DWF6 ePlot.pc3】对话框，然后单击 另存为(S)... 按钮，将当前配置进行保存，如图 11-40 所示。

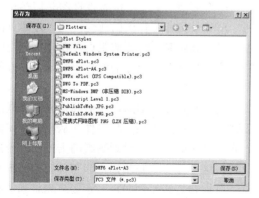

图 11-40　另存打印设备

Step 8　单击 保存(S) 按钮返回【绘图仪配置编辑器- DWF6 ePlot.pc3】对话框，然后单击 确定 按钮，结束命令。

设置打印页面。

Step 9　执行菜单栏中的【文件】/【页面设置管理器】命令，在打开的【页面设置管理器】对话框中单击 新建(N)... 按钮，为新页面命名，如图 11-41 所示。

图 11-41　为新页面命名

Step 10　单击 确定 按钮，打开【页面设置-模型】对话框，配置打印设备、设置图纸尺寸、打印偏移、打印比例和图形方向等参数，如图 11-42 所示。

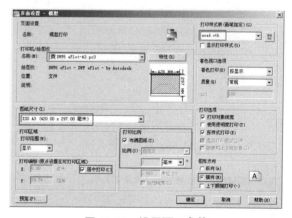

图 11-42　设置页面参数

Step 11　单击【打印范围】下拉列表框，在展开的下拉列表内选择【窗口】选项，如图 11-43 所示。

Step 12　返回绘图区根据命令行的操作提示，分别捕捉图框的两个对角点，指定打印区域。

Step 13　此时系统自动返回【页面设置-模型】对话框，单击 确定 按钮返回【页面设置管理器】对话框，将刚创建的新页面置为当前，如图 11-44 所示。

Step 14 执行菜单栏中的【文件】/【打印预览】命令，对图形进行打印预览，预览结果如图 11-33 所示。

小技巧：为了更好的显示线宽特性，在打开图形之前，可以将"轮廓线"图层的线宽设置为 0.9mm。

图 11-43 【打印范围】下拉列表框

Step 15 单击右键，选择【打印】选项，此时系统打开如图 11-45 所示的【浏览打印文件】对话框，设置打印文件的保存路径及文件名。

图 11-44 设置当前页面

图 11-45 保存打印文件

小技巧：将打印文件进行保存，可以方便用户进行网上发布、使用和共享。

Step 16 单击 保存 按钮，系统弹出【打印作业进度】对话框，等此对话框关闭后，打印过程即可结束。

Step 17 最后使用【另存为】命令，将图形另名存储为"模型空间快速打印蜗轮轴零件图.dwg"。

11.4.2 【实训2】布局空间精确打印弯管机零件图

1. 实训目的

本实训要求在布局空间内以 1:4 的出图比例，将液压弯管机零件图输出到 1 号图纸上。通过本例的操作熟练掌握布局空间打印页面的设置以及精确打印技能，具体实训目的如下。

● 掌握分割视口的技能。

● 掌握转换视口的技能。

● 掌握调整视口的技能。

● 掌握在布局空间以精确比例打印零件图形的技能。

2. 实训要求

本例零件图在打印过程中可按"准备零件图并切换布局空间、设置打印页面、配置图纸边框并创建视口、调整图形的出图比例及出图位置、创建明细表格与填充标题栏、图形的预览与打印"等六大操作环节，其中"准备零件图并切换布局空间"部分是打印零件图的前提，而"打印页面的设置"部分则是零件图的重点，在此部分当中要特别注意当前图纸尺寸的可打印区域，以方便合理配置图表框。

当设置好打印页面后，还需要根据图表框区域创建一个多边形视口，将零件图从模型空间内纳入到布局空间，然后设置图纸的出图比例及出图位置，这一部分则是精确打印零件图的关键和难点，在设置打印比例时，一定要事先将当前布局内的视口激活；在调整图形的出图位置时，为了不改变出图比例的前提下，必须使用实时平移功能。本例最终的打印效果如图 11-46 所示。

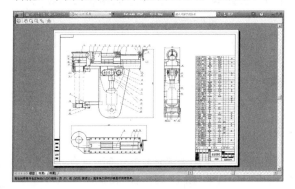

图 11-46　打印效果

具体要求如下。

（1）启动 AutoCAD 程序，并打开液压弯管机零件图。

（2）进入布局空间并使用【页面设置管理器】命令配置打印设备和设置打印页面。

（3）使用【插入块】命令根据当前图纸的可打印区域配置图纸边框。

（4）使用【多边形视口】命令创建视口向布局空间添加打印的图形。

（5）使用【比例缩放】、【实时平移】调整图形的出图比例与位置。

（6）使用【插入块】、【缩放】命令配置明细表。

（7）使用【多行文字】命令填充标题栏图名与打印比例。

（8）使用【打印】命令快速打印弯管机零件图。

（9）将打印结果命名保存。

3. 完成实训

素材文件：	素材文件\11-1.dwg
效果文件：	效果文件\第 11 章\布局空间精确打印弯管机零件图.dwg
视频文件：	视频文件\第 11 章\布局空间精确打印弯管机零件图.avi

Step 1　打开"/素材文件/11-1.dwg"，准备打印图形。

Step 2　单击 布局1 标签进入"布局 1"图纸空间，如图 11-47 所示。

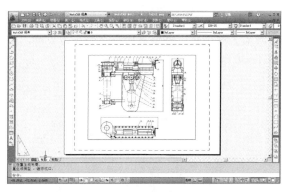

图 11-47　进入"布局 1"空间

Step 3　使用快捷键"E"激活【删除】命令，删除系统自动产生的矩形视口。

Step 4　执行菜单栏中的【文件】/【页面设置管理器】命令，在打开的【页面设置管理器】对话框中单击 新建(N)... 按钮，为新的打印页面赋名，在此使用系统的默认设置名，如图 11-48 所示。

图 11-48　为新页面命名

Step 5　单击 确定 按钮打开【页面设置-布局 1】对话框，在此对话框中配置打印设备、图纸尺寸、打印偏移、打印比例和图形方向等页面参数，如图 11-49 所示。

图 11-49　设置打印页面

Step 6 单击 确定 按钮返回【页面设置管理器】对话框，将创建的新页面置为当前，如图 11-50 所示。

图 11-50 设置当前页面

Step 7 单击 关闭(C) 按钮结束命令，页面设置后的布局显示效果如图 11-51 所示。

图 11-51 当前布局

Step 8 配置图表框并创建多边形视口。使用快捷键"I"激活【插入块】命令，插入 A1-H 图表框，其参数设置如图 11-52 所示。

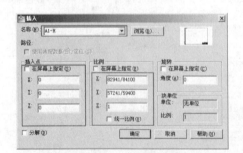

图 11-52 设置参数

Step 9 单击 确定 按钮，将 A1 图框插入

到当前布局的原点位置处，结果如图 11-53 所示。

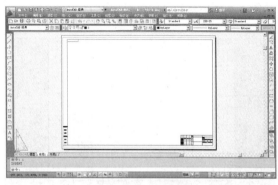

图 11-54 插入图框

Step 10 执行菜单栏中的【视图】/【视口】/【多边形视口】命令，分别捕捉图框内边框的角点，创建一个多边形视口，将模型空间下的图形添加到布局空间内，结果如图 11-54 所示。

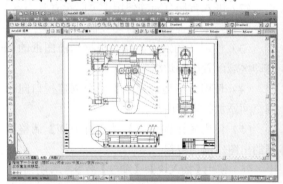

图 11-53 创建多边形视口

Step 11 调整出图比例及出图位置。单击状态栏中的 图纸 按钮，激活刚创建的视口，视口边框线变为粗线状态，如图 11-55 所示。

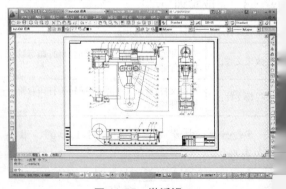

图 11-55 激活视口

Step 12 打开【视口】工具栏，在工具栏右侧的列表框内调整比例为"1:4"，如图 11-56 所示，此时图形的显示效果如图 11-57 所示。

图 11-56 【视口】工具栏

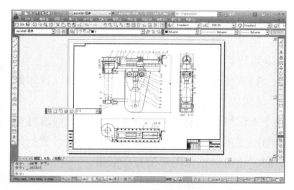

图 11-57 调整比例

Step 13 使用【实时平移】工具调整视口内图形的位置，调整结果如图 11-58 所示。

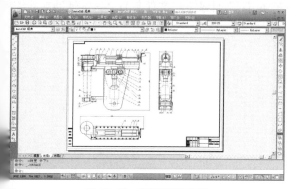

图 11-58 调整图形位置

Step 14 创建明细表并填充标题栏。单击 模型 按钮返回图纸空间。

Step 15 使用快捷键"I"激活【插入块】命令，插入"明细表"块，块参数设置如图 11-59 所示，插入结果如图 11-60 所示。

Step 16 使用快捷键"SC"激活【缩放】命令，使用命令中的"参照缩放"功能，将明细内部块进行缩放，缩放结果如图 11-61 所示。

图 11-59 设置块参数

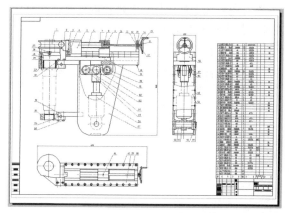

图 11-60 插入结果

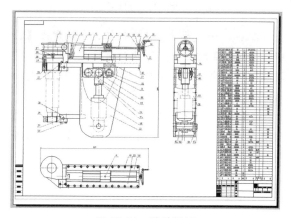

图 11-61 缩放结果

Step 17 展开【图层控制】下拉列表，设置"文字层"为当前图层，然后使用【多行文字】命令为标题栏填充文字，如图 11-62 所示。

图 11-62 填充标题栏

Step 18 零件图的预览与打印。执行菜单栏中的【文件】/【打印】命令，或单击【标准】工具栏上的 🖨 按钮，在打开的【打印-布局1】对话框中单击 预览(P)... 按钮，对图形进行打印预览，效果如图11-46所示。

Step 19 按下 Esc 键退出预览状态，返回【打印-布局1】对话框单击 确定 按钮。

Step 20 此时系统打开如图11-63所示的【浏览打印文件】对话框，在此对话框内设置打印文件的保存路径及文件名。

图11-63 保存打印文件

Step 21 单击 保存... 按钮，系统弹出【打印作业进度】对话框，等此对话框关闭后，打印过程即可结束，如果此时打印机处于开机状态的话，即可将此零件图输出到相应图纸上。

Step 22 最后使用【另存为】命令，将图形另名存储为"布局空间精确打印弯管机零件图.dwg"。

11.5 课后练习

1. 填空题

（1）AutoCAD为用户提供了两种操作空间，其中，（　　　　）空间比较适合于出图，（　　　　）空间比较适合于图形的设计与绘图。

（2）使用（　　　　）命令可以添加打印设备、定义与修改图纸的尺寸；使用（　　　　）命令可以管理与设置打印样式。

（3）使用（　　　　）命令不仅可以打印图形，还可以对图形进行提前预览；使用（　　　　）命令不仅可以预览和打印图形，还可以修改打印页面；使用（　　　　）命令不仅可以设置打印页面，还可以预览图形的打印效果。

2. 实训操作题

（1）在模型空间内快速打印"/素材文件/"目录下，文件名为"11-2.dwg"的零件图。

（2）在布局空间进行多视口打印"/效果文件/第6章/"目录下，文件名为"三维辅助功能综合练习.dwg"。

习 题 答 案

第 1 章

（1）前视图、俯视图、左视图；长对正、宽平齐、高相等

（2）内部结构，全剖视图、半剖视图、局部剖视图

（3）AutoCAD 经典、二维草图与注释、三维建模、三维基础；单击菜单【工具】/【工作空间】、单击【工作空间控制】下拉列表、单击状态栏【切换工作空间】◎ 按钮

（4）菜单与菜单浏览器、工具栏与功能区、功能键与快捷键、命令表达式

（5）*.dwg

（6）点选、窗口选择、窗交选择

（7）Purge

（8）Enter、Esc、Delete

（9）范围缩放、缩放对象

第 2 章

（1）绝对直角坐标、绝对极坐标、相对直角坐标、相对极坐标

（2）自动捕捉、临时捕捉

（3）正交追踪、极轴追踪、对象捕捉追踪

（4）Limits、Units

（5）文字样式

（6）开与关、冻结与解冻、锁定与解锁

（7）锁定

（8）冻结

第 3 章

（1）两点画圆、三点画圆；"相切、相切、半径"、"相切、相切、相切"

（2）定距偏移、定点偏移

（3）Mirrtext

（4）边界、Shift

（5）增量拉长、动态拉长

（6）多段线

（7）对角点方式、面积方式、尺寸方式；圆角矩形、倒角矩形、宽度矩形、厚度矩形

第 4 章

（1）边方式、外切于圆方式、内接于圆方式

（2）矩形阵列、环形阵列、路径阵列

（3）构造线或射线

（4）预定义、用户定义、自定义；拾取点、选择对象

（5）角度旋转、参照旋转、比例缩放、参照缩放

（6）复制

第 5 章

（1）【草图设置】、等轴测捕捉

（2）上等轴测平面、左等轴测平面、右等轴测平面、F5

（3）"轴端点"方式、"中心点"方式

（4）【椭圆】

（5）图形上的特征点、【选项】、夹点菜单、命令行

第 6 章

（1）"在三维空间中可以从不同的位置观察图形，这些位置"；视点、视点预置

（2）俯视图、仰视图、左视图、右视图、主视图、后视图、西南轴测视图、东南轴测视图、

东北轴测视图、西北轴测视图

（3）【旋转网格】、【边界网格】

（4）受约束动态观察、自由动态观察、连续动态观察

（5）真实视觉样式、概念视觉样式

（6）Extrude、Revolve

第 7 章

（1）拉伸实体、拉伸曲面

（2）高度拉伸、路径拉伸

（3）Revolve、Slice

Isolines、Facetres

（4）倒角边、圆角边

抽壳、扫掠

（5）移动面、偏移面

第 8 章

（1）创建块、写块、写块

（2）大小、角度、分解

（3）打开文件、查看文件资源、共享文件资源

（4）分解

（5）特性匹配

（6）快速选择

第 9 章

（1）线性、对齐；对齐；坐标

（2）基线、连续、快速标注

（3）圆弧的圆心、圆弧端点、选择的点、圆心

（4）标注间距、DIMSCALE

（5）尺寸公差、形位公差

（6）快速标注、公差、快速引线

第 10 章

（1）多个独立、单个、快速引线或多重引线

（2）％％D、％％C、％％P

（3）Table

（4）属性

（5）验证

（6）Eattedit

第 11 章

（1）布局、模型

（2）绘图仪管理器、打印样式管理器

（3）打印或打印预览、页面设置管理器